JN233044

電気・電子系 教科書シリーズ 1

電気基礎

博士(工学) 柴田 尚志 共著
皆藤 新一

コロナ社

電気・電子系 教科書シリーズ編集委員会

編集委員長	高橋　　寛	（日本大学名誉教授・工学博士）
幹　　　事	湯田　幸八	（東京工業高等専門学校名誉教授）
編 集 委 員	江間　　敏	（沼津工業高等専門学校）
（五十音順）	竹下　鉄夫	（豊田工業高等専門学校・工学博士）
	多田　泰芳	（群馬工業高等専門学校名誉教授・博士(工学)）
	中澤　達夫	（長野工業高等専門学校・工学博士）
	西山　明彦	（東京都立工業高等専門学校名誉教授・工学博士）

(2006年11月現在)

刊行のことば

　電気・電子・情報などの分野における技術の進歩の速さは，ここで改めて取り上げるまでもありません。極端な言い方をすれば，昨日まで研究・開発の途上にあったものが，今日は製品として市場に登場して広く使われるようになり，明日はそれが陳腐なものとして忘れ去られるというような状態です。このように目まぐるしく変化している社会に対して，そこで十分に活躍できるような卒業生を送り出さなければならない私たち教員にとって，在学中にどのようなことをどの程度まで理解させ，身に付けさせておくかは重要な問題です。

　現在，各大学・高専・短大などでは，それぞれに工夫された独自のカリキュラムがあり，これに従って教育が行われています。このとき，一般には教科書が使われていますが，それぞれの科目を担当する教員が独自に教科書を選んだ場合には，科目相互間の連絡が必ずしも十分ではないために，貴重な時間に一部重複した内容が講義されたり，逆に必要な事項が漏れてしまったりすることも考えられます。このようなことを防いで効率的な教育を行うための一助として，広い視野に立って妥当と思われる教育内容を組織的に分割・配列して作られた教科書のシリーズを世に問うことは，出版社としての大切な仕事の一つであると思います。

　この「電気・電子系 教科書シリーズ」も，以上のような考え方のもとに企画・編集されましたが，当然のことながら広大な電気・電子系の全分野を網羅するには至っていません。特に，全体として強電系統のものが少なくなっていますが，これはどこの大学・高専等でもそうであるように，カリキュラムの中で関連科目の占める割合が極端に少なくなっていることと，科目担当者すなわち執筆者が得にくくなっていることを反映しているものであり，これらの点については刊行後に諸先生方のご意見，ご提案をいただき，必要と思われる項目

については，追加を検討するつもりでいます。

　このシリーズの執筆者は，高専の先生方を中心としています。しかし，非常に初歩的なところから入って高度な技術を理解できるまでに教育することについて，長い経験を積まれた著者による，示唆に富む記述は，多様な学生を受け入れている現在の大学教育の現場にとっても有用な指針となり得るものと確信して，「電気・電子系　教科書シリーズ」として刊行することにいたしました。

　これからの新しい時代の教科書として，高専はもとより，大学・短大においても，広くご活用いただけることを願っています。

1999 年 4 月

編集委員長　高　橋　　　寛

まえがき

　電気・電子工学の技術は，現在の工業界において中心的役割を果たしており，その応用範囲は多岐にわたっている。

　本書はそのような電気・電子工学を初めて学ぶ人を対象に書いたものである。したがって，扱う内容も厳選し，静電気現象，直流回路，磁気現象だけに絞り，初めての人でも無理なく電気・電子の基礎を理解できるよう配慮している。工学を学ぶ際に重要なことは，なにが実験則で，なにが定義される量で，なにがそれらから導かれるものなのかを理解することである。すなわち，電気・電子の分野に限らず，工学の分野では，始めに法則が出てくることが多いが，法則とは，「なぜそうなるかは誰もわからないが，誰が試してもそうなるもの」と理解し，その法則をもとに，つぎにどのような物理量が定義され，理論が展開していくのかを十分に意識して学ぶことである。それができるようになると体系的・論理的にものごとを理解できるようになる。

　定義される量の意味をとらえるのと同時に，その量の単位にも関心を持って学んで欲しい。クーロン，ボルト，アンペアなど本書では多くの単位が出てくるが，これらのほとんどは人の名前であり，彼らの業績を讃えて単位としている。彼らの伝記なども機会があればぜひ読んで欲しい。彼らがどのようにして，なにもない状態から新しいものを創生したのか，参考になるところが大であると思う。また，単位の大きさを感覚的に理解することも重要である。例えば，1メートルという長さや，10秒という時間などは誰でも感覚的にどのくらいかとらえている。これは，これらの単位が日常的に使われているからであり，工学の分野に出てくる単位も，演習や実験などをとおして繰り返し扱うことにより感覚的にその大きさが理解できるようになる。

　また，これから技術を学ぶ人は，単に高度な技術に対応できる深い知識を持

つだけでなく，技術開発が社会にどのような影響を及ぼすかも考えなければならない。本書のような入門書から，それらを意識して学んで欲しいと願っている。

　本書は，第1章「静電界」，第2章「直流回路」，第3章「真空中の静磁界」，第4章「電磁誘導とインダクタンス」，第5章「物質中の磁界」の順に構成している。このように，本書は大学で学ぶ基礎内容としても十分であるが，力の合成や分解，仕事などの内容も初心者にわかるように説明を加えるなど，高校生程度の知識で読めるよう工夫している。本書の特長は，著者らのこれまでの講義経験を生かし，いろいろな基礎的電磁界現象に対し，図を多く用い，視覚的にも訴えるようにし，わかりやすい説明を心がけていることである。本書を読むに当たって，微分積分の知識は必要ないが，一部に積分を用いて解く例題も入れている。これは，微分積分を学んでいる人の例題になればと考えてのことであるが，微分積分を学んでいない場合は読み飛ばしてもらいたい。また，第1章，第2章，第3章〜第5章の3部は，若干の補足を加えるだけで，独立して使用することができるように書かれている。これは，電気・電子の入門としては，電気現象から入る場合，磁気現象から入る場合，直流回路から入る場合など多様であることを考慮してのことである。さらには，各章に多くの例題と章末演習問題を用意している。多くの問題を解くことによって理解が深まり，実力の向上が実感できるであろう。巻末には演習問題の解答も載せているので，自分で解いた結果のチェック用に役立てて欲しい。

　本書は，これから電気・電子工学を学ぶ人を対象に書いているが，それ以外の分野を学ぶ人の電気・電子工学の概論用教科書・参考書としても使用できるものと思う。

　終わりに，本書の上梓にあたっては，コロナ社の関係各位にたいへんお世話になった。ここに謝意を表するものである。

2004年11月

　　　　　　　　　　　　　　　　　　　　　　　　　　著　　者

目　　次

1. 　静　電　界

1.1　静電気と原子 ……………………………………………………… *1*
　1.1.1　摩擦電気と電荷 …………………………………………… *1*
　1.1.2　原子と電荷 ………………………………………………… *3*
1.2　静　電　界 …………………………………………………………… *5*
　1.2.1　クーロンの法則 …………………………………………… *5*
　1.2.2　力の合成・分解と重ねの理 ……………………………… *7*
　1.2.3　電　　　界 ………………………………………………… *11*
　1.2.4　電気力線とガウスの法則 ………………………………… *13*
　1.2.5　電　　　位 ………………………………………………… *20*
　1.2.6　電界中の導体と絶縁体 …………………………………… *32*
1.3　コ ン デ ン サ ………………………………………………………… *38*
　1.3.1　コ ン デ ン サ ……………………………………………… *38*
　1.3.2　コンデンサの接続 ………………………………………… *43*
　1.3.3　コンデンサに蓄えられるエネルギー …………………… *47*
演習問題 ……………………………………………………………………… *48*

2. 　直　流　回　路

2.1　基礎電気量と直流回路 …………………………………………… *52*
　2.1.1　電　気　回　路 …………………………………………… *52*
　2.1.2　電荷と電流 ………………………………………………… *53*
　2.1.3　電位，電位差（電圧） …………………………………… *56*
　2.1.4　オームの法則と電圧（電位）降下 ……………………… *57*
　2.1.5　回路の方程式と抵抗の直列，並列接続 ………………… *60*

vi 目次

- 2.1.6 電源と内部抵抗 ………………………………………………… 69
- 2.1.7 電力と熱エネルギー ……………………………………………… 71
- 2.1.8 抵抗率と導電率 …………………………………………………… 74
- 2.1.9 抵抗の温度係数 …………………………………………………… 77

2.2 直流回路の解析 ………………………………………………………… 81
- 2.2.1 回路の電位, 電位差（電圧）…………………………………… 81
- 2.2.2 キルヒホッフの法則 …………………………………………… 83
- 2.2.3 ブリッジ回路 …………………………………………………… 98
- 2.2.4 重ねの理 ………………………………………………………… 101
- 2.2.5 テブナンの定理 ………………………………………………… 104
- 2.2.6 Δ-Y 変換 ………………………………………………………… 108
- 2.2.7 対称性を利用した解法 ………………………………………… 112

演習問題 ………………………………………………………………………… 116

3. 真空中の静磁界

3.1 電流による磁界 ……………………………………………………… 123
- 3.1.1 アンペアの右ねじの法則 ……………………………………… 124
- 3.1.2 ビオ・サバールの法則 ………………………………………… 126
- 3.1.3 アンペアの周回積分の法則 …………………………………… 135

3.2 電磁力 ………………………………………………………………… 143
- 3.2.1 磁界中の電流に働く電磁力 …………………………………… 143
- 3.2.2 磁界中に置かれた長方形コイルに働くトルク ……………… 146
- 3.2.3 電磁力の応用 …………………………………………………… 148
- 3.2.4 電流力 …………………………………………………………… 149
- 3.2.5 ローレンツ力 …………………………………………………… 152

演習問題 ………………………………………………………………………… 156

4. 電磁誘導とインダクタンス

4.1 電磁誘導 ……………………………………………………………… 159
- 4.1.1 電磁誘導の法則 ………………………………………………… 159
- 4.1.2 磁界中を運動する導体に発生する起電力 …………………… 164

- 4.1.3 交流発電機の原理 …………………………………………… *167*
- 4.1.4 渦電流と表皮効果 …………………………………………… *168*

4.2 インダクタンス…………………………………………………… *172*
- 4.2.1 自己誘導と自己インダクタンス …………………………… *172*
- 4.2.2 相互誘導と相互インダクタンス …………………………… *174*
- 4.2.3 インダクタンスの計算 ……………………………………… *176*
- 4.2.4 インダクタンスに蓄えられるエネルギー ………………… *180*

演習問題……………………………………………………………… *181*

5. 物質中の磁界

5.1 物質中の磁界……………………………………………………… *183*
- 5.1.1 磁気モーメントと物質の磁化 ……………………………… *183*
- 5.1.2 磁界の強さと透磁率 ………………………………………… *189*

5.2 磁気回路と永久磁石……………………………………………… *198*
- 5.2.1 磁 気 回 路 …………………………………………………… *198*
- 5.2.2 強磁性体の磁化 ……………………………………………… *203*
- 5.2.3 永久磁石による磁界 ………………………………………… *209*

演習問題……………………………………………………………… *212*

引用・参考文献 ………………………………………………… *215*

演習問題解答 …………………………………………………… *216*

索　　　引 ……………………………………………………… *238*

1

静 電 界

1.1 静電気と原子

 人間が初めて電気現象に注目したのは紀元前数世紀のギリシャ時代であったといわれている．当時の装飾品であったコハクを毛皮などでこすると，離れている羽毛などを引き付ける不思議な現象があるという記録が残っている．現在では，このような静電気現象は，原子や電子といったミクロな粒子を考えることによって説明することが可能である．本節では，ギリシャ時代の人々が不思議なものとしていた静電気をミクロな粒子から説明する．

1.1.1 摩擦電気と電荷

 空気の乾燥した日に衣服を脱ぐと，服が離れにくかったり，パチパチと音がして火花が見えたりすることがある．また，**図 *1.1*** のように，下敷を布でこすって軽い紙片などに近づけると，紙片が下敷に付着したりすることは多くの人が経験しているであろう．これらの現象は，下敷と布など，異なった種類の物質を摩擦したときに起こり，**摩擦電気** (frictional electricity) あるいは**静**

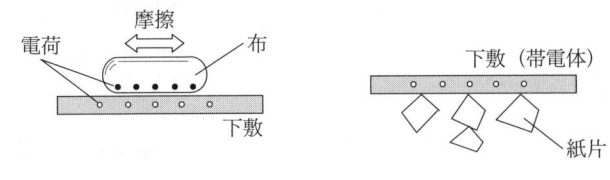

図 *1.1* 摩擦電気

電気 (static electricity) と呼ばれている。このように，物体を摩擦して他の物体を引き付ける性質をもつようになったとき，物体は**帯電**した (electrified)，あるいは物体に**電荷** (electric charge) が生じたという。また，帯電した物体を**帯電体** (charged body) という。

電荷には，正の電荷 (positive charge) と負の電荷 (negative charge) の2種類が存在する。いま，ある物体Aを別の物体Bで摩擦して二つの物体を帯電させ，**図 1.2** のように，これらをそれぞれ他の帯電体Cに近づけたとする。このとき，図のように，CにAを近づけたときにたがいに引き合う力が働くとすると，BをCに近づけたときには，必ずたがいに反発し合う力が働く。このことから，Aに生じた電荷の性質とBに生じた電荷の性質は異なるものであり，これらを区別するために，一方を正の電荷といい，他方を負の電荷というのである。どちらが正の電荷でどちらが負の電荷であるかは，つぎのような摩擦電気系列というもので定めている。

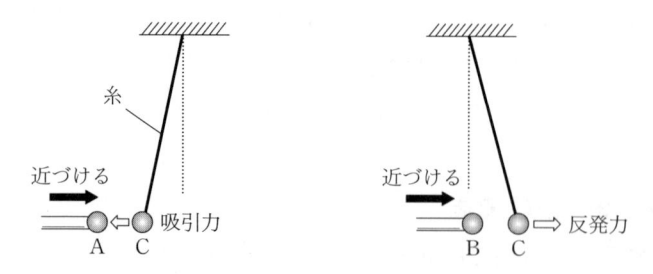

図 1.2　帯電体の間に働く力

摩擦電気系列とは，例えば，**図 1.3** のような五つの異なった物質を，それぞれ二つずつ摩擦したとき，ガラスに生じたのと同じ種類の電荷が発生した物質を左になるように順番に並べたものである。このとき，ガラス側に位置する物質に帯電する電荷を正（プラス，＋），エボナイト側の物質に帯電する電荷を負（マイナス，－）と定めている。なお電荷の量を**電気量** (quantity of electricity) という。

電荷間に働く力にはつぎのような性質がある。**正の電荷と正の電荷，負の電荷と負の電荷，すなわち同じ種類の電荷間には反発力が働く**。また，**正の電荷**

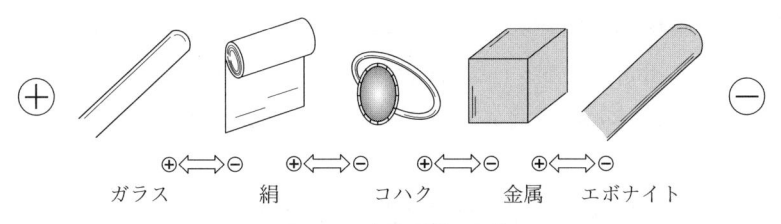

図 1.3 摩擦電気系列

と負の電荷，すなわち異なる種類の電荷間には**吸引力**が働く．このような電荷間に働く反発力や吸引力を**静電力**（electrostatic force）あるいは**クーロン力**（Coulomb force）という．

1.1.2 原子と電荷

現在では，すべての物質は**原子**（atom）と呼ばれる 10^{-10} m 程度の粒子からできており，原子は，図 1.4 のように，正の電荷をもつ**原子核**（atomic nucleus）と，その周りを回る負の電荷をもつ**電子**（electron）からできていることが知られている．原子核の大きさは，原子の大きさの1万分の1以下であり，原子核は，正の電荷をもつ**陽子**（proton）と電荷をもたない**中性子**（neutron）からなっている．

陽子と電子のもつ電荷は，電気量が相等しく，符号が反対である．この電気量は

$$e = 1.602\,176\,462 \times 10^{-19}\,(\fallingdotseq 1.60 \times 10^{-19})\,\mathrm{C} \tag{1.1}$$

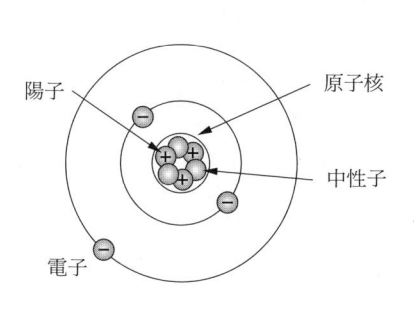

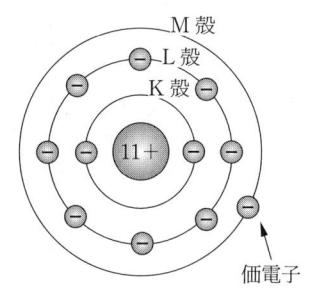

図 1.4 原子の構造 図 1.5 ナトリウム原子

であることが知られている。e は電荷の最小単位であり，**電気素量**（elementary electric charge）あるいは**素電荷**と呼ばれる。その単位は〔C〕（クーロン）である。電荷の単位であるクーロンについては，**1.2.1**項で詳しく述べる。

原子核を構成する陽子の数は**元素**（element）の種類によって異なるが，普通の状態では，その数は原子核の周りを回る電子の数と等しく，原子は電気的に中性である。図**1.5**にナトリウム原子を模式的に示す。図のように，原子核の周りの電子は，K 殻，L 殻，M 殻のように，いくつかの層に分かれて存在している。これらの層を**電子殻**（electron shell）といい，一番外側の殻（最外電子殻）にある電子は，**価電子**（valence electron）あるいは**最外殻電子**と呼ばれる。すべての電子は原子核に静電力によって拘束されており，この束縛から電子を引き抜くにはエネルギーが必要であるが，このエネルギーが最も小さいのが価電子である。価電子は原子から離れやすく，自由に物質中を移動したり物質外に放出されたりする。

図**1.6**のように，二つの物体を摩擦すると，摩擦による温度上昇などにより，電子がより離れやすい物体 A から他方の物体 B に移り，電子が不足した物体 A が正に，電子が過剰になった物体 B が負に帯電する。このように，摩擦電気は電子の移動により生じ，帯電体のもつ電気量は移動した電子の量で決定される。

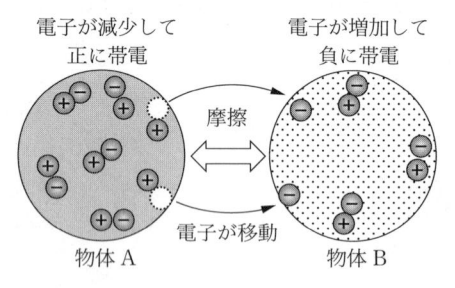

図 **1.6** 電子の移動による摩擦電気の発生

1.2 静 電 界

　力を作用させるには接触しなければならないという常識とは対照的に，**1.1**節で学んだ静電力は離れた電荷間に働くものである。現在では，離れた電荷間に力が働くのは，一つ目の電荷がその周りの空間に変化をもたらし，その変化した空間が，二つ目の電荷に力を及ぼしていると考えられている。このような空間の電気的な性質を表す量が**電界**（electric field）あるいは**電場**である。ここでは電界の大きさが時間的に変化しない**静電界**（static electric field）について述べる。

1.2.1 クーロンの法則

　1.1.1項で示したように，同種の電荷は反発し，異種の電荷は引き合う。この力を定量的に最初に解析したのはクーロンである。クーロンは，糸のねじれを利用したねじれ秤を開発することにより，電荷間に働く微小な静電力の測定に成功した。その結果，大きさが無視できるほど小さな点状の電荷（**点電荷**（point charge）という）について，「二つの点電荷間に働く力の方向は二つの電荷を結ぶ直線上にあり，その大きさはそれぞれの電気量の積に比例し，二つの電荷間の距離の2乗に反比例する」ことが明らかにされた。これを静電気に関する**クーロンの法則**（Coulomb's law）という。

　クーロンの法則は，数式を用いるとつぎのように表すことができる。いま，図**1.7**のように，二つの点電荷をそれぞれ Q_1〔C〕，Q_2〔C〕とし，点電荷間の距離を r〔m〕とするとき，二つの点電荷に働く力の大きさ F〔N〕は，比例定数を $k(>0)$ として

$$F = k\frac{|Q_1 Q_2|}{r^2} \ \text{〔N〕} \tag{1.2}$$

と表される。このとき図のように力は，Q_1 と Q_2 が同符号（$Q_1 Q_2 > 0$）ならば反発力であり，異符号（$Q_1 Q_2 < 0$）ならば吸引力となる。

(a) $Q_1Q_2 > 0$ (b) $Q_1Q_2 < 0$

$$F = \frac{1}{4\pi\varepsilon}\frac{|Q_1Q_2|}{r^2}$$

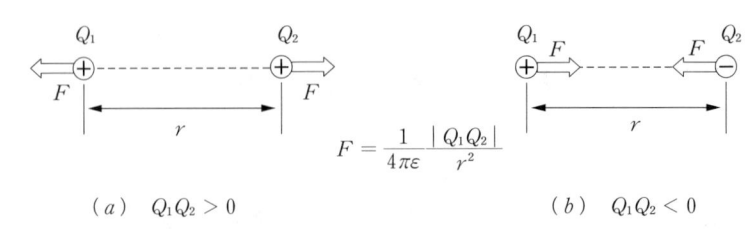

図 **1.7** 電荷間に働く静電力

比例定数 k は電荷を取り巻く物質に依存した定数であり，国際単位系（SI，Le Système International d'Unités の略称）では

$$k = \frac{1}{4\pi\varepsilon} \tag{1.3}$$

と表される。ここで，ε は物質の種類によって定まる定数で，**誘電率**（permittivity）という。また，**真空の誘電率**を特に ε_0 と書き，その値は

$$\varepsilon_0 = 8.854\,187\,817 \times 10^{-12} \;(\fallingdotseq 8.85 \times 10^{-12})\,\text{F/m}$$

であることが知られている。誘電率の単位には〔F/m〕（ファラド毎メートル）が用いられる。ファラドは **1.3.1** 項で述べる静電容量の単位である。

真空中の比例定数を k_0 とすると，式 (1.3) より，$k_0 = 1/(4\pi\varepsilon_0) = 8.99 \times 10^9\,\text{N·m}^2/\text{C}^2$ となる。一般に，物質の誘電率 ε は ε_0 より大きくなり，物質中での k の値は k_0 より小さくなる。なお，空気の誘電率は ε_0 とほぼ等しい。物質中の静電界については **1.2.6** 項で述べることにし，ここでは真空中の静電界について述べる。

式 (1.2) から，**1 C とは，二つの相等しい点電荷を真空中で 1 m だけ離したとき，$8.99\times10^9\,\text{N}$ の大きさの力が働くような電気量**と定義することができる。これからもわかるように，1 C の電気量は非常に大きな値である。身近な静電気で現れる電気量は pC（ピコクーロン）や nC（ナノクーロン）のオーダーであり，1 回の落雷で移動する電気量は数 10 C であるといわれている。

例題 1.1 $-1\,\mu\text{C}$ の電荷は何個の電子によってつくられるか。

【解】 電子の電荷は $-1.60\times10^{-19}\,\text{C}$ であるので，$-1\,\mu\text{C}$ の電荷は $(-1\times10^{-6})/(-1.60\times10^{-19}) = 6.25\times10^{12}$ 個の電子からつくられている。   ◇

1.2.2 力の合成・分解と重ねの理

力は，その大きさだけでなく，方向や向きによっても異なった作用を物体に及ぼす。したがって，力を考える場合には，大きさと方向，向きをつねに考えなければならない。大きさと方向，向きをもつ量を**ベクトル**（vector）量といい，これに対して大きさだけの量を**スカラ**（scalar）量という。クーロンの法則における距離や電荷はスカラ量であるのに対して，静電力はベクトル量である。

ベクトルは，図 1.8 のような矢印を用いてその大きさと方向，向きを示す。力を例にとると，基準となる長さを 1 N と決めておき，矢印が基準の長さの何倍の長さをもつかで力の大きさを表現し，向きを含めた力の方向を矢印の方向として表現するのである。通常，A というベクトル量をスカラ量と区別するために $\vec{A}$ や $\boldsymbol{A}$ （太文字）のような記号を用いる。

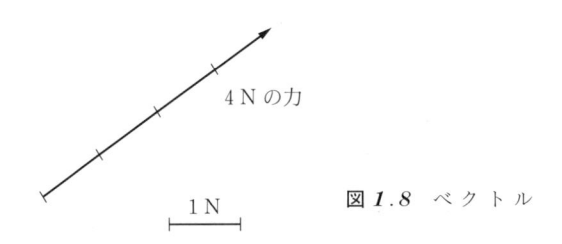

図 1.8　ベクトル

二つのベクトル量の和は，力の合成からつぎのように定められている。いま，図 $1.9\,(a)$ のように，方向が異なる大きさがそれぞれ F_1 と F_2 の力 $\vec{F_1}$, $\vec{F_2}$ を考えたとき，この二つの力と同じ働きをする一つの力 $\vec{F}$ を求めることを力を**合成**するといい，合成された力を**合力**（resultant force）という。二つの力の合力は，図 (a) のように，それぞれの力を表す矢印を隣り合う辺とする平行四辺形の対角線となる。このようにして，二つのベクトルの和を求めることを**平行四辺形の法則**（law of parallelogram）という。

なお，図 (b) や図 (c) のように二つの力の方向が平行な場合には，合力の大きさ F はそれぞれ $F = F_1 + F_2$，$F = F_1 - F_2$ となり，スカラ量としての和や差と同じ結果になるが，二つの力の方向が異なる場合には，図 (a) のように $F = F_1 + F_2$ は成立しない。

8　　1. 静　電　界

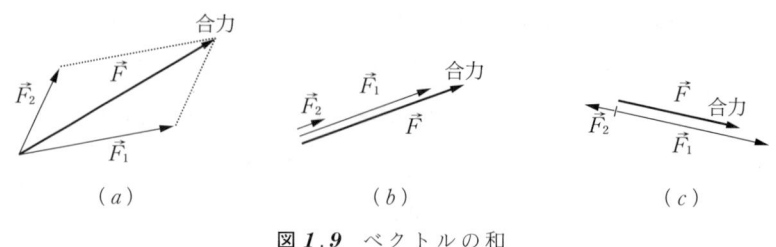

（a）　　　　　　　　（b）　　　　　　　　（c）

図 **1.9**　ベクトルの和

逆に**図 1.10** のように，一つの力 $\vec{F}$ をそれと同じ作用をする二つの力 $\vec{F}_1$ と $\vec{F}_2$ に分けることを力の**分解**といい，分解された力を**分力**（component of force）という．図のように，分解の方法は分解する方向のとり方によって何通りもある．ただし，一般にはたがいに垂直な方向に分解することが多い．

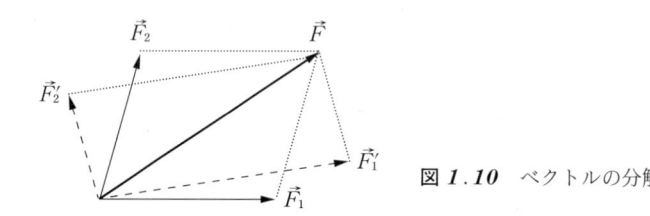

図 **1.10**　ベクトルの分解

たがいに垂直な座標軸 x 軸，y 軸をとり，**図 1.11**（a）のように，ベクトル $\vec{A}$ を x 軸と y 軸に平行な方向に分解し，分解したベクトルをそれぞれ $\vec{A}_x$，$\vec{A}_y$ とする．このとき，$\vec{A}_x$，$\vec{A}_y$ の大きさに，座標軸の正の向きを正として，向きを示す正・負の符号を含んだ量 A_x，A_y を考える．A_x，A_y は，それぞれベクトル $\vec{A}$ の x **成分**（x-component），y **成分**という．なお，図（a）のよ

（a）　成　　分　　　　　　　　（b）　ベクトルの和

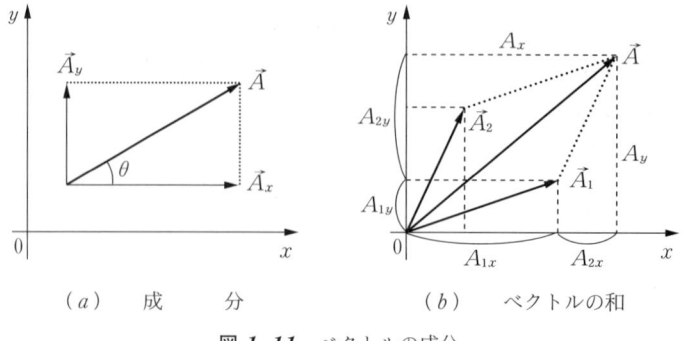

図 **1.11**　ベクトルの成分

うに大きさが A であるベクトル $\vec{A}$ の方向が x 軸の正の向きと θ の角をなすとき，A_x, A_y はつぎのように表される。

$$A_x = A\cos\theta, \quad A_y = A\sin\theta \tag{1.4}$$

また，図 (b) のように，二つのベクトル $\vec{A_1}$ (成分 A_{1x}, A_{1y})，$\vec{A_2}$ (成分 A_{2x}, A_{2y}) の合成ベクトルを $\vec{A}$ としたとき，その成分 A_x, A_y は，それぞれのベクトルの各成分の和となる。すなわち

$$A_x = A_{1x} + A_{2x}, \quad A_y = A_{1y} + A_{2y} \tag{1.5}$$

である。

本書では，ベクトル量の和や差などの演算は，その都度，大きさと方向および向きを考えて平行四辺形の法則を用いたり，成分を考えて行うことにする。

例題 1.2 図 1.12 のように，質量 $m = 1 \times 10^{-5}$ kg の二つの小球が，質量の無視できる長さ $l = 1$ m の細い糸でつるしてある。二つの小球に同じ電荷を与えて帯電させたところ，糸の鉛直方向とのなす角が $\theta = 30°$ で静止した。このとき，小球の電気量 q [C] を求めなさい。ただし，重力加速度を $g = 9.80$ m/s^2 とする。

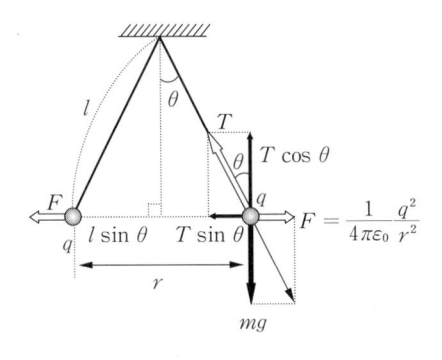

図 1.12

【解】 糸の張力を T とすると，図のように，静電力 F と重力 mg の合力が張力 T と釣り合って糸は静止する。このとき，図から，張力 T を鉛直方向と水平方向の力に分解すると，それぞれの分力の大きさは $T\cos\theta$ と $T\sin\theta$ となることがわかる。よって，鉛直方向の力の釣合いから

$mg = T\cos\theta$

である。また，二つの小球間の距離を r とすると，水平方向の釣合いから

$$\frac{1}{4\pi\varepsilon_0}\frac{q^2}{r^2} = T\sin\theta$$

である。このとき $r = 2l\sin\theta$ の関係があるから，q について解くと

$$q = 2l\sin\theta\sqrt{4\pi\varepsilon_0 mg\tan\theta} = 7.93\times 10^{-8}\,\text{C} = 79.3\,\text{nC}$$

が得られる。　　　　　　　　　　　　　　　　　　　　　　　　　　　◇

　電荷が複数個ある場合，ある電荷 q に働く静電力は，電荷 q とそれ以外の電荷との間に働くそれぞれの静電力のベクトル的な和である。これを**重ねの理**あるいは**重ね合わせの原理** (principle of superposition) と呼ぶ。重ねの理は，静電力だけでなく，*2* 章で学ぶ直流回路の電圧，電流や，*3* 章で学ぶ磁束密度についても成立する。このように重ねの理は，自然界に広く見られる経験則である。

例題 *1.3* 図 *1.13* に示したように，一辺が a [m] の正三角形の頂点 B，C に $+q$ [C] に帯電した小球がそれぞれ置かれている。もう一つの頂点 A に $+q$ [C] の電荷をもつ小球を置いたとき，その小球に働く力の大きさを求めなさい。

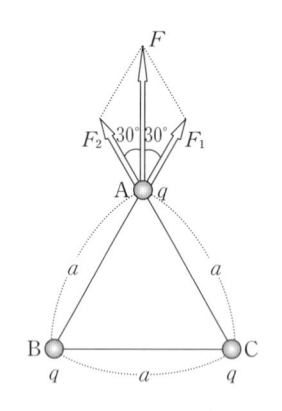

図 *1.13*　静電力の重ね合わせ

【解】　図のように，点 B にある小球と点 A の小球との間に働く力の大きさを F_1，点 C にある小球と点 A の小球との間に働く力の大きさを F_2 とする。F_1 および F_2 は，クーロンの法則により

である。また，重ねの理から，点 A の小球に働く力は，F_1 と F_2 のベクトル的な和であるから，図よりその力の大きさ F は

$$F = F_1 \cos 30° + F_2 \cos 30° = \sqrt{3}\frac{q^2}{4\pi\varepsilon_0 a^2}$$

となる。また，力の方向は電荷のつくる正三角形の底辺 BC を結ぶ直線に垂直であり，向きは上向きである。 ◇

1.2.3 電　　　界

空間の任意の点に+1C の点電荷を置いたときに働く力を**電界の強さ**(intensity of electric field) あるいは**電界**と定義する。例えば，一つの点電荷を置くと，その周りの各点で+1C の点電荷には静電力が働くから，各点の電界の強さの分布によって空間の性質を表現することができる。なお，電界の強さは力から定義されるので，ベクトル量である。

図 1.14 のように，真空中の点 O に置かれた点電荷 Q 〔C〕が，r 〔m〕だけ離れた点 P につくる電界の強さ E を求めてみよう。

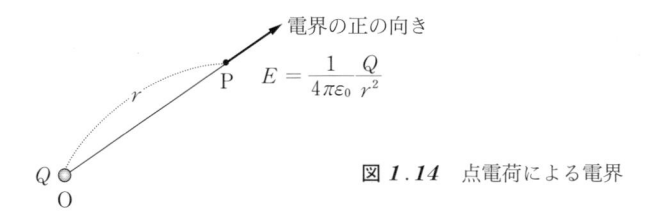

図 1.14 点電荷による電界

点 P に+1C の点電荷をおいたときを想定すれば，その電荷に働く力の大きさが E となる。したがって，クーロンの法則から

$$E = \frac{1}{4\pi\varepsilon_0}\frac{Q}{r^2} \quad \text{〔V/m〕} \tag{1.6}$$

であることがわかる。式 (1.6) は，電界の強さが電荷の電気量 Q に比例し，電荷からの距離 r の 2 乗に反比例していることを示している。また，電界の方向は直線 OP 上にあり，$Q > 0$ のときは E は正で電荷から離れる向きになり，$Q < 0$ のときは E は負で電荷に近づく向きになる。なお，+1C の点電荷

に働く力が電界の強さであるから，電界の強さの単位は〔N/C〕となるが，実用的な単位として〔V/m〕（ボルト毎メートル）を用いる。ボルトの定義については **1.2.5** 項で述べる。

点電荷 q〔C〕を点 P に置いたときに電荷に働く力の大きさ F は，クーロンの法則により $F = qQ/(4\pi\varepsilon_0 r^2)$ である。したがって，式 (1.6) を考慮すれば

$$F = qE \quad \text{〔N〕} \tag{1.7}$$

であることがわかる。式 (1.7) は，点電荷 q を電界の強さが E の場所に置いたときに生じる力の大きさを表している。力の方向は電界の方向と同じであり，力の向きは電界の向きを正とすると，$q > 0$ のとき F は正で電界の向きと同じであり，$q < 0$ のとき F は負で電界の向きと逆になる。

なお，二つ以上の電荷が任意の点につくる電界は，それぞれの電荷がその点につくる電界のベクトル的な和である。これを電界についての重ねの理という。

例題 1.4 $q = +2\,\mu\text{C}$ の点電荷をある点においたら，$F = 0.1\,\mu\text{N}$ の大きさの力を受けた。その点の電界の強さを求めなさい。

【解】 電界の強さは

$$E = \frac{F}{q} = \frac{0.1 \times 10^{-6}}{2 \times 10^{-6}} = 0.05 \text{ V/m}$$

である。 ◇

例題 1.5 真空中において図 **1.15** のような位置に二つの点電荷 $q_1 = 2\,\mu$C，$q_2 = -2\,\mu$C があるとき，点 P の電界を求めなさい。

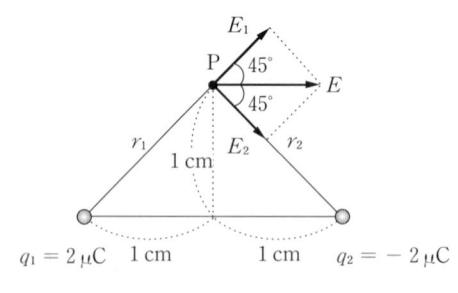

図 **1.15** 電界についての重ね合わせ

【解】 電荷 q_1, q_2 と点 P との間の距離をそれぞれ r_1, r_2 とすると
$$r_1 = r_2 = \sqrt{2} \text{ cm}$$
である。したがって，点 P の位置に電荷 q_1 のつくる電界の強さ E_1 は
$$E_1 = \frac{q_1}{4\pi\varepsilon_0 r_1{}^2} = \frac{2 \times 10^{-6}}{4 \times 3.14 \times 8.85 \times 10^{-12} \times (1.41 \times 10^{-2})^2}$$
$$= 8.99 \times 10^7 \text{ V/m}$$
となる。E_1 の方向は図に示したように電荷 q_1 の位置と点 P とを結ぶ直線上にあり，q_1 から離れる向きである。

また，対称性より，電荷 q_2 のつくる電界の強さ E_2 は，$E_2 = E_1 = 8.99 \times 10^7$ V/m となる。E_2 の方向は，図に示したように電荷 q_2 の位置と点 P を結ぶ直線上にあり，q_2 が負であるから q_2 に近づく向きである。

したがって，電界についての重ねの理により，二つの電荷のつくる点 P の電界の強さ E は，図より
$$E = E_1 \cos 45° + E_2 \cos 45° = 1.27 \times 10^8 \text{ V/m}$$
となる。また，図に示したように，電界 E の方向は電荷 q_1 と電荷 q_2 の位置を結ぶ直線に平行であり，q_1 から q_2 へ向かう向きである。　　　　　　　　　　　◇

1.2.4　電気力線とガウスの法則

空間の任意の点での電界の様子をわかりやすく表現するために**電気力線** (line of electric force) というものを用いる。もとの電界を乱さないように微小な電気量をもつ正の点電荷 $+\Delta q$ を電界中に置いて自由に運動できる状態をつくると，その電荷はある1本の軌跡を描いて運動する。その軌跡が電気力線である。例えば，**図 1.16** のように等しい電気量をもつ正負の点電荷が存在する場合で電気力線を考えてみる。

正の点電荷 $+Q$ の近くでは $+\Delta q$ には反発力が働くので，$+\Delta q$ は $+Q$ から遠ざかる1本の曲線を描いて動くであろう。また，負の点電荷 $-Q$ の近くに $+\Delta q$ を置くと，$+\Delta q$ は吸引力によって $-Q$ に近づく曲線を描いて動くはずである。このとき，任意の点で $+\Delta q$ に働く力の方向が電界の方向であるから，**電気力線の任意の点での接線の方向を電界の方向とする**。また，**電気力線は，正の電荷から出て，負の電荷に終わる**。なお，電気力線に矢印を付けて電界の向きを表す。

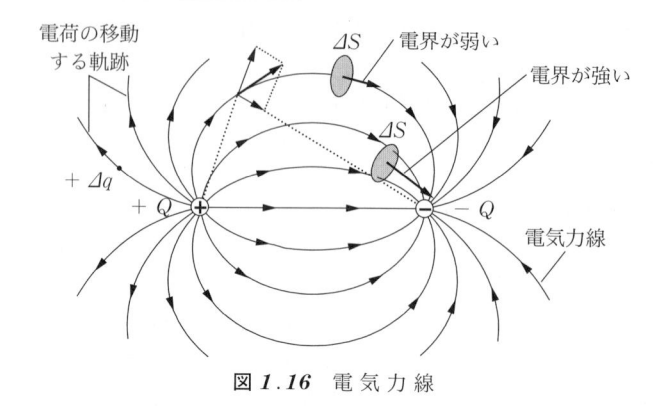

14　1. 静　電　界

図 1.16 電気力線

　前述したように，電界は大きさと方向，向きをもつベクトル量であるので，電気力線によって電界の大きさも表さなければならない。そこで，電界の大きさを電気力線の密度で表現する。電気力線の密度とは，線に垂直な面を通る単位面積当りの線の数のことである。例えば，**図 1.17** のように，電気力線に垂直な微小面積 ΔS〔m²〕を考えると，微小面積 ΔS を貫く電気力線の本数が ΔN〔本〕であるとき，電気力線の密度は $\Delta N/\Delta S$ である。したがって，**線に垂直な ΔS の位置での電界の強さを E〔V/m〕とすると，$E = \Delta N/\Delta S$ となるように描かれた曲線が電気力線となる。**

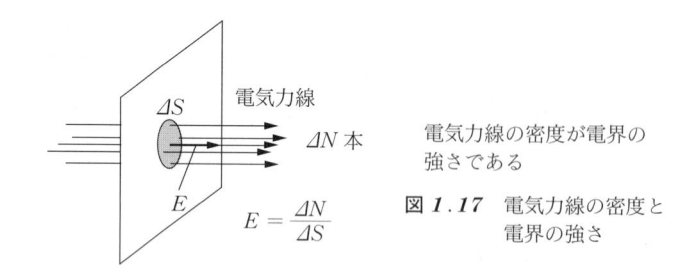

図 1.17 電気力線の密度と電界の強さ

　正の点電荷 $+Q$ から発する電気力線は放射状に出るので，点電荷から遠ざかるに従って電気力線は広がり，単位面積当りの電気力線は少なくなる。これは点電荷から遠ざかるに従って，電界の強さが弱くなることに対応している。よって，**図 1.16** に示したように，電荷に近く，電界が強いところは電気力

線が密になっており，電荷から遠く，電界が弱いところは電気力線が疎になっている。

例題 1.6 $S = 2\,\text{cm}^2$ の領域に $N = 0.05$ 本の電気力線が垂直に通っている。この領域の電界の強さを求めなさい。

【解】 電界の強さ E は，単位面積当りの電気力線の本数に等しい。よって
$$E = \frac{N}{S} = \frac{0.05}{2 \times 10^{-4}} = 250\,\text{V/m} \qquad \diamondsuit$$

つぎに，真空中で $+Q$ 〔C〕の点電荷から出る電気力線の本数を求めてみる。点電荷から出る電気力線は，図 **1.18** のように電荷から放射状に伸びる直線となる。ここで，電荷を中心とした半径 r〔m〕の球を考える。球面上では点電荷からの距離がすべて等しいから，電界の強さはどこでも同じであり，それを E〔V/m〕とすると，式 (1.6) より
$$E = \frac{1}{4\pi\varepsilon_0}\frac{Q}{r^2}$$

である。また，球面上での電界の方向は球面に垂直な方向であり，向きは球の中心から離れる向きである。したがって，球の表面を通る電気力線の数，すなわち電荷 $+Q$〔C〕から出る電気力線の本数 N は，球の表面積は $S = 4\pi r^2$〔m²〕であることから
$$N = ES = \frac{Q}{\varepsilon_0} \quad 〔本〕 \tag{1.8}$$

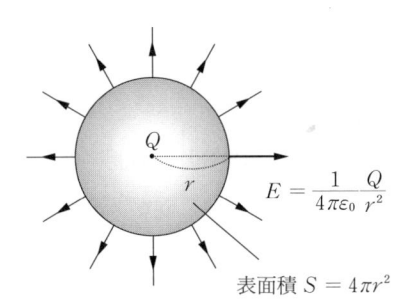

図 1.18 点電荷から出る電気力線の本数

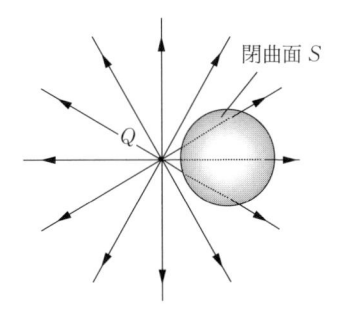

図 1.19 電荷の外側にある閉曲面を貫く電気力線

となる。同様に考えると，負の電荷 $-Q$〔C〕には $N=Q/\varepsilon_0$〔本〕の電気力線が入ることがわかる。

図 1.19 のように，点電荷 $+Q$〔C〕が閉曲面 S の外側に存在する場合には，S の外側から内側へ入り込む電気力線の数と，内側から外側へ出ていく電気力線の数は等しい。電気力線の符号を閉曲面から外へ出ていくときを正，外から入るときを負とすると，閉曲面から出る正味の電気力線の数はゼロとなる。

以上のことから，図 1.20 のように，任意の閉曲面 S から出ていく電気力線の本数は，S の外部に存在する電荷には無関係で，内部に存在する電荷の総量で決まると考えられる。すなわち

「真空中で任意の閉曲面 S から出ていく電気力線の本数は，その閉曲面 S の内部に存在する電荷の代数和を $\sum_i Q_i$〔C〕としたとき，$\sum_i Q_i/\varepsilon_0$〔本〕である。」

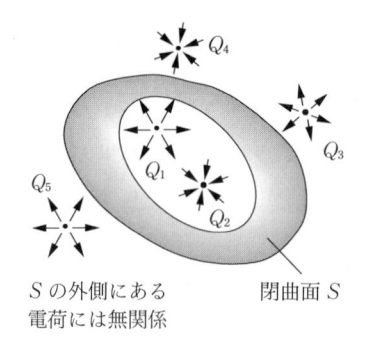

この場合の閉曲面 S から出ていく電気力線の本数は，$Q_1>0$，$Q_2<0$ とすると $(Q_1+Q_2)/\varepsilon_0$〔本〕である。
例えば，$Q_1=3\,\mathrm{C}$，$Q_2=-1\,\mathrm{C}$ とすると，$2/\varepsilon_0$〔本〕が閉曲面 S から出ていく

S の外側にある電荷には無関係　　閉曲面 S

図 1.20　ガウスの法則

これを**ガウスの法則**（Gauss' law）という。

電荷が対称的に分布している場合の多くは，面上で電気力線の面密度が等しい閉曲面を選ぶことができるから，電界の強さを求めるのにガウスの法則は有用である。以下にガウスの法則を使った電界の強さの計算例を示す。

〔1〕**球状の電荷のつくる電界**　　図 1.21 のような半径 a〔m〕の球の表面に電荷 $+Q$〔C〕が一様に分布して帯電している場合を考える。金属などの

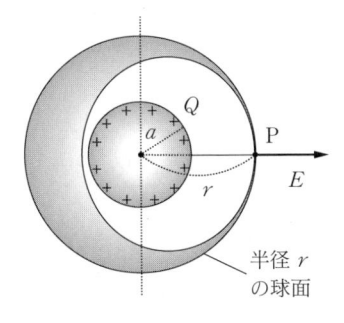

図 1.21 球状の電荷による電界

電荷が移動しやすい物質（導体という）に電荷を与えると，たがいの電荷間に反発力が働いて，与えた電荷は物質表面に等しい密度で分布するようになり，このような状態を実現することができる。このような場合の球の中心 O から r [m] ($r > a$) 離れた点 P の電界の強さ E [V/m] を求めてみよう。

図のような帯電した球と中心が同じ半径 r [m] の球を閉曲面にとると，その球面上の電界の強さ E は等しく，電界の方向は面に垂直である。また，半径 r の球の表面積は $4\pi r^2$ [m²] であるから，閉曲面から出ていく電気力線は $E \times 4\pi r^2$ [本] となる。一方，閉曲面の中に存在する電荷は Q [C] であるから，ガウスの法則により，閉曲面から出る電気力線の本数は，Q/ε_0 [本] である。よって，点 P の電界の強さ E [V/m] は

$$E = \frac{1}{4\pi\varepsilon_0}\frac{Q}{r^2} \quad \text{[V/m]} \tag{1.9}$$

となる。これは，球表面に一様に分布した電荷がその外部につくる電界は，球の中心に点電荷が存在する場合の電界に等しいことを示している。

例題 1.7 体積電荷密度が $+\rho$ [C/m³] の一様に帯電した半径 a [m] の球が球の外側につくる電界を求めなさい。

【解】 球の中心から r [m] ($r > a$) 離れた点 P の電界の強さ E [V/m] を求めることを考える。電気力線は，球の中心から放射状に伸びるから，半径 r [m] の球を考えると，球面上での電界の強さはすべて等しく，電界の方向は球面に垂直である。一方，球面の中に存在する電荷は $(4/3)\pi a^3 \rho$ [C] である。よって，ガウスの法則により，半径 r [m] の球面から出る電気力線は，$(4\pi a^3 \rho)/(3\varepsilon_0)$ [本] である。また，半径

18   1. 静 電 界

r の球の表面積は $4\pi r^2$ 〔m²〕なので，単位面積当りの電気力線の数，すなわち点 P の電界の強さ E 〔V/m〕は

$$E = \frac{1}{4\pi r^2 \varepsilon_0} \frac{4\pi a^3}{3}\rho = \frac{a^3 \rho}{3\varepsilon_0}\frac{1}{r^2} \quad 〔V/m〕$$

となる。この場合も，上式は球の中心に $(4/3)\pi a^3 \rho$ 〔C〕の点電荷が存在する場合の電界に等しいことを示している。   ◇

〔2〕 **平行平板電極のつくる電界**　図 *1.22* (*a*) のような無限に広い2枚の平行な平面板 A，B があり，一方の板 A の面電荷密度が $+\sigma$ 〔C/m²〕であり，他方の板 B の面電荷密度が $-\sigma$ 〔C/m²〕であるときの電界を求めてみよう。このような状態は，2枚の平行な平面状の電極に電圧を加えたときに実現できることから，平行平板電極のつくる電界と呼ばれている。

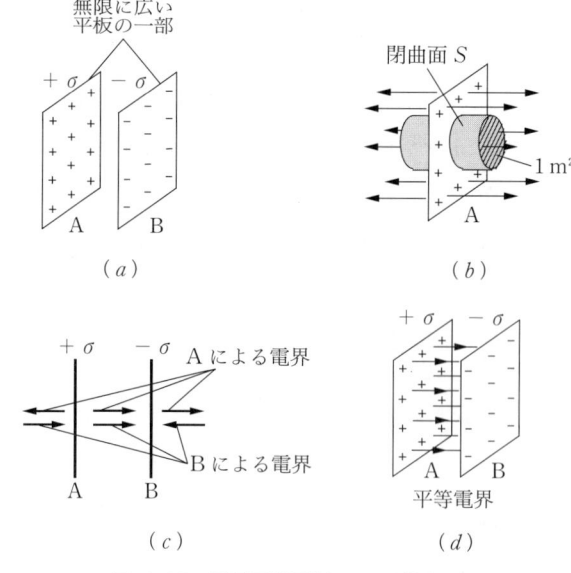

図 *1.22*　平行平板電極による電界

平板が無限に広いことから，1枚の平板電極 A のつくり出す電気力線は，図 (*b*) のように，電極に垂直に両側に広がるように一様な密度で分布する直線となる。このとき，図のような底面積が $1\,\mathrm{m}^2$ である円柱表面を閉曲面 S と仮定すると，電気力線は二つの底面のみを貫き，側面は貫かない。また，底面

上の任意の点での電界の強さ E は等しいから，円柱表面から出ていく電気力線の本数は二つの底面を合わせて $2E$〔本〕になる。一方，円柱の中に存在する電荷は $+\sigma$〔C〕であるから，ガウスの法則から円柱表面から出る電気力線は σ/ε_0〔本〕である。よって，図(b)の1枚の平板電極のつくる電界の強さ E は

$$E = \frac{\frac{\sigma}{\varepsilon_0}}{2} = \frac{\sigma}{2\varepsilon_0} \quad \text{〔V/m〕} \tag{1.10}$$

となる。

2枚の平行平板電極の場合には，図(c)のように電極の外側では2枚の平板電極のつくる電界がたがいに打ち消し合い，内側ではたがいに強め合う。したがって，平行平板電極の外側の電界はゼロであり，電極の内側の電界の強さはつぎのようになる。

$$E = \frac{\sigma}{\varepsilon_0} \quad \text{〔V/m〕} \tag{1.11}$$

図(d)のような無限に広い平行平板電極間にできる電界のように，電界の大きさと方向，向きが等しい電界を**平等電界**，あるいは**一様電界** (uniform electric field) という。なお，平板電極の大きさが有限であっても，それが電極間隔に比べて十分大きい場合には，電極間にできる電界はほぼ平等電界とみなすことができ，電界の強さは式 (1.11) で近似できる。

〔**3**〕 **直線状帯電体のつくる電界**　図 **1.23**(a) のような，1m 当り $+\lambda$〔C〕に帯電した無限に長い直線状帯電体の中心軸から r〔m〕離れた点 P の電界の強さ E〔V/m〕を求めよう。

帯電体は無限に長いことから，それによる電気力線は，図(b)のように帯電体に垂直に放射状に伸びている。半径 r〔m〕，高さ1mの円柱表面を閉曲面 S と仮定すると，円柱の側面上の電界の強さ E は等しく，側面に垂直である。また，側面の面積は $2\pi r$〔m²〕であるから，円柱表面から出ていく電気力線の本数は $E \times 2\pi r$〔本〕となる。一方，円柱内に存在する電荷は λ〔C〕であるから，ガウスの法則により，$E2\pi r = \lambda/\varepsilon_0$ となる。よって，点 P の電界の

20   1. 静　電　界

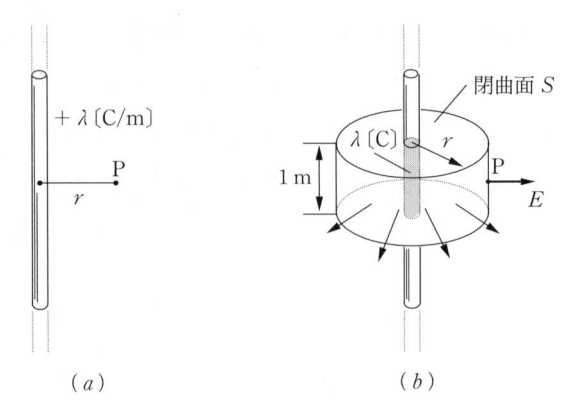

(a)　　　　　　　　(b)

図 1.23　直線状帯電体による電界

強さ E は

$$E = \frac{\dfrac{\lambda}{\varepsilon_0}}{2\pi r} = \frac{\lambda}{2\pi\varepsilon_0 r} \quad [\text{V/m}] \tag{1.12}$$

で与えられる。式 (1.12) は電界の強さ E が距離 r に反比例して小さくなることを示している。なお，直線の長さが有限であっても，直線の長さに対して帯電体に十分近い距離の点ならば，式 (1.12) を用いてもよい。

1.2.5　電　　　位

〔1〕**仕事と電位差**　図 1.24 (a) のように，物体に一定の力 F [N] を働かせて，力の向きに l [m] の距離を移動させたとき，この力は物体に**仕事** (work) をしたという。仕事の大きさ W は，力 F と移動距離 l の積で定義され

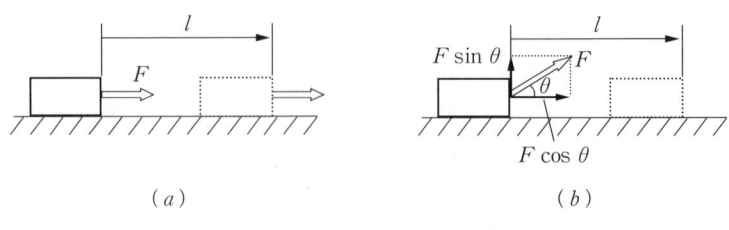

(a)　　　　　　　　(b)

図 1.24　仕　　事

$$W = Fl \quad [\text{J}] \tag{1.13}$$

と表される。1 N の力で 1 m 移動させたときの仕事を 1 ジュールといい，1 J と書く。

また，図 (b) のように，力と移動方向が異なり，なす角が θ である場合は，力を移動方向とそれと垂直な分力に分解して，仕事を求めることができる。この場合，移動方向と垂直な分力 $F \sin \theta$ は，その力の向きに移動してないため仕事はゼロである。よって，移動方向の分力 $F \cos \theta$ と移動距離 l の積が力 F のした仕事 W となる。すなわち

$$W = Fl \cos \theta \quad [\text{J}] \tag{1.14}$$

となる。

図 **1.25** (a) に示したように，地球上では物体には重力が働くため，物体を点 B から上方の点 A まで持ち上げるには，重力と釣り合うような力を外部から加えて仕事 W_{AB} をする必要がある。したがって，物体は点 B にあるときよりも点 A にあるときのほうが仕事をする能力，つまり**エネルギー** (energy) を多く有していることになる。このようなエネルギー W_{AB} は，重力の**位置エネルギー** (potential energy) として知られている[†]。

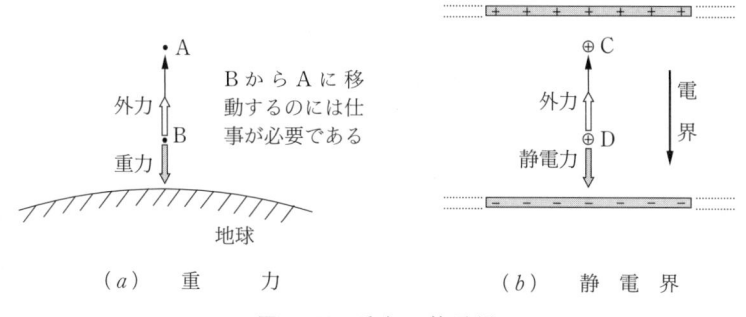

(a) 重　力　　　　　　　(b) 静　電　界

図 **1.25** 重力と静電界

[†] 位置エネルギーを記号で表すとき，移動させる点を表す添字は，終点 A を先に，始点 B を後に書くのが普通である。このとき W_{AB} は点 B からみた点 A の位置エネルギーという意味になる。

同様に，図 (b) のような電界中の電荷には静電力が働くから，正の電荷を点 D から点 C まで運ぶには静電力と釣り合うような外力を加えて W_{CD} の仕事をする必要がある．つまり，正の電荷は点 D にあるときよりも点 C にあるときのほうが大きなエネルギー W_{CD} を有していることになる．このようにして，電界中にある電荷に対して電気的な位置エネルギーを考えることができる．

図 (b) のような場合，点 C は点 D より **電位** (electric potential) が高いといい，+1 C の点電荷を電界による静電力と力の釣合いを保ちながら点 D から点 C まで運ぶのに必要な仕事を，CD 間の **電位差** (electric potential difference) あるいは **電圧** (voltage) という．電位差は電界の強さとは異なり，スカラ量である．なお，電位差の単位は〔J/C〕であるが，実用的な単位として〔V〕（ボルト）を用いる．

電界中では式 (1.7) より，q〔C〕の点電荷に働く力は +1 C の点電荷に働く力の q 倍なので，q〔C〕の点電荷を点 D から点 C まで運ぶのに必要な仕事 W_{CD}〔J〕は，+1 C の点電荷を点 C から点 D まで運ぶのに必要な仕事の q 倍である．したがって，CD 間の電位差を V_{CD}〔V〕とすると，次式のようになる．

$$V_{CD} = \frac{W_{CD}}{q} \tag{1.15}$$

ある点から別の点に物体を運ぶのにはいろいろな経路が考えられる．例えば，**図 1.26** に示したような山を登ることを考える．麓の点 B から山頂近くの点 A まで登るのに，まっすぐな道を登る場合とジグザグな道を登る場合がある．まっすぐな道を登る場合は勾配は急だが歩く距離は短い．一方，ジグザグな道を登る場合は勾配は緩やかだが歩く距離は長い．この場合，A，B の 2 点が決まれば，位置エネルギーの差は決まるので，力と距離の積，すなわち仕事は経路に無関係であることがわかる．

同様に，電界中でも 2 点が決まれば，その 2 点間の電位差は決定される．そのことを平等電界を例にとって示そう．**図 1.27** に示したように，電界の強さが E〔V/m〕である平等電界中で，+1 C の点電荷を点 D から静電力と力の釣合いを保ちながら点 C まで運ぶことを考える．

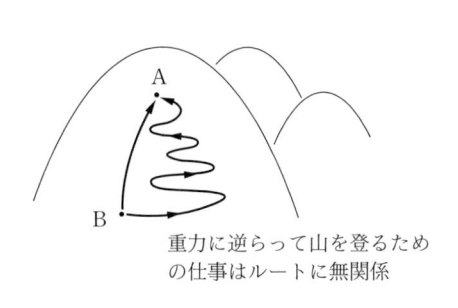

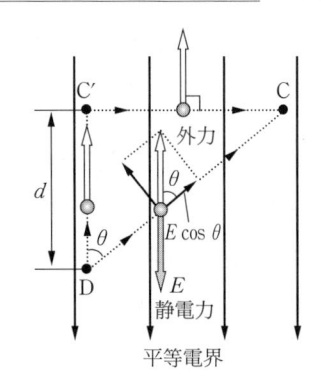

図1.26 位置エネルギー

図1.27 平等電界中での電位差

まず，点Dと点Cを結ぶ直線に沿って+1Cの点電荷を移動させることを考える。このとき，図1.27のように，静電力 E [N]と釣り合うような外力を考え，その力をDC方向と，それに垂直な方向の分力に分解する。このとき移動方向に対して垂直な分力は仕事をしないから，DC方向の分力による仕事だけを考えればよい。外力とDC方向のなす角を θ とすると，DC方向の分力は $E\cos\theta$ であり，DC間の距離は $d/\cos\theta$ [m]であるから，点Dと点Cを結ぶ直線に沿って+1Cの点電荷を移動させるのに要する仕事は Ed であることがわかる。

つぎに，+1Cの点電荷を点Dから点C'を経由して点Cまで運ぶのに外部から加える仕事を求めてみる。点Dから点C'まで運ぶ場合は，DC'上の任意の点で+1Cの点電荷に働く静電力と釣り合う外力と移動方向は一致しているから，DC'間の距離 d [m]を運ぶために外部から加える仕事は Ed である。続いて，点C'から点Cへ運ぶ場合は，外力と垂直に移動させるため，仕事はゼロである。これは点C'と点Cが等しい電位であることを示している。よって，点Dから点C'を経由して点Cまで+1Cの点電荷を運ぶのに必要な仕事の総量は Ed である。

このようにして，CD間の電位差 V_{CD} [V]は

$$V_{CD} = Ed \quad [V] \tag{1.16}$$

であり，電位差 V_{CD} は電荷を運ぶ経路に無関係になることが確認できた。

また，式 (*1.16*) から平等電界中の電界の強さ E は

$$E = \frac{V_{\mathrm{CD}}}{d} = \frac{V_{\mathrm{C'D}}}{d} \tag{1.17}$$

となる．式 (*1.17*) から，電界の単位として〔V/m〕が使用されることが納得できるであろう．

ここでは，平等電界を例にとって説明したが，電位差が経路によらないことは静電界の一般的な性質であり，このような性質を**保存的** (conservative) であるという．

あらかじめ基準点を決めておき，その基準点から力の釣合いを保ちながら任意の点まで+1Cの点電荷を運ぶのに外部から加える仕事，すなわち基準点と任意の点との間の電位差を**電位**という．基準点としては，電界が0とみなせる無限遠点を選ぶことが多い．無限遠点の代わりに，大地（地球）を選ぶこともある．これは，地球に電荷の出入りがあっても地球の電位はほとんど変化しないからである．

いま，**図 *1.28*** のように，電位の基準点をOと定め，点Aの電位を V_A〔V〕，点Bの電位を V_B〔V〕とし，AB間の電位差を V_AB〔V〕とする．このとき，電位差は保存的であるから，点Oから点Aまで+1Cの点電荷を運ぶのに外部から加える仕事と，点Oから点Bを経由して点Aまで+1Cの点電荷を運ぶのに外部から加える仕事は等しい．すなわち $V_\mathrm{A} = V_\mathrm{B} + V_\mathrm{AB}$ である．したがって，AB間の電位差 V_AB〔V〕は

$$V_\mathrm{AB} = V_\mathrm{A} - V_\mathrm{B} \tag{1.18}$$

となり，**2点間の電位差はそれぞれの点の電位の差になる**ことがわかる．

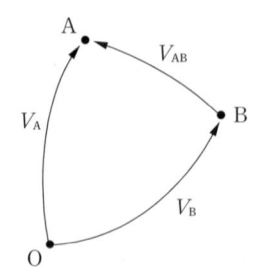

図 *1.28* 電位差と電位

例題 1.8 電位 $V_B = 2\,\text{V}$ の点 B から，電位 $V_A = 5\,\text{V}$ の点 A まで，$q = 2\,\mu\text{C}$ の点電荷を移動させる。このときに必要な仕事 $W\,[\text{J}]$ を求めなさい。

【解】 AB間の電位差 V_{AB} は，$V_{AB} = V_A - V_B = 5 - 2 = 3\,\text{V}$ である。したがって，式 (1.15) により，$W_{AB} = qV_{AB} = 2 \times 10^{-6} \times 3 = 6\,\mu\text{J}$ である。　◇

点電荷 $+Q\,[\text{C}]$ の周りには，式 (1.6) で表されるような電界が生じる。このとき，点電荷から $r\,[\text{m}]$ だけ離れた点 P の電位，すなわち点電荷 $+Q$ のつくる電界に逆らって，力の釣合いを保ちながら $+1\,\text{C}$ の点電荷を無限遠点から点 P まで運ぶのに外部から加える仕事はつぎのようになる†。

$$V = \frac{1}{4\pi\varepsilon_0}\frac{Q}{r}\,[\text{V}] \tag{1.19}$$

式 (1.19) から点電荷 $+Q$ による電位 V は，距離 r に反比例するから，**図 1.29** のように電荷から遠くなるにしたがって降下し，無限遠点ではゼロとなる。

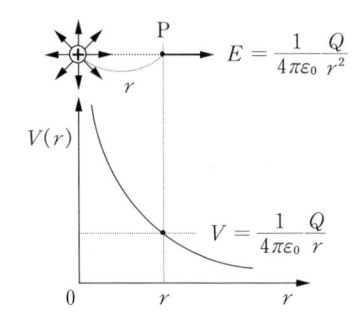

図 1.29 点電荷による電位

点電荷が負の場合には，式 (1.19) からわかるとおり，無限遠点で電位 V はゼロであり，点電荷に近づくにしたがって電位 V は負の値をとる。電位の絶対値 $|V|$ は点電荷からの距離 r に反比例し，$|V|$ は点電荷に近づくほど大きくなる。

---

† 点電荷から r だけ離れた点の電界の強さ E は式 (1.6) のように r によって変化する。このように位置によって E が変化する場合の電位は積分法を用いてつぎのように求めることができる。
$$V = \int_\infty^r (-E)dr = \int_\infty^r \left(-\frac{Q}{4\pi\varepsilon_0}\frac{1}{r^2}\right)dr = \frac{Q}{4\pi\varepsilon_0}\left[\frac{1}{r}\right]_\infty^r = \frac{1}{4\pi\varepsilon_0}\frac{Q}{r}$$

1. 静　電　界

点電荷が何個かあるとき，電荷がつくる電界に逆らって無限遠点からある点まで+1Cの点電荷を運ぶのに必要な仕事は，それぞれの電荷が単独でつくる電界中を+1Cの点電荷を無限遠点からある点に運ぶのに必要な仕事の和になる。したがって，いくつかの点電荷のつくる電位は，各電荷のつくる電位の和となる。このように，電位にも重ねの理が成立する。

例題 1.9 真空中において，図 1.30 のように，点 P に $q = 2\,\mu$C の点電荷が存在する。AB 間の電位差を求めなさい。

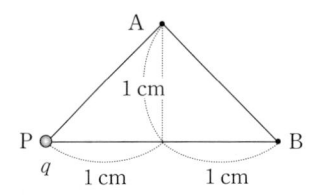

図 1.30　点電荷の周りの電位差

【解】 PA 間の距離は $\sqrt{2}$ cm である。式 (1.19) より，点 A の電位 V_A および点 B の電位 V_B を計算すると

$$V_A = 1.27 \times 10^6 \text{ V}$$
$$V_B = 0.90 \times 10^6 \text{ V}$$

となる。したがって，AB 間の電位差はつぎのようになる。

$$V_{AB} = V_A - V_B = 0.37 \times 10^6 \text{ V} \qquad \diamond$$

例題 1.10 真空中において，図 1.31 のような点 A および点 B に二つの点電荷 $q_1 = 2\,\mu$C, $q_2 = -1\,\mu$C があるとき，点 P の電位を求めなさい。

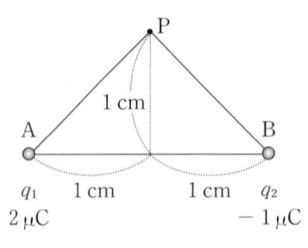

図 1.31　電位の重ね合せ

【解】 q_1 および q_2 による点 P の電位 V_A, V_B はそれぞれつぎのようになる。

$V_A = 1.27 \times 10^6$ V

$V_B = -0.64 \times 10^6$ V

よって，点 P の電位 V は，重ねの理よりつぎのような値となる。

$V = V_A + V_B = 0.63 \times 10^6$ V ◇

〔2〕 **電位の傾きと電界の強さの関係**　図 **1.32**（a）のように，電位の分布が与えられた場合を考える。電界中に +1 C の点電荷を置くと，電荷には静電力が働き，この力に逆らって進むほど電位は高くなる。反対に，電界の向きに進むほど電位は降下する。いま，電位が $V(r)$ 〔V〕である点 P から微小な距離 Δr〔m〕を考えたとき，Δr の間では電界の強さ E は一定と考えてよい。したがって，点 P から微小な距離 Δr〔m〕だけ離れた位置の電位の変化量 ΔV〔V〕は，式 (1.16) より $\Delta V = -E \Delta r$ となる。このとき，$-$ の符号は，電界の向きに Δr だけ移動すると，その分だけ電位が下がることを示している。したがって，点 P での電界の強さ E は

$$E = -\frac{\Delta V}{\Delta r} \quad \text{〔V/m〕} \tag{1.20}$$

で与えられる。厳密には $\Delta r \to 0$ の極限，すなわち電位 $V(r)$ の位置 r による微分を考えて次式のようになる。

$$E = -\frac{dV}{dr} \quad \text{〔V/m〕} \tag{1.21}$$

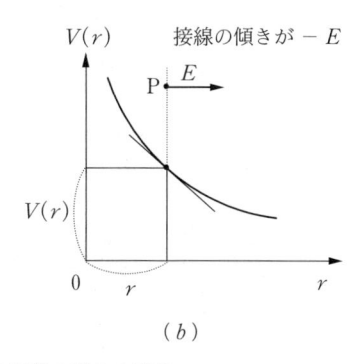

図 **1.32**　電位の傾きと電界の強さの関係

これは，図 (b) に示したように，Δr を 0 に近づけていくと，点 P での電界の強さ E は点 P での曲線 $V(r)$ の接線の傾きの符号を変えたものに等しいことを示している。

例題 1.11 Q [C] の点電荷のつくる電位は，式 (1.19) に示したとおりである。これより，Q [C] の点電荷のつくる電界の強さが，式 (1.6) で表されることを示しなさい。

【解】 式 (1.20) の関係を使って，点電荷 Q のつくる電界の強さ E を計算すると

$$E = -\frac{\Delta V}{\Delta r} = -\frac{1}{\Delta r}\left(\frac{1}{4\pi\varepsilon_0}\frac{Q}{r+\Delta r} - \frac{1}{4\pi\varepsilon_0}\frac{Q}{r}\right) = \frac{1}{4\pi\varepsilon_0}\frac{Q}{r(r+\Delta r)}$$

となる。ここで，Δr を 0 に近づければ

$$E = \frac{1}{4\pi\varepsilon_0}\frac{Q}{r^2}$$

となり，式 (1.6) を導くことができた。　　　　　　　　　　　　　　　　　◇

〔3〕**等電位面**　　電位の等しい点を集めてつくった曲面を**等電位面** (equipotential surface) という。**図 1.33** は，一つの正の点電荷が存在する場合の，電荷を含む平面上の電気力線と等電位面を描いたものである。図から

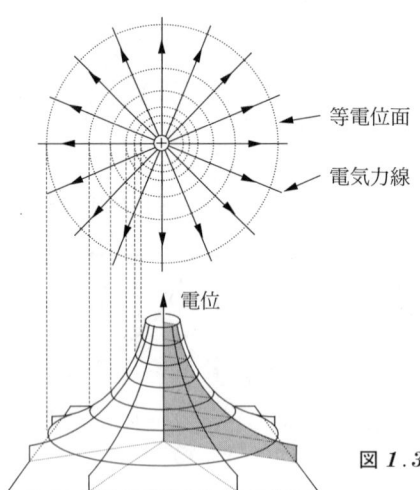

図 1.33　電気力線と等電位面

コーヒーブレイク

電磁気学の生立ち

紀元前数世紀のギリシャ時代に，摩擦したコハク（琥珀，松などの樹脂の化石）が羽毛などを引き付け，磁鉄鉱という鉱物が鉄を引き付けるという記録があり，当時の人々は，電気や磁気を離れている物体どうしに力が働く不思議なものとしていたようである。今日のように電気・磁気現象を科学として扱うようになったのは，ようやく17世紀になってからである。電気を表す英語の electricity は，地球が大きな磁石であることを示したイギリスのギルバートが，摩擦電気を発生しやすい物質を指す言葉として，ギリシャ語のコハクを表す $ηλεκτρον$ (electron) を用いたのが語源となっている。

17世紀後半，ニュートンにより力学の基礎が築かれ，われわれに身近な重力も離れている物体どうしに働く万有引力であることが明らかにされると，万有引力のような微小な力を測定する工夫がなされるようになった。1785年，クーロンは，**図1**のようなねじれ秤によって静電気と磁気とに関するクーロンの法則を発見し，万有引力と同様に働く力の大きさが距離の2乗に反比例することを示した。クーロンの法則の発見により，やっと電気・磁気現象が科学の対象となったのである。

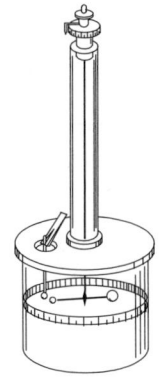

図1 クーロンのねじれ秤

19世紀初頭，ボルタによって電池が発明され，手軽に大きな電流を流すことができるようになると，エルステッド，アンペア，ファラデーなどにより，それまで別の現象として扱ってきた電気と磁気を一緒に考えるべきであることが明らかにされた。そして，1864年，マクスウェルによって電気・磁気に関する現象が四つの方程式にまとめられ，今日の電磁気学が完成したのである。

20世紀になって量子力学が確立され，陽子や電子といった物質を構成している基本的な粒子が電荷を有しており，物質の磁気的な性質は，電子の状態で説明できることが明らかにされた。こうして，ギリシャ時代から不思議なものの代表であった電気・磁気現象の本質は，つい最近解明されたのである。

このように，電気・磁気という自然現象を人類がいかにして理解してきたかをたどってみると，自然界の不思議さを改めて感じとることができる。

30　1. 静　電　界

等電位面は，地図における等高線のようなものであることがわかる。

等電位面にはつぎのような性質がある。

・**二つの異なる等電位面は交わらない。**

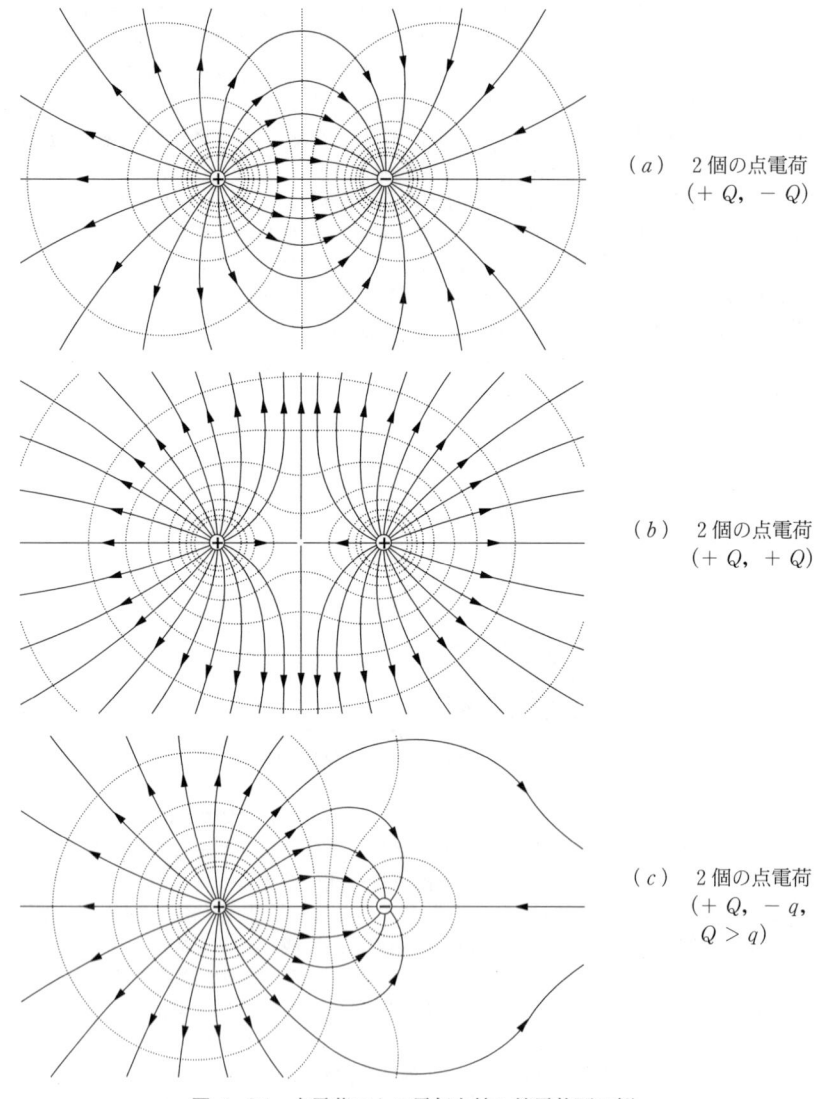

(a) 2個の点電荷
　　 $(+Q, -Q)$

(b) 2個の点電荷
　　 $(+Q, +Q)$

(c) 2個の点電荷
　　 $(+Q, -q,$
　　 $Q > q)$

図 **1.34**　点電荷による電気力線と等電位面の例

・電気力線は等電位面に直交する。言い換えれば，電界の方向は等電位面に垂直である。
・等電位面相互の間隔が狭い場所ほど電界は強い。

図 1.34 と図 1.35 に，いくつかの場合について電気力線と等電位面を示

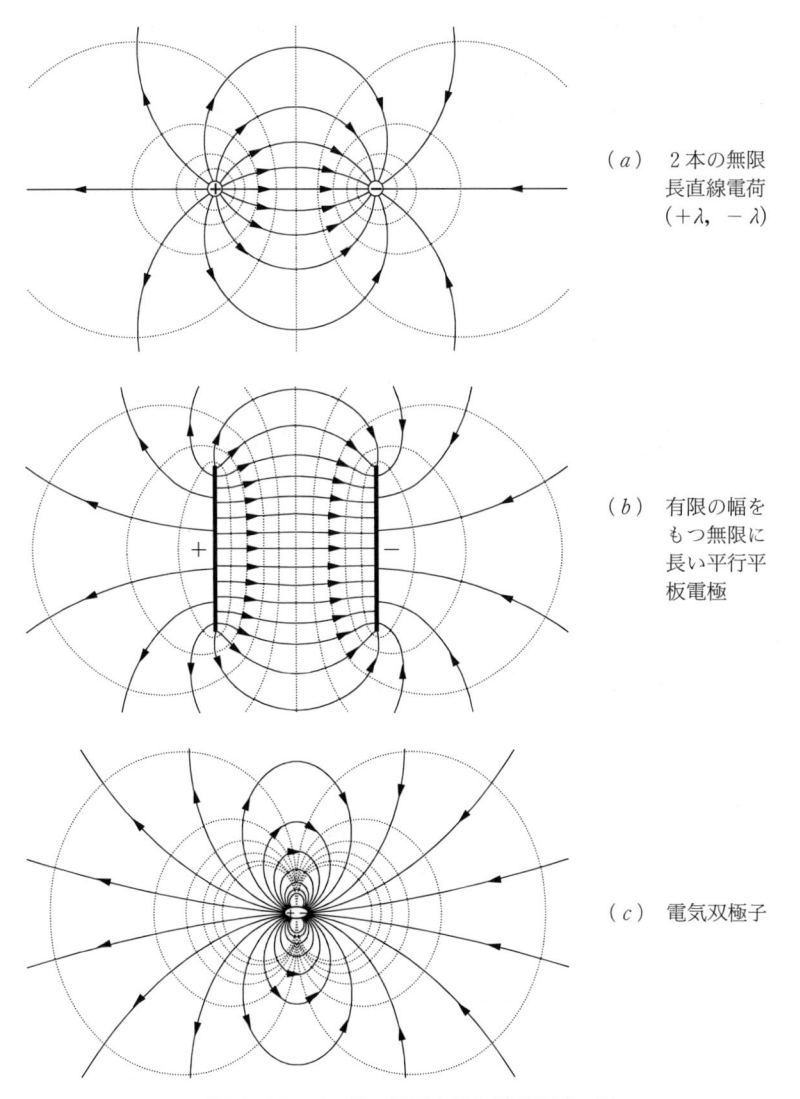

(a) 2本の無限長直線電荷 $(+\lambda, -\lambda)$

(b) 有限の幅をもつ無限に長い平行平板電極

(c) 電気双極子

図 1.35　その他の電気力線と等電位面の例

した。電気力線がわかっていると，等電位面を簡単に描くことができる。また，その逆も容易にできる。

1.2.6 電界中の導体と絶縁体

〔1〕 導体と絶縁体　金属のように電子などの電荷が自由に移動できる物質を**導体**（conductor）といい，また，プラスチック，ガラス，ゴムなど，電荷が移動しにくい物質を**絶縁体**（insulator），あるいは**不導体**（non-conductor）と呼ぶ。

ナトリウムのような金属では，図 **1.36**（a）のように，価電子が原子核の束縛を離れて物質内を自由に運動することができるため，導体となる。このよ

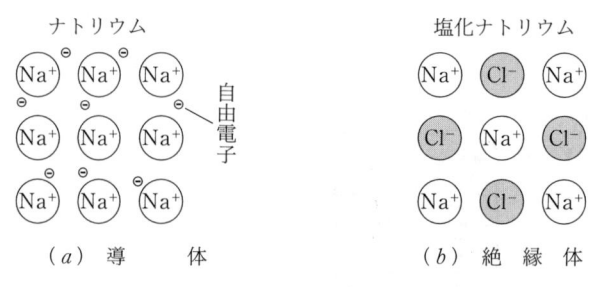

(a) 導　体　　　　　　(b) 絶　縁　体

図 **1.36**　導体と絶縁体

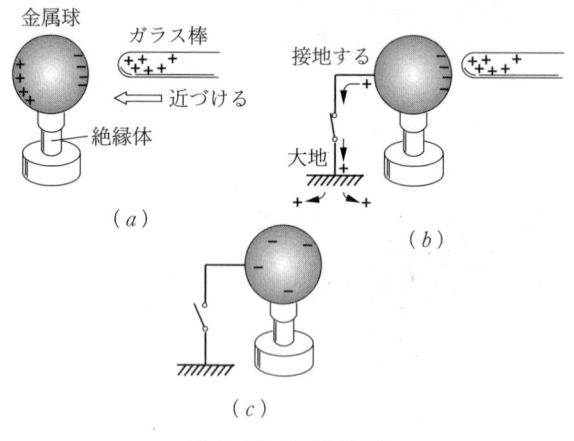

図 **1.37**　静電誘導

うな電子を**自由電子**（free electron）という。なお，価電子を失ったナトリウム原子は正の電荷を帯びたナトリウムイオンとなっているが，自由電子とナトリウムイオンの数は等しく，全体として電気的に中性である。

一方，図(b)に示す塩化ナトリウムは，自由電子は存在せず，ナトリウムイオンと塩素イオンは静電力によって結合していて動くことはできないため，絶縁体となる。

〔2〕　**静電誘導と静電シールド**　図 1.37(a)に示した絶縁体の上に乗った金属球に正に帯電したガラス棒を近づける。このとき，ガラス棒は周りの空間に電界をつくり，金属球内の自由電子はその電界に応答し，ガラス棒に近い側に電子が集まり，ガラス棒に遠い側では電子が不足した状態となる。この結果，金属球は図(a)のようにガラス棒に近い側が負に，反対側が正に帯電する。このように，導体を電界中においたとき，電子の移動により正負の電荷が分離して現れる現象を**静電誘導**（electrostatic induction）という。

この状態で，図(b)のように正の電荷が蓄積している側を大地に接触させて正の電荷を大地に逃がすと，金属球にはガラス側の負の電荷のみが残ることになる。このように，導体を大地に接続することを**接地**（earth）という。最後に，図(c)のように金属球を大地から離し，その後，ガラス棒を遠ざけると，金属球表面には負の電荷が一様に分布することになる。このように，静電誘導によって任意の符号の電荷を集めることができる。

つぎに，図 1.38(a)のように，導体Aを導体Bで囲い，導体Bを接地した場合を考える。導体Bに負に帯電した物体Cを近づけると，静電誘導により，導体Bの物体Cに近い部分は正に帯電するが，負の電荷は物体Bが接地してあるため大地へ移動する。このとき，導体Aには物体Cのつくる電界の影響が及ばない。このように，ある導体に静電誘導による影響がないようにすることを**静電シールド**（electrostatic shielding），あるいは**静電しゃへい**という。図(b)のように，帯電した物体Cが導体Bの内側に存在する場合にも，静電誘導によって導体Bの内壁に正の電荷が帯電するが，導体Bを接地しておくと，物体Cのつくる電界の影響は導体Bの外部には及ばない。したがっ

34 1. 静電界

(a)

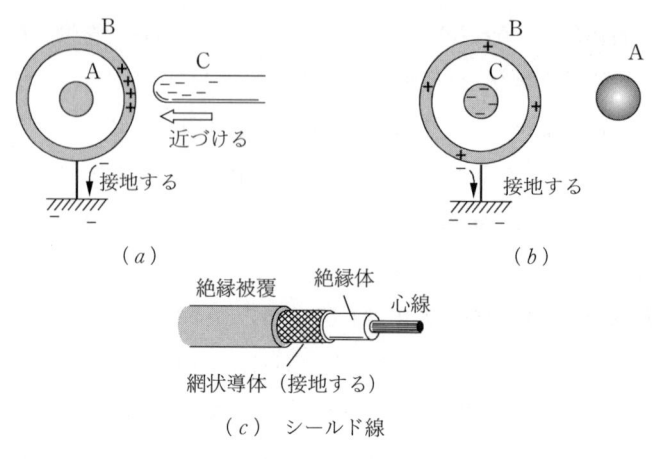

(b)

(c) シールド線

図 1.38 静電シールド

て，導体Aはなんの影響も受けない．静電シールドを応用したものが**シールド線** (shielding wire) である．シールド線は，図 (c) に示したように，心線が網状導体で包み込まれた構造になっており，外部電界の影響が心線に及ばないように工夫されている．

〔3〕 **分極電荷と比誘電率**　図 1.39 (a) のように，外部電界がない状態の原子は，原子核の周りを回っている電子の中心位置と原子核の位置は一致している．しかし，図 (b) のように，原子を電界中におくと，電子の軌道に変化が生じ，電子の中心位置と原子核の位置にずれが生じる．この状態は，図 (c) に示したような**電気双極子** (electric dipole，大きさが等しく符号が反対の二つの接近した点電荷) と考えられる．これを原子の**分極** (polarization) という．

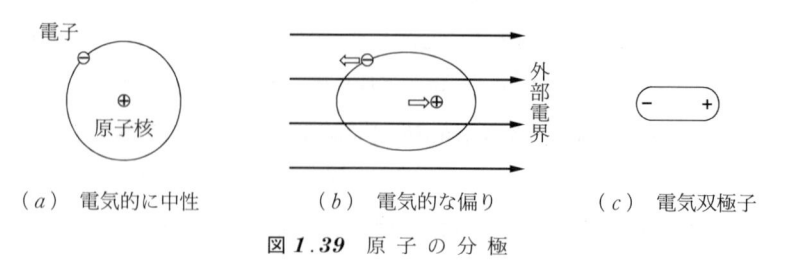

(a) 電気的に中性　　(b) 電気的な偏り　　(c) 電気双極子

図 1.39 原子の分極

絶縁体では，自由電子が存在しないので，静電誘導は起こらない。しかし，図 **1.40** (a) のように，2枚の平行平板電極の間に絶縁体をはさみ，それぞれの電極に $+Q$ と $-Q$ の電荷を与えると，電荷によって発生する電界によって絶縁体中の原子が分極する。このとき，絶縁体内部では，隣り合った電気双極子どうしの正と負の電荷は打ち消されるが，絶縁体の両端は打ち消されないため，図 (b) に示すように両端に電荷 $-Q'$，$+Q'$ が現れる。このようにして電界中に置かれた絶縁体に生じる電荷を**分極電荷**（polarization charge）という。絶縁体が**誘電体**（dielectric）とも呼ばれるのは，電荷を誘起する物質であることに由来している。なお，分極電荷は与えたり取り出したりできる普通の電荷と異なり，絶縁体の外に取り出すことができない電荷であり，普通の電荷を分極電荷と区別する際は，**真電荷**（true charge）という。また，帯電していない紙片などの絶縁体が帯電体に引き付けられる現象は，絶縁体に生じた分極電荷と帯電体との間に働く静電力で説明することができる。

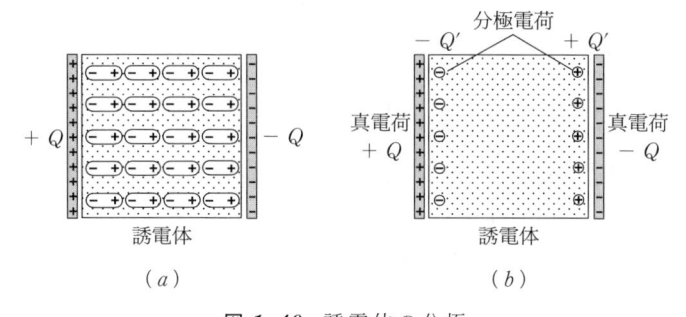

図 1.40 誘電体の分極

誘電体に分極が起こることによって誘電体中の電界の強さがどのように変化するかを考える。図 **1.41** (a) のように，真空中において電極の面積が S 〔m²〕の平行平板電極に，一方に $+Q$〔C〕，他方に $-Q$〔C〕の電荷が蓄えられているとする。電極は電極間隔に比べて十分広く，電極間に一様電界ができるものとする。電極間になにも挿入されていない場合，電極上の面電荷密度 σ〔C/m²〕は Q/S であるから，電荷が電極間につくる電界の強さ E_0〔V/m〕は，**1.2.4**項で求めた式 (1.11) を用いて

1. 静 電 界

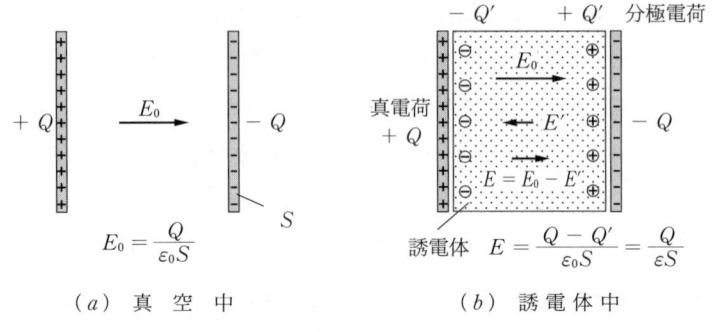

図 1.41 真空中の電界と誘電体中の電界

(a) 真空中: $E_0 = \dfrac{Q}{\varepsilon_0 S}$

(b) 誘電体中: $E = \dfrac{Q - Q'}{\varepsilon_0 S} = \dfrac{Q}{\varepsilon S}$

$$E_0 = \frac{Q}{\varepsilon_0 S} \tag{1.22}$$

となる。

つぎに，図(b)のように，誘電体を電極間に挿入した場合，分極電荷 Q' 〔C〕が誘電体の両側に誘起される。分極電荷のつくる電界の向きはもとの電界 E_0 の向きと反対であり，その強さ E'〔V/m〕は

$$E' = \frac{Q'}{\varepsilon_0 S} \tag{1.23}$$

である。

結局，誘電体中の電界の強さ E は，E_0 が E' だけ打ち消されて小さくなり

$$E = E_0 - E' = \frac{Q - Q'}{\varepsilon_0 S}$$
$$= \frac{Q}{\varepsilon_0 S}\left(1 - \frac{Q'}{Q}\right) = E_0\left(1 - \frac{Q'}{Q}\right) \tag{1.24}$$

となる。式(1.24)が誘電体中の電界と分極電荷を結び付ける関係式である。式(1.24)より，**分極電荷 Q' が大きくなると，誘電体中の電界 E は小さくなる**ことがわかる。

真空の誘電率 ε_0 に対する誘電体の誘電率 ε の比の値を**比誘電率**（relative permittivity または dielectric constant） ε_r という。すなわち

$$\varepsilon_r = \frac{\varepsilon}{\varepsilon_0} \tag{1.25}$$

である。

ガウスの法則によれば，真空中で電荷 $+Q$ 〔C〕から出る電気力線は，Q/ε_0 〔本〕である。ε_0 とは真空の誘電率であるから，電荷は同じであっても媒質が変わると電気力線の本数が変化することを意味している。そこで，電界の強さ E を媒質の誘電率である ε 倍した物理量を考える。すなわち

$$D = \varepsilon E = \varepsilon_0 \varepsilon_r E \tag{1.26}$$

を定義する。D は**電束密度**（dielectric flux density）と呼ばれるベクトル量の大きさであり，電束密度を表す線を**電束線**（line of dielectric flux）という。また，電束線の集まりを**電束**（dielectric flux）という。電束線の本数は電気力線の ε 倍となるから，**電荷の周りの媒質には関係なく，$+Q$ 〔C〕の電荷からは Q 本の電束が出ていく**。なお，電束の単位には電荷と同じ〔C〕を用い，電束密度の単位には〔C/m²〕（クーロン毎平方メートル）を用いる。

ここで，比誘電率と分極電荷との関係を考えてみよう。図 **1.41** (b) において，真電荷 $+Q$ から出た Q 本の電束は，誘電体中を通って $-Q$ の電荷に終わる。このとき，誘電体中の電束密度 D は Q/S であるから，誘電体中の電界の強さ E は

$$E = \frac{Q}{\varepsilon S} = \frac{Q}{\varepsilon_0 \varepsilon_r S} \tag{1.27}$$

となる。ここで，式 (1.24) と式 (1.27) とを組み合わせると

$$\frac{Q}{\varepsilon_0 S}\left(1 - \frac{Q'}{Q}\right) = \frac{Q}{\varepsilon_0 \varepsilon_r S}$$

となり，比誘電率 ε_r はつぎのようになる。

$$\varepsilon_r = \frac{1}{1 - \dfrac{Q'}{Q}} = \frac{Q}{Q - Q'} \tag{1.28}$$

式 (1.28) が比誘電率と分極電荷を結び付ける関係式である。このように，比誘電率は，分極電荷がどのぐらい生じているかを表している。

真空中では，分極電荷はなく，$Q' = 0$ である。よって，式 (1.28) より，$\varepsilon_r = 1$ であることがわかる。誘電体において，例えば $Q' = Q/2$ であった場合，式 (1.28) より $\varepsilon_r = 2$ である。このとき，式 (1.27) より，誘電体中の電界の強さは，真空中の電界の強さ E_0 の 1/2 となることがわかる。

表 *1.1* におもな誘電体の比誘電率を示す。

表 *1.1* 誘電体の比誘電率

誘電体	比誘電率 ε_r	誘電体	比誘電率 ε_r
ガラス	5.4〜9.9	ポリエチレン	2.3
エボナイト	2.8	陶磁器	5.7〜6.8
紙	2.0〜2.6	水 (20°C)	80.1
ゴム	2.0〜3.5	乾燥した空気 (20°C，1気圧)	1.000 6

1.3　コンデンサ

電荷を蓄える努力は 18 世紀から行われた。電荷を蓄える素子を**コンデンサ** (condenser) あるいは**キャパシタ** (capacitor) という。最初のコンデンサはライデン瓶である。これはガラス瓶の内側と外側にスズのはくを貼り，それに電極を付けた構造であった。ライデン大学で初めて使われたので，この名で呼ばれている。現在では，いろいろな種類のコンデンサが実用化されている。

1.3.1　コンデンサ

図 *1.42* (*a*) のように，2 枚の金属電極に電圧 V [V] をかけると，電極の一方に $+Q$ [C]，他方に $-Q$ [C] の電荷が蓄積され，コンデンサとすることができる。

コンデンサに蓄えられる電荷 Q [C] は，コンデンサの電極間の電圧 V [V] に比例する。この比例係数を C とすると

$$Q = CV \tag{1.29}$$

1.3 コンデンサ

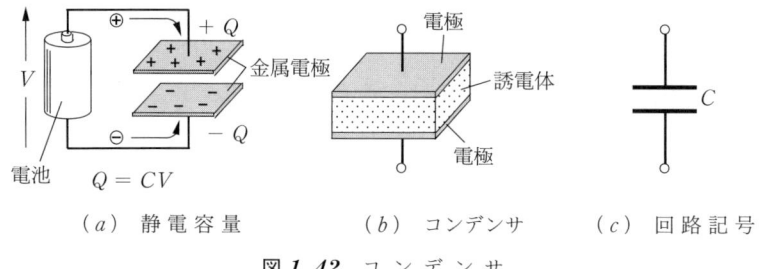

(a) 静電容量　　(b) コンデンサ　　(c) 回路記号

図 1.42　コンデンサ

と表される。比例係数 C は，コンデンサの電荷の蓄えやすさを表す量であり，**静電容量** (electrostatic capacity) あるいは**キャパシタンス** (capacitance) という。式 (1.29) から静電容量の単位は〔C/V〕となるが，実用的な単位として，〔F〕(ファラド) を用いる。電極間に 1 V の電圧をかけたとき，1 C の電荷が蓄えられる静電容量が 1 F である。通常，静電容量の単位としては μF や pF が用いられる。$1\,\mu\mathrm{F}=1\times10^{-6}\,\mathrm{F}$，$1\,\mathrm{pF}=1\times10^{-12}\,\mathrm{F}$ である。なお，コンデンサは，図 (b) のように電極の間に誘電体をはさむようにして静電容量を大きくしており，図 (c) のような記号で表す。

具体的なコンデンサの静電容量を求めてみよう。**図 1.43** のような**平行平板コンデンサ** (parallel-plate capacitor) を考える。電極板の面積が S〔m²〕，極板間隔が d〔m〕であり，極板間にはさまれた誘電体の誘電率を ε〔F/m〕とする。

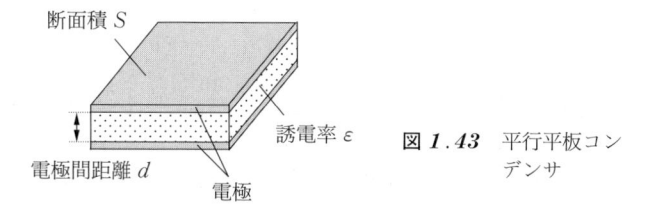

図 1.43　平行平板コンデンサ

いま，両極板に，それぞれ $\pm Q$〔C〕の電荷が蓄えられているとする。極板の大きさに比べて極板間隔が十分小さいとすれば，極板間の電界はほぼ平等電界とみなせる。極板上の面電荷密度は $\sigma = Q/S$〔C/m²〕であるので，極板間にできる電界の強さ E は，式 (1.27) より

$$E = \frac{Q}{\varepsilon S} \quad [\text{V/m}]$$

となる。一方，極板間の電位差 V は，式 (1.16) より

$$V = Ed = \frac{Qd}{\varepsilon S} \quad [\text{V}]$$

と与えられる。したがって，平行平板コンデンサの静電容量 C [F] は

$$C = \frac{Q}{V} = \varepsilon \frac{S}{d} = \varepsilon_0 \varepsilon_r \frac{S}{d} \quad [\text{F}] \tag{1.30}$$

となる。

式 (1.30) は，**平行平板コンデンサの静電容量 C は，極板間の誘電体の誘電率 ε および極板面積 S に比例し，極板間隔 d に反比例する**ことを示している。また，式 (1.30) より，誘電率の単位が [F/m] であることが納得できるであろう。さらに，比誘電率 ε_r の大きい誘電体を使うほどコンデンサの静電容量は大きくなり，より多くの電荷を蓄えることができることがわかる。なお，電極間が真空のコンデンサの静電容量は

$$C = \varepsilon_0 \frac{S}{d} = 8.85 \times 10^{-12} \times \frac{S}{d} \quad [\text{F}] \tag{1.31}$$

と表される。

例題 1.12 電極間の距離 $d = 0.1\,\text{mm}$，面積 $S = 50\,\text{cm}^2$，誘電体の比誘電率 $\varepsilon_r = 5\,000$ の平行平板コンデンサの静電容量を求めなさい。

【解】 式 (1.30) からコンデンサの静電容量 C は，つぎのように求められる。
$$C = \varepsilon_0 \varepsilon_r \frac{S}{d} = 8.85 \times 10^{-12} \times 5\,000 \times \frac{50 \times 10^{-4}}{0.1 \times 10^{-3}} = 2.21\,\mu\text{F} \qquad \diamondsuit$$

例題 1.13 図 1.44 のような極板面積が S [m^2] の平行平板コンデンサにおいて，比誘電率 ε_{r1}，厚さ d_1 [m]，および比誘電率 ε_{r2}，厚さ d_2 [m] の 2 種類の誘電体がはさみ込まれている。このコンデンサの静電容量 C [F] を求めなさい。

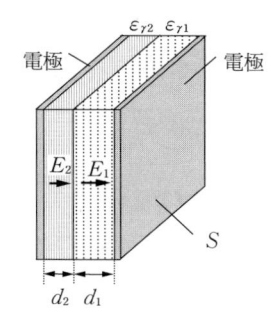

図 **1.44**　2 種類の誘電体をはさみ込んだコンデンサ

【解】 電極に $\pm Q$〔C〕の電荷が蓄えられている場合を考える。このとき，+の電極から Q〔C〕の電束が出て-の電極に入る。したがって，電極間の電束密度は，二つの誘電体中で等しく，$D = Q/S$ である。

一方，比誘電率 ε_{r1} および比誘電率 ε_{r2} の誘電体中の電界の強さをそれぞれ E_1 および E_2 とすると，$D = \varepsilon_0 \varepsilon_r E$ であるから

$$E_1 = \frac{Q}{\varepsilon_0 \varepsilon_{r1} S}, \quad E_2 = \frac{Q}{\varepsilon_0 \varepsilon_{r2} S}$$

となる。

二つの誘電体中では平等電界となり，誘電体の境界面は等電位面になることを考慮すると，コンデンサの電極間の電位差 V〔V〕は

$$V = E_1 d_1 + E_2 d_2 = \left(\frac{d_1}{\varepsilon_{r1}} + \frac{d_2}{\varepsilon_{r2}} \right) \frac{Q}{\varepsilon_0 S}$$

となる。したがって，このコンデンサの静電容量 C〔F〕は，次式のようになる。

$$C = \frac{\varepsilon_0 S}{\dfrac{d_1}{\varepsilon_{r1}} + \dfrac{d_2}{\varepsilon_{r2}}} \qquad \diamondsuit$$

大容量のコンデンサを得るには，極板面積を大きくするとともに，極板間に比誘電率の大きな物質を挿入し，極板間隔を小さくすればよい。しかしながら，コンデンサを使用するときには，静電容量だけでなく，耐えられる電圧（耐電圧という）などにも注意しなければならず，目的によって特性に合ったコンデンサを選ばなければならない。現在，いろいろな特性をもつコンデンサが開発されているが，ここでは代表的な 3 種類のコンデンサについて説明する。

紙コンデンサ（paper capacitor）は，コンデンサ紙と呼ばれる厚さ数マイクロメートルの絶縁紙を誘電体とし，金属はくを電極としたものである。図

42　1. 静 電 界

(a) 紙コンデンサ　　　(b) 電解コンデンサ

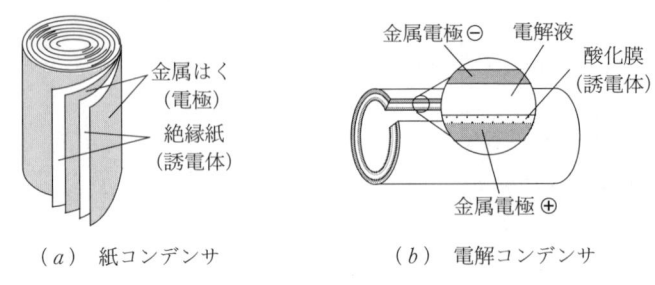

図 **1**.45　具体的なコンデンサの例

1.45 (a) に示すように，紙コンデンサは，小型にして静電容量を大きくするため，絶縁紙と金属はくを重ね，それらを巻いてつくられている。

　電解コンデンサ（electrolytic capacitor）は，金属電極の表面を電解酸化処理してつくられた酸化皮膜を誘電体としたものである。図 (b) に電解コンデンサの構造を模式的に示す。酸化皮膜は，非常に薄く（数十～数百 nm），しかも比誘電率が大きいため，静電容量の大きなコンデンサをつくることができる。ただし，酸化皮膜に直接つながっている金属電極がプラスのときだけ皮膜が誘電体として働き，逆の電圧を加えると皮膜を通して大きな電流が流れて破損してしまうため，電圧の極性には十分注意しなければならない。

　可変コンデンサ（variable capacitor，バリコン）は，図 **1**.46 (a) に示すように，固定された電極（固定子）と，その間を回転できる電極（回転子）から構成されている。回転子電極が回転することにより，図に斜線で示した固定

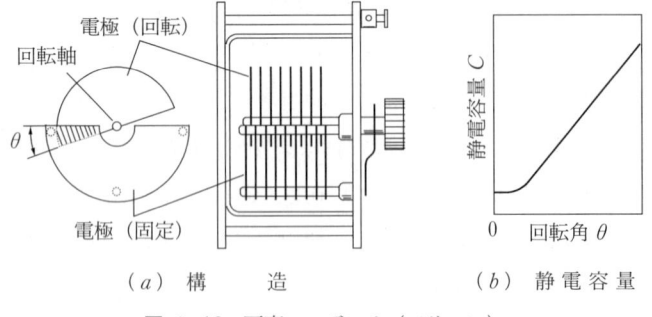

(a) 構　　　造　　　(b) 静 電 容 量

図 **1**.46　可変コンデンサ（バリコン）

子と回転子とが対向する面積を変えることができるため,図(b)のように静電容量の値を加減することができる.

1.3.2 コンデンサの接続

〔**1**〕 **並列接続**　各コンデンサに図 **1.47**(a) のように等しい電圧がかかる接続方法を**並列接続**(parallel connection)といい,図(a)のような回路をコンデンサの**並列回路**(parallel circuit)という.この場合,二つのコンデンサにかかる電圧は等しいので,それを V,二つのコンデンサに蓄えられる電荷をそれぞれ Q_1,Q_2 とする.このとき,式(1.29)より

$$Q_1 = C_1 V, \quad Q_2 = C_2 V \tag{1.32}$$

が成立する.二つのコンデンサに蓄えられる電荷の総量は,$Q = Q_1 + Q_2$ であるので

$$Q = Q_1 + Q_2 = (C_1 + C_2) V \quad 〔C〕 \tag{1.33}$$

となる.

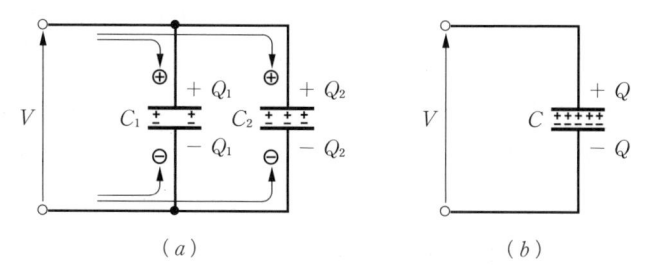

図 **1.47**　コンデンサの並列接続と等価回路

いま,図(a)において,Q と V に着目し,この回路とまったく同じ Q,V の値となる図(b)のようなコンデンサが1個の回路を考える.図(b)の回路を図(a)の回路の**等価回路**(equivalent circuit)という.図(b)の回路では

$$Q = CV \tag{1.34}$$

であるので,図(a)の回路と Q,V が同じであるためには,式(1.33)と式

44　1. 静　電　界

(1.34) を比較して

$$C = C_1 + C_2 \tag{1.35}$$

でなければならない。この C を C_1, C_2 の二つのコンデンサが並列に接続された場合の**合成静電容量**という。

　一般に，n 個のコンデンサ C_1, C_2, C_3, …, C_n を並列に接続したときの合成静電容量 C は

$$C = C_1 + C_2 + C_3 + \cdots + C_n \quad [\mathrm{F}] \tag{1.36}$$

で与えられる。このように，多数のコンデンサが並列に接続されている場合，その合成静電容量は，各コンデンサの静電容量の和となる。したがって，コンデンサを並列に接続することによって，大きな静電容量のコンデンサを得ることができる。

　図 1.47 (a) において，二つのコンデンサに蓄えられる電荷の比は，電圧が等しいから，$Q = CV$ より

$$Q_1 : Q_2 = C_1 : C_2 \tag{1.37}$$

となる。すなわち，コンデンサを並列に接続した場合には，それぞれのコンデンサに蓄えられる電荷の比は，それぞれのコンデンサの静電容量の比に等しい。これは，並列接続されたコンデンサは，静電容量が大きいほど電荷が多く配分されることを意味している。

〔**2**〕**直 列 接 続**　　各コンデンサを図 1.48 (a) のように接続する方法を**直列接続** (series connection) といい，図 (a) のような回路をコンデンサ

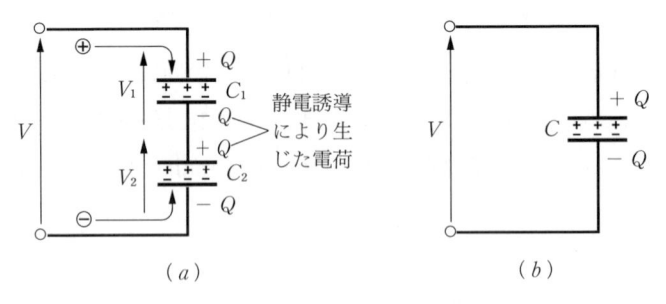

図 1.48　コンデンサの直列接続と等価回路

の**直列回路**（series circuit）という。直列接続されたコンデンサに電圧 V 〔V〕を加えたとき，コンデンサ C_1 の上部電極に電荷 $+Q$ 〔C〕が蓄えられるものとする。このとき，静電誘導により，コンデンサ C_1 の下部電極に電荷 $-Q$ 〔C〕が誘起される。コンデンサ C_1 の下部電極とコンデンサ C_2 の上部電極はつながっており，一つの弧立した導体を形成している。弧立した導体全体の電荷はゼロであり，コンデンサ C_2 の上部電極には電荷 $+Q$ 〔C〕が現れる。このように，コンデンサの直列回路では，各コンデンサに蓄えられる電荷は等しい。

図 (a) において，二つのコンデンサにかかる電圧を，それぞれ V_1 〔V〕，V_2 〔V〕とする。このとき

$$Q = C_1 V_1, \quad Q = C_2 V_2 \tag{1.38}$$

が成立する。二つのコンデンサに加えられる電圧は $V = V_1 + V_2$ であるから

$$V = V_1 + V_2 = \left(\frac{1}{C_1} + \frac{1}{C_2}\right) Q$$

となる。よって，図 (b) のような合成静電容量 C を考えると

$$\frac{1}{C} = \frac{1}{C_1} + \frac{1}{C_2} \quad \text{〔1/F〕} \tag{1.39}$$

となる。これは

$$C = \frac{C_1 C_2}{C_1 + C_2} \quad \text{〔F〕} \tag{1.40}$$

と表すこともできる。一般に，n 個のコンデンサ C_1, C_2, C_3, $\cdots$, C_n を直列に接続したときの合成静電容量 C は

$$\frac{1}{C} = \frac{1}{C_1} + \frac{1}{C_2} + \frac{1}{C_3} + \cdots + \frac{1}{C_n} \quad \text{〔1/F〕} \tag{1.41}$$

で与えられる。このように，多数のコンデンサが直列に接続されている場合，その合成静電容量の逆数は，各コンデンサの静電容量の逆数の和となる。

図 **1.48** (a) において，電荷が等しいのであるから二つのコンデンサにかかる電圧の比は

$$V_1 : V_2 = \frac{1}{C_1} : \frac{1}{C_2} \tag{1.42}$$

となる。すなわち，コンデンサを直列に接続した場合には，それぞれのコンデ

ンサにかかる電圧の比は，それぞれのコンデンサの静電容量の逆数の比に等しい。また，各コンデンサにかかる電圧は，全体にかかる電圧より小さくなるので，各コンデンサが耐えられる電圧よりも大きな電圧をかける場合には，コンデンサの直列接続が用いられる。

例題 1.14 図 1.49 (a) のように，静電容量が $C_1 = 2\,\mu\text{F}$，$C_2 = 3\,\mu\text{F}$ である二つのコンデンサが並列に接続されているときの合成静電容量を求めなさい。また，図 (b) のように，二つのコンデンサを直列に接続したときの合成静電容量を求めなさい。

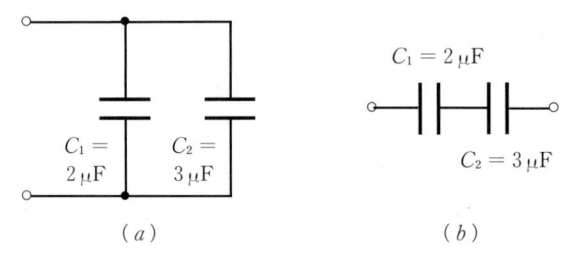

図 1.49 合成静電容量

【解】 図 (a) では，二つのコンデンサは並列に接続されているので，合成静電容量 C は

$$C = C_1 + C_2 = 2 \times 10^{-6} + 3 \times 10^{-6} = 5 \times 10^{-6}\,\text{F} = 5\,\mu\text{F}$$

となる。また，図 (b) では，二つのコンデンサが直列に接続されているので，合成静電容量を C とすると

$$\frac{1}{C} = \frac{1}{C_1} + \frac{1}{C_2} = \frac{1}{2 \times 10^{-6}} + \frac{1}{3 \times 10^{-6}} = \frac{5}{6 \times 10^{-6}}\,[1/\text{F}] = \frac{1}{1.2 \times 10^{-6}}\,[1/\text{F}]$$

の関係がある。したがって，$C = 1.2\,\mu\text{F}$ となる。

例題 1.15 静電容量が C の n 個のコンデンサを，並列および直列に接続した場合の合成静電容量 C_0 をそれぞれ求めなさい。

【解】 n 個のコンデンサを並列に接続した場合の合成静電容量 C_0 は

$$C_0 = C + C + C + \cdots + C = nC$$

で与えられる。

n 個のコンデンサを直列に接続した場合の合成静電容量を C_0 とすると

$$\frac{1}{C_0} = \frac{1}{C} + \frac{1}{C} + \frac{1}{C} + \cdots + \frac{1}{C} = \frac{n}{C}$$

の関係がある。したがって，$C_0 = C/n$ となる。 ◇

1.3.3 コンデンサに蓄えられるエネルギー

図 1.50 (a) に示すように，コンデンサに電荷が蓄えられた状態でスイッチ S を切ると，コンデンサに蓄えられた電荷は電球を通って移動し，短い時間ではあるが，電球を光らせることができる。すなわち，コンデンサに電荷があると，エネルギーが蓄えられていると考えることができる。このようなエネルギーを**静電エネルギー**（electrostatic energy）という。

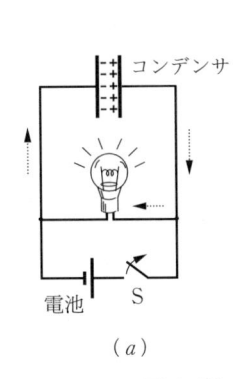

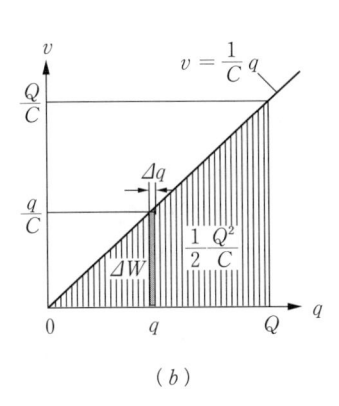

図 1.50　コンデンサに蓄えられるエネルギー

いま，コンデンサに q [C] の電荷が蓄えられている状態で，さらに微小な電荷 Δq [C] を電界に逆らって一方の電極から他方の電極に移動させ，極板に蓄えられる電荷を $q + \Delta q$ [C] に増加させるのに必要なエネルギー ΔW [J] を考えてみる。q [C] の電荷が蓄えられている状態の電極間の電圧 v [V] は $v = q/C$ であるから，式 (1.15) より，ΔW はつぎのようになる。

$$\Delta W = v \Delta q = \frac{q}{C} \Delta q \quad [\mathrm{J}]$$

この ΔW は，図 (b) のように，横軸をコンデンサの電荷 q とし，縦軸を電

圧 v としたとき，$v = (1/C)q$ という関数のグラフの下にとった微小な幅の長方形の面積となる。したがって，コンデンサの電荷を 0 から Q 〔C〕まで増加させるのに必要なエネルギー W 〔J〕は，ΔW の総和，すなわち図の三角形の面積に相当する。よって，コンデンサ C に蓄えられるエネルギー W はつぎのようになる。

$$W = \frac{1}{2}\frac{Q^2}{C} = \frac{1}{2}QV = \frac{1}{2}CV^2 \quad \text{〔J〕} \tag{1.43}$$

例題 1.16 静電容量が $C = 22\,\mu\text{F}$ のコンデンサに，$V = 10\,\text{V}$ の電圧をかけた。コンデンサに蓄えられる静電エネルギー W 〔J〕はいくらか。

【解】 式 (1.43) より，W はつぎのようになる。

$$W = \frac{1}{2}CV^2 = \frac{1}{2} \times 22 \times 10^{-6} \times 10^2 = 1.1 \times 10^{-3}\,\text{J} = 1.1\,\text{mJ} \qquad \diamondsuit$$

演 習 問 題

【1】 真空中に，二つの点電荷 $q_1 = 5\,\mu\text{C}$，$q_2 = -2\,\mu\text{C}$ が $d = 30\,\text{cm}$ だけ隔てて置かれている。このとき，二つの電荷間に働く力を求めなさい。

【2】 空気中において，三つの点電荷 $q_1 = 1\,\mu\text{C}$，$q_2 = -2\,\mu\text{C}$，$q_3 = 3\,\mu\text{C}$ が**問図 1.1** のように配置されている。それぞれの電荷に働く力を求めなさい。

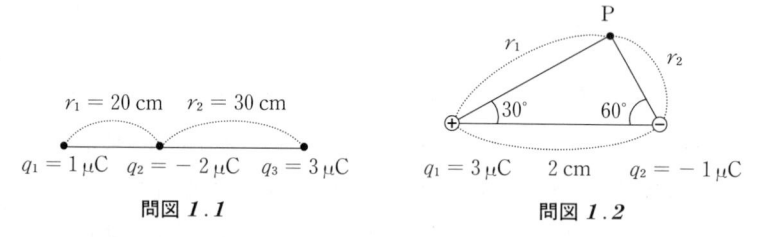

$r_1 = 20\,\text{cm}$ $r_2 = 30\,\text{cm}$
$q_1 = 1\,\mu\text{C}$ $q_2 = -2\,\mu\text{C}$ $q_3 = 3\,\mu\text{C}$

問図 1.1

$q_1 = 3\,\mu\text{C}$ 2 cm $q_2 = -1\,\mu\text{C}$ （P 点，r_1，r_2，30°，60°）

問図 1.2

【3】 空気中において，$q = 10\,\mu\text{C}$ の点電荷から $r = 3\,\text{cm}$ 離れた点 P の電界の強さおよび電位を求めなさい。

【4】 空気中において，二つの点電荷 $q_1 = 3\,\mu\text{C}$，$q_2 = -1\,\mu\text{C}$ が**問図 1.2** のように配置されている。点 P の電界および電位を求めなさい。

演習問題

【5】 空気中において，十分大きい面積をもつ二つの金属板を間隔 $d = 3\,\text{cm}$ で平行に置いた．平行金属板間に電圧 $V = 30\,\text{V}$ をかけたとき，金属板間の電界の強さおよび電束密度を求めなさい．

【6】 空気中において，$Q = 30\,\mu\text{C}$ の電荷から出る電気力線の本数および電束を求めなさい．

【7】 問図 1.3 のように，電界の強さが $E = 30\,\text{kV/m}$ の平等電界中に2点 A, B が存在する．AB は $2\,\text{cm}$ 離れており，AB は電界の向きと $45°$ の角度をなしている．このとき AB 間の電位差を求めなさい．

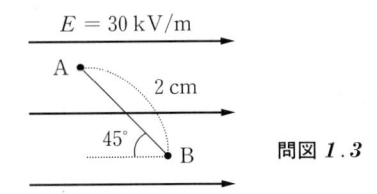

問図 1.3

【8】 静電容量が $C = 2\,\mu\text{F}$ のコンデンサの電極に，$Q = 20\,\mu\text{C}$ の電荷が蓄えられた．コンデンサの電極間の電圧および蓄えられるエネルギーを求めなさい．

【9】 電圧 $V = 10\,\text{V}$ に充電された静電容量 C のコンデンサがある．はじめ，コンデンサの電極間は空気であったが，電極間を比誘電率 $\varepsilon_r = 10$ の媒質で満たすと電極間の電圧はいくらになるか．

【10】 電圧 V に充電された静電容量 C の平行平板コンデンサがある．コンデンサの電極間隔を $1/3$ にすると，電極間の電圧は何倍になるか，また，コンデンサに蓄えられるエネルギーは何倍になるか求めなさい．

【11】 問図 1.4 において，比誘電率 $\varepsilon_{r1} = 5$，$\varepsilon_{r2} = 10$，$\varepsilon_{r3} = 15$ の3種類の誘電体をはさみこんだ平行平板コンデンサがある．誘電体の厚さは，それぞれ，$d_1 = 2\,\text{mm}$，$d_2 = 1\,\text{mm}$，$d_3 = 3\,\text{mm}$ であり，極板の面積は $S = 20\,\text{cm}^2$ である．このコンデンサの静電容量 C を求めなさい．

【12】 問図 1.5 のように，コンデンサの電極間の半分は空気であり，半分には $\varepsilon_r = 7$ の媒質が詰められている．電極の面積は $S = 20\,\text{cm}^2$ であり，電極間隔は $d = 2\,\text{mm}$ である．この平行平板コンデンサの静電容量を求めなさい．

【13】 問図 1.6 のような回路の ab 間の合成静電容量をそれぞれ求めなさい．

50　　1. 静　電　界

問図 1.4

問図 1.5

(a)

(b)

(c)

問図 1.6

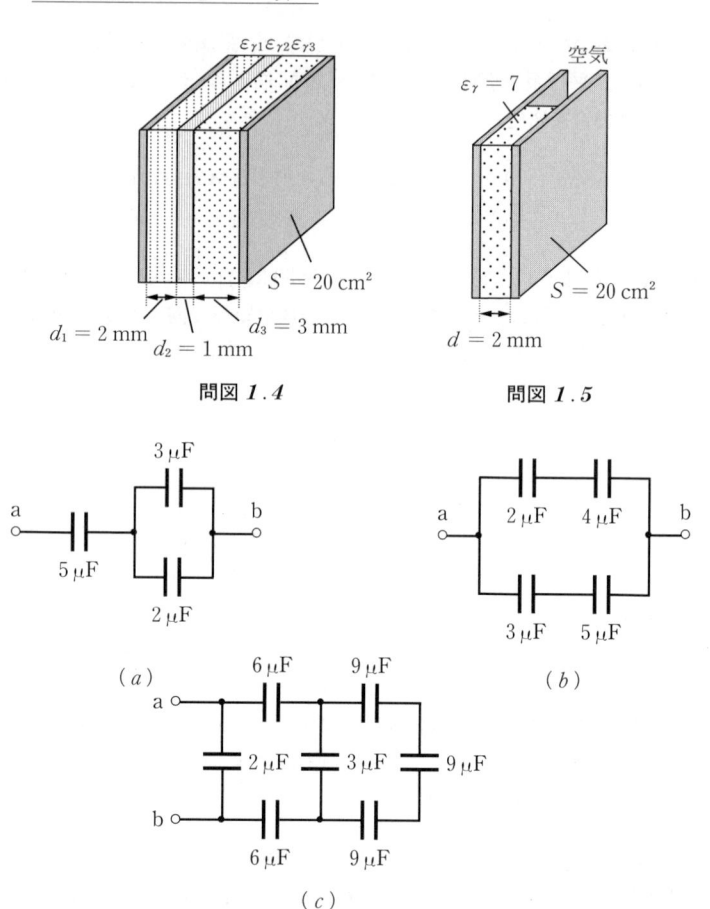

【14】問図 1.7 の回路において，その回路の合成静電容量が $C_0 = 1\,\mu\text{F}$ である。静電容量 C_2 を求めなさい。

【15】問図 1.8 の回路において，ab 間に $V = 11\,\text{V}$ をかけた。各コンデンサの静電容量は，$C_1 = 1\,\mu\text{F}$，$C_2 = 2\,\mu\text{F}$，$C_3 = 3\,\mu\text{F}$ である。各コンデンサに蓄えられる電荷 q および各コンデンサの電極間にかかる電圧 V_1，V_2，V_3 を求めなさい。

【16】問図 1.9 の回路において，ab 間に $V = 6\,\text{V}$ をかけた。各コンデンサの静電容量は，$C_1 = 1\,\mu\text{F}$，$C_2 = 2\,\mu\text{F}$，$C_3 = 3\,\mu\text{F}$ である。各コンデンサに蓄えら

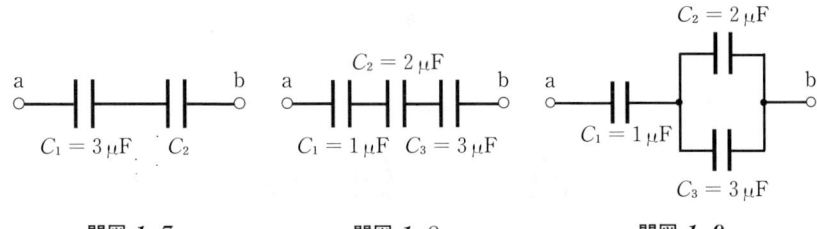

問図 1.7　　　　問図 1.8　　　　問図 1.9

れる電荷 q_1, q_2, q_3, および各コンデンサの電極間にかかる電圧 V_1, $V_2 (= V_3)$ を求めなさい。

【17】 耐電圧が 120 V の二つのコンデンサがあり，それぞれの静電容量が $C_1 = 2\,\mu\text{F}$, $C_2 = 3\,\mu\text{F}$ である。これらを直列に接続したとき，その両端にかけられる最大電圧を求めなさい。

【18】 問図 1.10 のように，静電容量が $C_1 = 1\,\mu\text{F}$, $C_2 = 2\,\mu\text{F}$ のコンデンサが，それぞれ，$V_1 = 1\,\text{V}$, $V_2 = 2\,\text{V}$ で充電されている。スイッチ S を閉じた後のそれぞれのコンデンサに蓄えられるエネルギー W_1, W_2 を求めなさい。

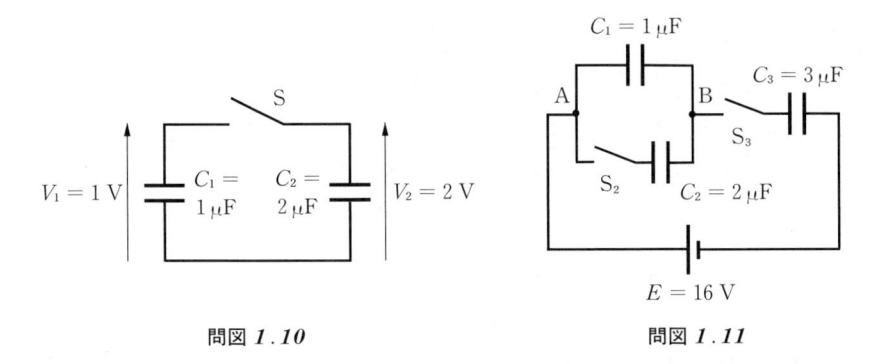

問図 1.10　　　　問図 1.11

【19】 問図 1.11 の回路において，初めの状態ではコンデンサに電荷は蓄積されておらず，スイッチ S_2, S_3 は開いている。つぎのそれぞれの場合について，AB 間の電位差を求めなさい。
（1）　スイッチ S_3 を閉じた場合。
（2）　（1）の状態からスイッチ S_3 を開いて，スイッチ S_2 を閉じた場合。
（3）　（2）の状態からスイッチ S_2 を開いて，スイッチ S_3 を閉じた場合。
（4）　（3）の状態からスイッチ S_3 を開いて，スイッチ S_2 を閉じた場合。

2

直 流 回 路

2.1 基礎電気量と直流回路

　われわれの生活において，いまや電化製品はなくてはならないものである。家の中だけを見ても，冷蔵庫，洗濯機，電子レンジ，テレビ，ビデオ，パソコンと多くの電気機器，電子機器が使われている。これらの機器が発達したのは，18世紀末にボルタによって電池が発明されてから，多くの人によって研究が重ねられ，連続的に流れる電流が利用できるようになったからである。

　これらの電気・電子機器は電気回路で構成されている。本章では，電気回路の中で最も基本的な直流回路について学ぶが，本節ではまず直流回路を理解するうえで基本となる電流，電圧，抵抗などについて詳しく学ぶ。つぎに，電圧，電流，抵抗を関係づけるオームの法則について学び，それを用いて簡単な直流回路の電圧や電流を求める方法を学ぶ。

2.1.1 電 気 回 路

　*1*章では，真空中や物質中で電荷が静止している場合の静電気現象を学んだ。この章では，電荷が動く場合について学ぶ。電荷の移動（流れ）を**電流**(electric current) という。図 *2.1* は電池と豆電球を金属の導線で接続したものである。この場合，電流は導線を通して，電池の＋極から豆電球，そして電池の－極を一巡して流れる。このような電流が回り流れる路を**電気回路**(electric circuit) という。

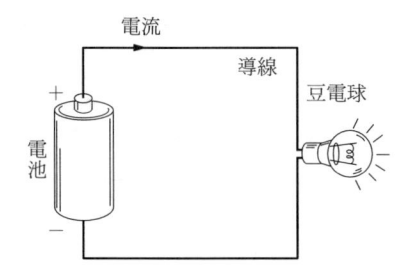

図 2.1 電気回路の一例

　回路に電流が流れるということはどういうことなのか，次節以降でもう少し詳しく調べてみよう。

2.1.2 電荷と電流

　1.1.2 項で物質は原子からできていることを学んだ。物質は一般に多数の原子が規則正しく格子状に配列した構造（結晶という）をしている。そして，金属においては，**図 2.2** に示すように，それぞれの原子の最外電子殻はたがいに一部重なり合っており，原子の価電子はたがいに共有され，この重なり合った電子殻を自由に移動できるようになっている。このような電子を**自由電子**（free electron）と呼ぶ。自由電子の数は，物質によって異なるが，金属ではきわめて多く，銅の場合は，8.5×10^{28} 個/m³ である。

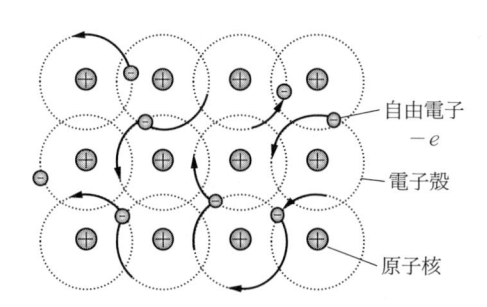

図 2.2 金属結晶と自由電子

　自由電子に力が加わると，電子は加速されその速度がどんどん大きくなってしまうように思えるかもしれないが，実際には**図 2.3** に示すように原子に衝突し減速されるので，自由電子は**図 2.4** に示すように平均として一定の速度で移動していると考えてよい。このような自由電子の振舞いを電流が流れると

54　　2. 直流回路

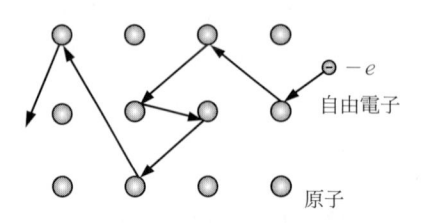

図 2.3　自由電子の原子への衝突

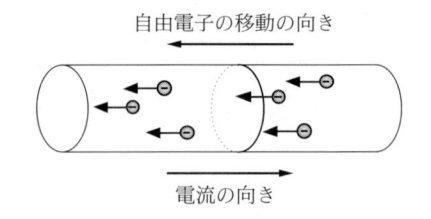

図 2.4　巨視的に見た導体の自由電子の移動と電流の向き

いう。ただし，電子の移動する向きと電流の向きは逆になっている。これは，電子が発見される前に，電流は導線中を電池の＋極から－極に向かって流れると約束したためである。その後，金属中の電流は電子の移動によること，電荷の正負の決め方に従うと電子は負の電荷となることがわかったが，電流の向きの決め方はそのままとなっている。

　電流は電荷の移動であるので，その大きさは導線などの断面を単位時間に通過する電気量で表すことができる。すなわち，導線などの断面を，1秒間に1クーロンの電気量が通過するときの電流を1アンペアと定義する。したがって，断面を t 秒間に定常的に Q [C] 通過したときの電流 I は

$$I = \frac{Q}{t} \tag{2.1}$$

となる。式 (2.1) から，電流の単位は [C/s] となるが，実用的な単位として [A]（アンペア）を用いる。

　導線のある断面をつねに一定の割合で電荷が通過するとき，電流の大きさは時間的に変化せず一定となる。このような電流を**直流**（direct current，略して **DC**。current は流れの意味である）という。また，直流が流れる電気回路を**直流回路**（direct current circuit）という。

例題 2.1　金属の導線に5Aの電流が流れている。ある断面を1秒間に通過する電子の数はいくらか。

【解】　断面を通過した電気量は $Q = 5 \times 1 = 5$ C。電子1個の電気量は 1.60×10^{-19} C であるので，電子の数は $5/(1.60 \times 10^{-19}) \fallingdotseq 3.13 \times 10^{19}$ 個となる。　　◇

式 (2.1) の関係は，電荷の移動が時間的に一定の場合である．断面を通過する電気量が時間とともに変化する場合は，電流の大きさも一定ではなく，時間的に変化する．このような電流を脈流という．脈流の中で，電流の大きさと向きが時間とともに周期的に変化するものを**交流** (alternating current，略して **AC**) という．脈流の場合の電流と電荷の関係は，電荷の変化の割合が一定とみなせるような微小な時間 Δt [s] を考え，その間に通過した電気量を ΔQ [C] とすると

$$i = \frac{\Delta Q}{\Delta t} \qquad (2.2)$$

となる．電流の文字を小文字にしたのは，式 (2.1) の直流電流と区別するためで，一般に大文字 I は直流に対して，小文字 i は電流が時間的に変化する場合に用いられる．

式 (2.2) において，Δt は限りなく零に近い値に選んだ方が，時刻 t における電流は厳密になる．Δt を限りなく零に近づけることを式で表すと

$$\lim_{\Delta t \to 0} \frac{\Delta Q}{\Delta t} = \frac{dQ}{dt}$$

となる．これを用いると式 (2.2) は

$$i = \frac{dQ}{dt} \qquad (2.3)$$

となる．dQ/dt を $Q(t)$ を t で微分するという[†]．

つぎに，導線の断面積を S [m²]，導線中の単位体積当りの電荷の数を n 個，電荷の電気量を $+q$ [C]，電荷の平均移動速度を v [m/s] としたときの電流を求めよう．図 2.5 に示すように，Δt 秒間にある面を通過する電気量 ΔQ は，その面とその面より $v\Delta t$ [m] 後方の面の間の体積中に含まれる電荷の総量である．

それは，個々の電荷の電気量は q で，単位体積当り n 個あるので

$$\Delta Q = qn(Sv\Delta t)$$

---

† 微分を学んでいない場合は省略してよい．

56 　2. 直 流 回 路

$$\Delta Q = qnSv\Delta t$$

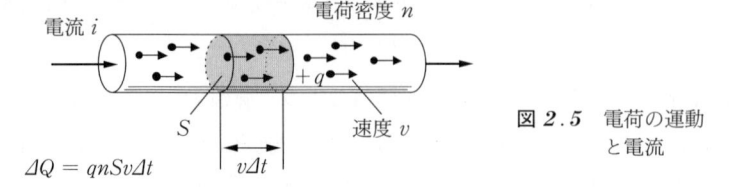

図 2.5 電荷の運動と電流

となる。よって電流は式 (2.2) より

$$i = qnvS \quad [\mathrm{A}] \tag{2.4}$$

となる。電荷が電子の場合は $q = e$ とすればよい。e は電子の電気量である。

2.1.3 電位, 電位差 (電圧)

2.1.2項で, 自由電子に力が作用すると電子は平均としてある方向に移動することを述べた。では, 電気回路において, この力はなにによって導体中に生じているのであろうか。電流は水の流れに似ているので, ここではそれらを水路との対比から説明する。**図 2.6**(a)はポンプで水を循環させる水路を示したものである。

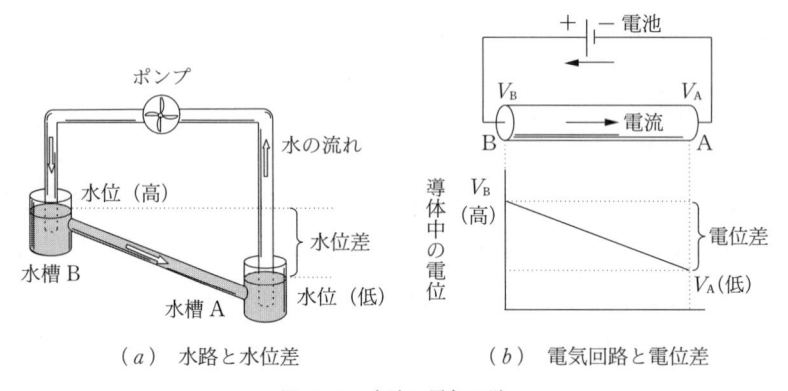

　　　(a)　水路と水位差　　　　　　(b)　電気回路と電位差
図 2.6　水路と電気回路

図(a)において, 水はくみ上げられた後, 水位の高いところから低いところに向かって流れる。すなわち, 水は水位差があるから流れる。ポンプがないとすると, やがて二つの水槽の水位は等しくなって水は流れなくなってしま

う。したがって，つねに水位差を同じに保つにはポンプで水を水槽Aから水槽Bにくみ上げてやらなければならない。これを図(b)の電気回路に対比させてみよう。ポンプが電池，水の流れが電流に対応するとして，水位に対応する量として**電位**（electric potential）を考える。電位の単位は〔V〕（ボルト）である。すなわち，点Bの電位 V_B は点Aの電位 V_A よりも高く，電流は導体中においては電位の高いほうから低いほうに向かって流れる。水路と同じように電気回路でも**電位差**（electric potential difference）を保たないと電流は流れ続けない。点Bと点Aの間の電位差を一定に保つようにするのが直流電源である。直流電源として広く用いられている電池は二つの電極をもち，その間に入れる電解液の化学作用によって，2電極間の電位差を生じさせるものである。この電位差は回路に電流を流そうとする原動力であるので**起電力**（electromotive force）と呼ばれる。起電力を生じて電流を供給できるものを総称して**電源**（power source）という。直流電源の記号は，図(b)のように＋極を長い線で，－極を短い線で表す。また起電力は，点Bの電位は点Aの電位より高いので，図のような向きに矢印を付けて表す。

電位差は**電圧**（voltage）ともいう。したがって，上の説明からわかるように，電圧，起電力とも単位には〔V〕（ボルト）を用いる。

2.1.4　オームの法則と電圧（電位）降下

〔1〕**オームの法則**　物質には，電荷が移動しやすく電流の流れやすい導体と，ほとんど流れない絶縁体がある。また，同じ導体であっても電流の流れやすさが異なる。いま，図 2.7 のように電池，電圧を測定するための**電圧計**（voltmeter），電流を測定するための**電流計**（ammeter）をある導体に接続し，電圧と電流の関係を調べる。その際，電池や計器などを接続する線や電極には，測定導体に比べて非常に電流が流れやすい物質を用いるとする。

電池はいろいろな大きさの起電力をもつものに取り替えるなどして，電圧 E に対する電流 I の変化を調べてみると，その結果は図 2.8 のグラフのように，電流は電圧に比例する。すなわち

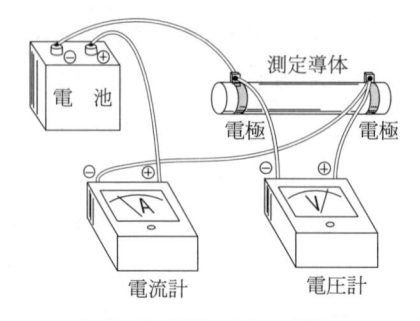

図 2.7 電圧と電流の測定　　図 2.8 電流と電圧の測定

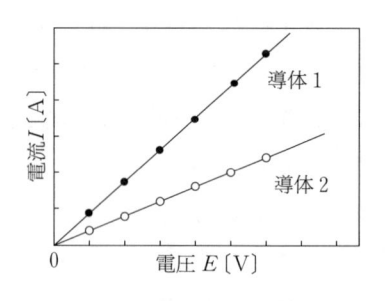

$$I \propto E \tag{2.5}$$

となる。この比例係数を G とおくと

$$I = GE \tag{2.6}$$

となる。G はグラフの傾きを表しており，**コンダクタンス**（conductance）と呼ばれる。G は電流の流れやすさを表す量であり，その値は物質により異なる。G の単位には[S]（ジーメンス）が用いられる。また，G の逆数 $(1/G)$ を R とおくと式 (2.6) は

$$I = \frac{E}{R}, \quad E = RI \tag{2.7}$$

と書くことができる。この R を**電気抵抗**（electric resistance）あるいは単に**抵抗**（resistance）といい，電流の流れにくさを表す量である。R の単位は式 (2.7) より[V/A]であるが，これを[Ω]（オーム）で表す。1 Ω は，1 V の電圧を加えたとき 1 A の電流が流れる抵抗である。なお，1 Ω = 1 [1/S] である。

式 (2.6) あるいは式 (2.7) の関係を**オームの法則**（Ohm's law）という。

〔2〕 回路図と抵抗　　図 2.7 は電気回路を実際に近い状態で示したものであり，これは実体配線図と呼ばれる。しかし，この表示法は回路が複雑になると表すのが難しくなるので，一般には，図記号を用いて図 2.7 の回路を単純化し，**図 2.9** のような**回路図**（circuit diagram）で表す。図 2.9 において，測定導体は図のような記号を用いて抵抗 R で表し，導線は単に線で表し

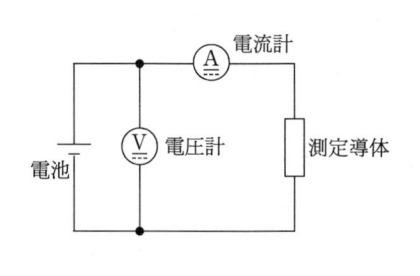

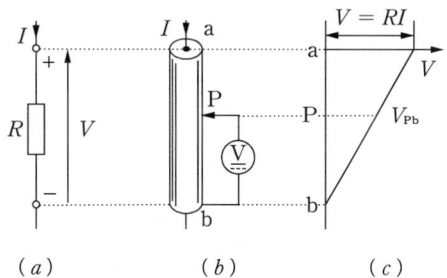

図 2.9 図 2.7 の回路図　　**図 2.10** 抵抗における電流と電圧降下

ている。

導線には抵抗がないのであろうか。後で詳しく述べるが，もちろん導線にも抵抗はある。しかし，その値が接続されている測定導体の抵抗より非常に小さい場合，その値は無視することができるので，**図 2.9** のような表し方をするのである。**図 2.7** の実体配線図において，導線は測定導体に比べて非常に電流が流れやすいものを用いるとしたのはそのためである。今後，電気回路は**図 2.9** のように表すが，なんの指示もない場合は，電池と抵抗を接続する導線には抵抗はないものとして扱ってよい。

〔3〕 **電圧（電位）降下**　　オームの法則はつぎのような意味ももっている。いま，**図 2.10**(a) のように R 〔Ω〕の抵抗に I 〔A〕の電流を流すと，抵抗の両端には

$$V = RI \tag{2.8}$$

の電圧が現れる。これは抵抗に，電流の流れる向きとは逆方向，すなわち図中の＋，－の向きに V 〔V〕の電位差を生じていることでもある。式(2.8)の V は**電圧降下**（voltage drop）あるいは**電位降下**とも呼ばれる。いま，図(b)に示すように，電圧計の一端を抵抗の点 b に固定し，もう一方の端子を抵抗の任意の点 P に接続し，点 P の位置を変えて電圧計の読みを調べると図(c)のような直線になる。すなわち，Pb 間の電圧は点 P が点 a にあるときは RI 〔V〕であり，点 P が点 b に近づくにつれて直線的に減少し（降下し）点 b で

は零となるので電圧降下と呼ばれる。また，電圧 V_{Pb} は点Pと点bの間の電位の差 $V_P - V_b$ であるので，点bの電位を基準とすると，図(c)は点Pの電位の変化でもある。したがって，電位降下とも呼ばれる。

以上の関係を図 **2.11** に示す電池と抵抗を含む回路で考えると，電池の部分では，起電力によって点aの電位は点bより E [V] 高められており，抵抗の部分では点aから点bに向って電流が流れ，それによって電位差 $V = RI$ を生じ，E と V が平衡していると解釈するのである。これを式で表すとつぎのようになる。

$$E = V = RI \tag{2.9}$$

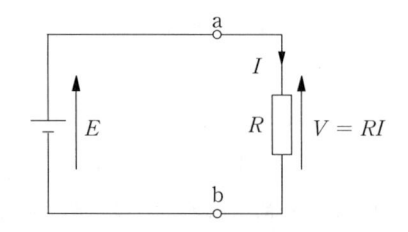

図 **2.11** 起電力と電圧降下

2.1.5 回路の方程式と抵抗の直列，並列接続

直流回路においては，複数の電池と複数の抵抗を用いて回路が構成されることが多い。このようなとき，回路の各部の電圧や電流を求めることを回路を解析するという。回路解析のいろいろな定理，手法については **2.2** 節で詳しく述べるが，ここではオームの法則を用いて簡単な回路の解析を行ってみよう。

〔**1**〕 **抵抗の直列接続** 回路を解くにあたっては，回路の各部や全体で電圧，電流，抵抗の間にどのような関係があるかをまず調べなくてはならない。これらを回路の方程式という。まず，図 **2.12** (a) のように抵抗を3個接続した回路を例にとって，それを説明しよう。図(a)のように，一つの抵抗を通った電流がそのままつぎの抵抗にも流れるような接続法，すなわち各抵抗に同じ電流が流れるような接続法を**直列接続**（series connection）といい，このような回路を抵抗の**直列回路**（series circuit）という。

この回路で電流 I が流れていると，**2.1.4**項で述べたように各抵抗の部分

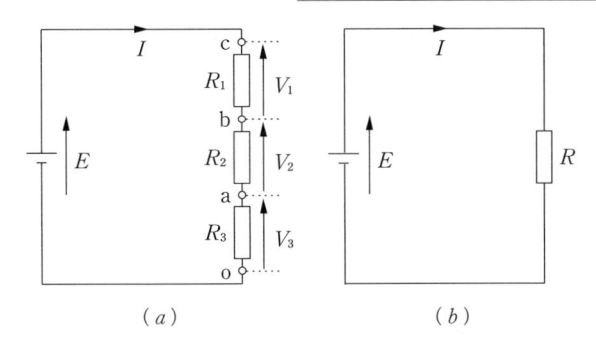

図 2.12 抵抗の直列接続と等価回路

では，オームの法則が成り立ち

$$V_1 = R_1 I \qquad (2.10\,a)$$

$$V_2 = R_2 I \qquad (2.10\,b)$$

$$V_3 = R_3 I \qquad (2.10\,c)$$

の電位差が生じている．すなわち，図 (a) の点 a は点 o より $V_3 = R_3 I$ だけ電位が高くなっており，同様に点 b は点 a より $V_2 = R_2 I$ だけ電位が高い．また，点 c は点 b より $V_1 = R_1 I$ だけ電位が高くなっている．これより点 c と点 o の間の電位差は $V_1 + V_2 + V_3$ となる．この電位差は電池の起電力 E と平衡していなければならないので次式が成り立つ．

$$E = V_1 + V_2 + V_3 \qquad (2.11)$$

式 (2.11) に式 (2.10) の各式を代入して

$$E = (R_1 + R_2 + R_3)I \qquad (2.12)$$

となる．これより，回路の電流は

$$I = \frac{E}{R_1 + R_2 + R_3} \qquad (2.13)$$

と求めることができる．

〔2〕 **合成抵抗（等価回路）**　いま，図 **2.12** (a) において，E と I に着目し，この回路とまったく同じ E, I の値となる図 (b) のような 1 個の抵抗回路を考える．これらの回路はたがいに E, I に関し**等価** (equivalent) であるといい，図 (b) の回路を図 (a) の回路の**等価回路** (equivalent circuit）という。図 (b) の回路において電流は

$$I = \frac{E}{R} \tag{2.14}$$

であるので，図 (a) の回路と E , I が同じであるためには，式 (2.13) と式 (2.14) を比較して

$$R = R_1 + R_2 + R_3 \tag{2.15}$$

でなければならない。この R を R_1 , R_2 , R_3 の三つの抵抗が直列に接続された場合の**合成抵抗**（combined resistance）あるいは**等価抵抗**（equivalent resistance）という。

n 個の抵抗 R_1 , R_2 , $\cdots$, R_n が直列に接続された場合の合成抵抗 R は

$$R = R_1 + R_2 + \cdots + R_n \tag{2.16}$$

であり，すべての抵抗が同じ値 R_0 の場合は

$$R = nR_0 \tag{2.17}$$

となる。

分圧　つぎに，図 **2.12** (a) の回路において，各抵抗部の電圧は式 (2.13) および式 (2.15) を式 (2.10) の各式に代入して

$$V_1 = \frac{R_1}{R}E, \quad V_2 = \frac{R_2}{R}E, \quad V_3 = \frac{R_3}{R}E \tag{2.18}$$

と書くこともできる。これは，直列回路の起電力 E はそれぞれの抵抗に $R_1 : R_2 : R_3$ の割合で分配されていることを意味する。これを**分圧**という。

この分圧の原理を用いて，電圧計の測定範囲を大きくすることができる。いま，図 **2.13** (a) に示すように，電圧計に抵抗 R_m を直列に接続し，電圧 V_0 を加えたときを考える。これを電気回路で書くと図 (b) のようになる。

r_v は電圧計の**内部抵抗**（internal resistance）である。ここで，加えた電圧 V_0 と電圧計に加わる電圧 V_1 の比 m を求める。それは，図 (b) より回路に流れる電流を I とすると

$$V_0 = (r_v + R_m)I \tag{2.19}$$

であり，また

2.1 基礎電気量と直流回路

(a)

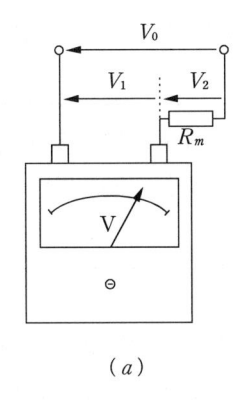

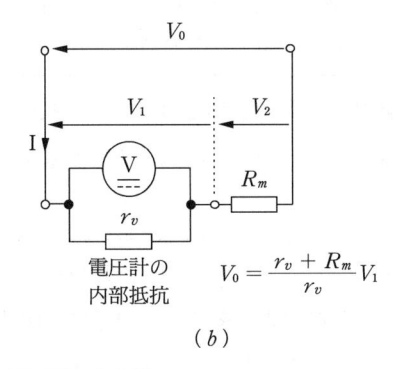

(b) 電圧計の内部抵抗　$V_0 = \dfrac{r_v + R_m}{r_v} V_1$

図 2.13　電圧計と倍率器

$$V_1 = r_v I \tag{2.20}$$

であるので，式 (2.19) と式 (2.20) を用いて

$$m = \frac{V_0}{V_1} = \frac{r_v + R_m}{r_v} \tag{2.21}$$

となる．また，m を用いて R_m と r_v の関係を表すと

$$R_m = (m - 1) r_v \tag{2.22}$$

となる．以上のことから，最大目盛が V_1，内部抵抗が r_v の電圧計の測定範囲を m 倍にするには電圧計と直列に式 (2.22) の大きさの抵抗を接続すればよいことがわかる．この目的で使用する抵抗 R_m を**倍率器** (multiplier) といい，m をその**倍率** (multiplying factor) という．

例題 2.2　10 Ω と 5 Ω の抵抗を直列に接続し，起電力が 30 V の電池を接続した．回路の合成抵抗，回路に流れる電流および各抵抗の電圧を求めなさい．

【解】　合成抵抗は $R = 10 + 5 = 15\,\Omega$，電流は $I = 30/15 = 2\,\mathrm{A}$，また，各部の電圧は $V_1 = R_1 I = (R_1/R) E = 20\,\mathrm{V}$，$V_2 = R_2 I = (R_2/R) E = 10\,\mathrm{V}$ となる．　◇

例題 2.3　等しい値をもつ n 個の抵抗を直列に接続して $E\,[\mathrm{V}]$ の電圧を加えたとき，回路の各抵抗の両端の電圧はいくらになるか．

【解】 1個の抵抗を R〔Ω〕とすると，合成抵抗は nR〔Ω〕であるので，各抵抗の電圧は $V = (R/nR)E = E/n$〔V〕となる。 ◇

例題 2.4 最大目盛 200 V，内部抵抗 150 kΩ の電圧計に倍率器を接続し，最大目盛 600 V の電圧計にしたい。抵抗がいくらの値の倍率器を用いればよいか。

【解】 $R_m = (3 - 1) \times 150 = 300$ kΩ ◇

〔3〕**抵抗の並列接続** つぎに，図 **2.14**(a) のように R_1〔Ω〕，R_2〔Ω〕，R_3〔Ω〕の 3 個の抵抗を接続し，それに起電力 E〔V〕の電池をつないだ場合を考えよう。この場合，三つの抵抗には等しい電圧が加わっている。このように複数の抵抗器に同じ電圧が加わり，電流が分かれて流れるように接続する方法を**並列接続**（parallel connection）といい，図(a)のような回路を抵抗の**並列回路**（parallel circuit）という。

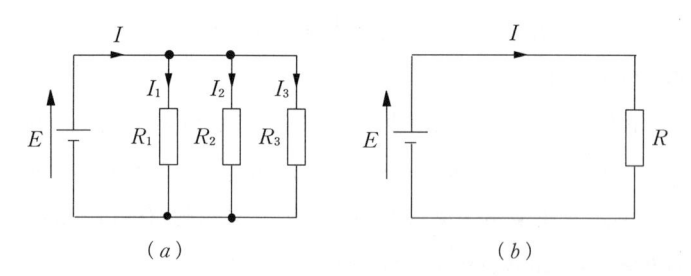

図 **2.14** 抵抗の並列接続と等価回路

この場合の回路の方程式はつぎのようになる。まず，各抵抗に流れる電流は，それぞれの抵抗の両端の電圧は E〔V〕であるので，オームの法則より

$$I_1 = \frac{E}{R_1}, \quad I_2 = \frac{E}{R_2}, \quad I_3 = \frac{E}{R_3} \tag{2.23}$$

となる。また，電源から流れ出る電流を I とすると，これは各抵抗に流れ込む電流の和に等しいから

$$I = I_1 + I_2 + I_3 \tag{2.24}$$

となる。式 (2.24) は電流の連続性を示しており，**キルヒホッフの電流則**（あ

るいは**第1法則**)と呼ばれるものであるが，この法則については**2.2.2**項で詳しく述べる。

図(a)の回路で成り立つ方程式は式(2.23)と式(2.24)である。これらより，回路の合成抵抗はつぎのように求まる。まず，式(2.23)を式(2.24)に代入し

$$I = \left(\frac{1}{R_1} + \frac{1}{R_2} + \frac{1}{R_3}\right)E \qquad (2.25)$$

となる。つぎに，図(b)において，合成抵抗をRとすると$1/R = I/E$であるので

$$\frac{1}{R} = \frac{1}{R_1} + \frac{1}{R_2} + \frac{1}{R_3} \qquad (2.26)$$

となる。このように，いくつかの抵抗を並列接続したときの合成抵抗の逆数は各抵抗の逆数の和になる。式(2.26)の逆数を求めると

$$R = \frac{R_1 R_2 R_3}{R_1 R_2 + R_2 R_3 + R_3 R_1} \qquad (2.27)$$

となる。n個の抵抗R_1, R_2, $\cdots$, R_nが並列接続された場合の合成抵抗Rは

$$R = \frac{1}{\dfrac{1}{R_1} + \dfrac{1}{R_2} + \cdots + \dfrac{1}{R_n}} \qquad (2.28)$$

であり，すべての抵抗が同じ値R_0の場合は

$$R = \frac{R_0}{n} \qquad (2.29)$$

となり，合成抵抗は各抵抗の$1/n$となる。一般に，抵抗を並列に接続すると，合成抵抗は接続されたどの抵抗の値よりも小さくなる。

分流 図**2.14**(a)の3個の抵抗R_1〔Ω〕，R_2〔Ω〕，R_3〔Ω〕の並列回路において，各抵抗に流れる電流の比は，式(2.23)より

$$I_1 : I_2 : I_3 = \frac{1}{R_1} : \frac{1}{R_2} : \frac{1}{R_3} \qquad (2.30)$$

となり，それぞれの抵抗値の逆数の比に等しくなる。つぎに，各抵抗に流れる電流I_1〔A〕，I_2〔A〕，I_3〔A〕の全電流I〔A〕に対する値を求める。それは，式

(2.25),式 (2.26) を式 (2.23) に代入して

$$I_1 = \frac{R}{R_1}I, \quad I_2 = \frac{R}{R_2}I, \quad I_3 = \frac{R}{R_3}I \tag{2.31}$$

となる。これが並列回路において,各抵抗に分かれて流れる電流である。これを電流の**分流**という。

並列回路で最も基本的なものは,**図2.15** のように2個の抵抗 R_1〔Ω〕と R_2〔Ω〕が並列に接続された回路である。

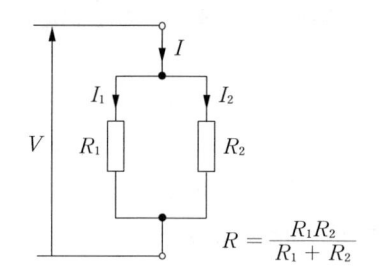

図2.15 2個の抵抗の並列回路

$$R = \frac{R_1 R_2}{R_1 + R_2}$$

この場合の合成抵抗は,式 (2.28) より

$$R = \frac{R_1 R_2}{R_1 + R_2} \tag{2.32}$$

となる。また,並列回路に電流 I が流れ込んでいるとして,各抵抗に流れる電流 I_1,I_2 を求めると,各抵抗の両端の電圧を V とすると $V = RI$ であるので

$$I_1 = \frac{V}{R_1} = \frac{R}{R_1}I = \frac{R_2}{R_1 + R_2}I \tag{2.33 a}$$

$$I_2 = \frac{V}{R_2} = \frac{R}{R_2}I = \frac{R_1}{R_1 + R_2}I \tag{2.33 b}$$

となる。これら2個の抵抗が並列になった場合の合成抵抗や分流の関係は今後よく使うので記憶しておくと便利である。

例題2.5 2Ω,3Ω,6Ω の三つの抵抗を並列に接続した回路に起電力12Vの電池を接続した。回路の合成抵抗,回路全体に流れる電流,各抵抗に流れる電流をそれぞれ求めなさい。

【解】 各抵抗に流れる電流は，$I_1 = 12/2 = 6$ A，$I_2 = 12/3 = 4$ A，$I_3 = 12/6 = 2$ A。全電流は $I = 6 + 4 + 2 = 12$ A，合成抵抗は $R = 12/12 = 1$ Ω となる。 ◇

分流の原理を用いて，図 **2.16** (a) のように電流計に抵抗を並列接続すると，電流計の測定範囲を拡大することができる。いま電流計の内部抵抗を r_i，並列に接続する抵抗を R_s とし，その電気回路を示すと図 (b) のようになる。

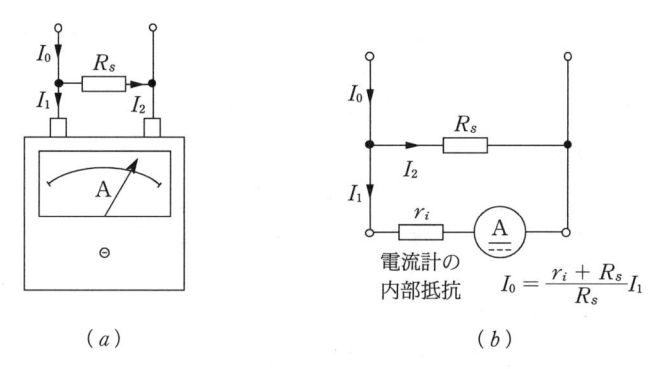

図 2.16 電流計と分流器

図において，全体の電流を I_0，電流計に流れる電流を I_1 とし，I_0 と I_1 の比を m とおくと，その値は

$$m = \frac{I_0}{I_1} = \frac{r_i + R_s}{R_s} \tag{2.34}$$

となる。また，m を用いて R_s と r_i の関係を求めると

$$R_s = \frac{r_i}{m - 1} \tag{2.35}$$

となる。以上のことから，最大目盛 I_1，内部抵抗 r_i の電流計の測定範囲を m 倍にするには電流計と並列に式 (2.35) の大きさの抵抗を接続すればよいことがわかる。この目的で使用する抵抗 R_s を**分流器** (shunt) といい，m をその**倍率**という。

〔4〕 **抵抗の直並列接続** これまでに述べた抵抗の直列接続，並列接続の解き方がわかれば，電池が 1 個の場合は，複雑な抵抗回路であっても回路の電圧や電流はそれらの応用として容易に解くことができる。一例として図 **2.17** のような**直並列回路** (series parallel circuit) を考えてみよう。

2. 直流回路

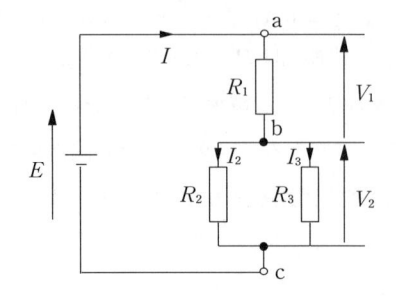

図 2.17 抵抗の直並列接続

まず，合成抵抗を求める。bc 間の並列部の抵抗は，式 (2.32) より

$$R_{bc} = \frac{R_2 R_3}{R_2 + R_3} \tag{2.36}$$

となる。R_1 と R_{bc} は直列に接続されているので合成抵抗は

$$R = R_1 + \frac{R_2 R_3}{R_2 + R_3} \tag{2.37}$$

となる。したがって，回路の全電流は

$$I = \frac{E}{R} = \frac{R_2 + R_3}{R_1 R_2 + R_2 R_3 + R_3 R_1} E \tag{2.38}$$

となる。また，各抵抗部にかかる電圧は，つぎのようになる。

$$V_1 = R_1 I = \frac{R_1(R_2 + R_3)}{R_1 R_2 + R_2 R_3 + R_3 R_1} E \tag{2.39 a}$$

$$V_2 = R_{bc} I = \frac{R_2 R_3}{R_1 R_2 + R_2 R_3 + R_3 R_1} E \tag{2.39 b}$$

また，R_2 と R_3 の各抵抗に流れる電流は

$$I_2 = \frac{R_3}{R_2 + R_3} I = \frac{V_2}{R_2} = \frac{R_3}{R_1 R_2 + R_2 R_3 + R_3 R_1} E \tag{2.40 a}$$

$$I_3 = \frac{R_2}{R_2 + R_3} I = \frac{V_2}{R_3} = \frac{R_2}{R_1 R_2 + R_2 R_3 + R_3 R_1} E \tag{2.40 b}$$

となる。

例題 2.6 図 2.18 の回路の合成抵抗を求めなさい。

【解】 3Ω と 6Ω の並列部の抵抗は $3 \cdot 6/(3+6) = 2\,\Omega$，2Ω と 4Ω の直列部の抵抗は 6Ω となる。6Ω と 12Ω の並列部の抵抗は 4Ω。よって，合成抵抗は $8 + 4 =$

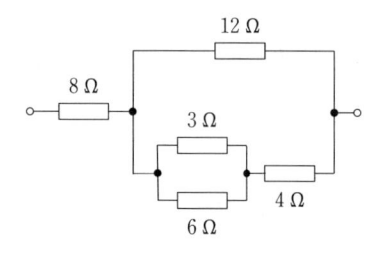

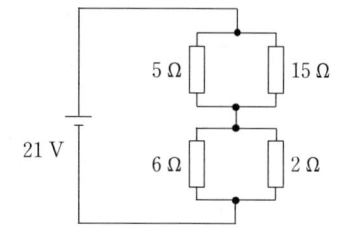

図 2.18 例題 2.6 の抵抗回路　　**図 2.19** 例題 2.7 の回路

$12\,\Omega$ となる。　　　　　　　　　　　　　　　　　　　　◇

例題 2.7　図 2.19 のような回路において各部の抵抗に流れる電流を求めなさい。

【解】　回路の合成抵抗は
$$R = \frac{5 \times 15}{5 + 15} + \frac{6 \times 2}{6 + 2} = \frac{15}{4} + \frac{3}{2} = \frac{21}{4}\,\Omega$$
全電流 I は $I = 21/(21/4) = 4\,\text{A}$。分流の関係より，$5\,\Omega$，$15\,\Omega$ の抵抗を流れる電流はそれぞれ
$$I_1 = \frac{15}{20} \times 4 = 3\,\text{A}, \quad I_2 = \frac{5}{20} \times 4 = 1\,\text{A}$$
また，$6\,\Omega$，$2\,\Omega$ の抵抗を流れる電流はつぎのようになる。
$$I_3 = \frac{2}{8} \times 4 = 1\,\text{A}, \quad I_4 = \frac{6}{8} \times 4 = 3\,\text{A} \qquad ◇$$

2.1.6　電源と内部抵抗

2.1.3 項において，起電力を生じて回路に電流を供給する装置を総称して電源ということを述べた。電源装置にはいろいろなものがあるが，直流用の電源としては，化学作用を利用した乾電池や蓄電池，電磁誘導の法則を利用した発電機，交流を直流に変換する装置，太陽電池などがよく用いられている。これらの電源の端子間電圧は一定であることが望ましいが，**図 2.20** (*a*) のように抵抗などを接続して電流を流し，その大きさを変えて電圧計の読みを調べてみると，図 (*b*) に示すように，その値は電流の増加に伴いわずかに小さくなっていく。

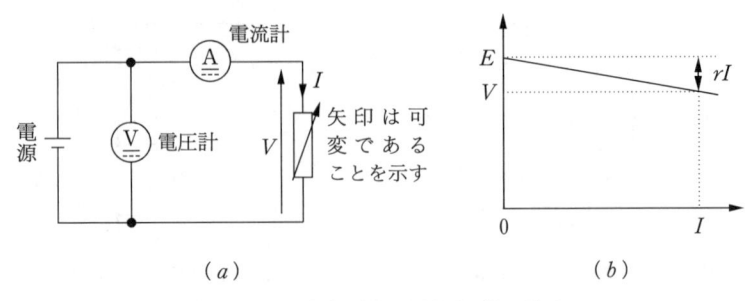

図 2.20 電流に対する電源の端子電圧

　この電源の**端子電圧**（terminal voltage） V は電流の変化に対して直線的に減少するものとすると，つぎの関係式で表すことができる。

$$V = E - rI \tag{2.41}$$

E は $I=0$ のときの V の値であり，電源の起電力である。また rI は電流が流れたときに電源内部で起こる電圧降下であるので，r は電池内の抵抗と考えることができる。r を電源の**内部抵抗**（internal resistance）という。したがって，内部抵抗を考慮した電源は**図 2.21**（a）のような等価回路で表すことができる。実際の電源には必ず内部抵抗が存在するが，内部抵抗が非常に小さい電源では端子電圧は起電力とほぼ等しくなる。そこで $r \to 0$ と理想化し，取り出す電流の値にかかわらず端子電圧が一定となる**定電圧源**（constant voltage source）を考えると便利になる。定電圧源の記号を図（b）に示す。ここまでなんの定義もせず用いてきた電源はすべて定電圧源である。以後も特に指示しない場合，電源は定電圧源として扱っていく。

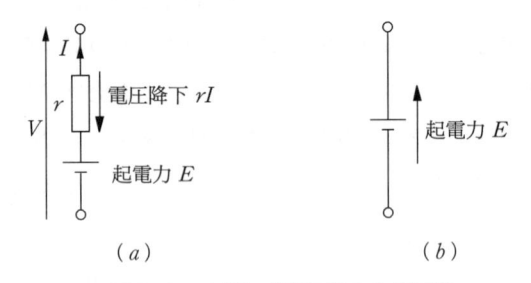

図 2.21 電源の等価回路と定電圧源

例題 2.8 電流を流さない状態で電源の端子電圧を測定したら 3 V であった。つぎに，回路に 5 A の電流を流し，電源の端子電圧を測定したら 2.9 V であった。この電源の起電力 E，内部抵抗 r はそれぞれいくらか。

【解】 電流が流れていない状態では内部抵抗での電圧降下は零であるので，端子電圧が起電力となる。よって $E = 3$ V。内部抵抗は $2.9 = 3 - r \times 5$ より $r = 0.02$ Ω となる。　　　　　　　　　　　　　　　　　　　　　　　　　　　　　　◇

2.1.7 電力と熱エネルギー

抵抗をもつ物質に電流を流すと熱が発生する。これは，**図 2.22** に示すように，導体中の自由電子が加えた電圧によって加速され，運動エネルギーを得て導体中の原子に衝突し，そのエネルギーを原子に与えるために起こる。すなわち，自由電子のエネルギーは衝突によって原子に与えられ，それが原子の**熱エネルギー**（heat energy）となって導体の温度が上昇するのである。このようにして発生した熱エネルギーは暖房などに広く利用されている。ここで，発生する熱エネルギーと電圧，電流などの関係を調べよう。

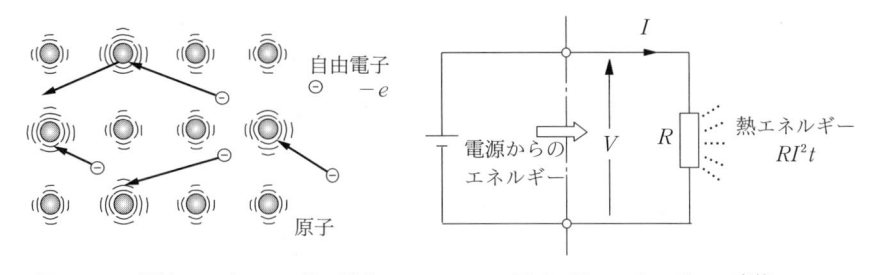

図 2.22 抵抗でのジュール熱の発生　　**図 2.23** エネルギーの変換

図 2.23 において，抵抗 R [Ω] の物質に電圧 V [V] を加え，電流 I [A] が t 秒間流れるとき，発生する熱エネルギー Q はつぎのようになる。

$$Q = RI^2 t \tag{2.42}$$

Q の単位は [J]（ジュール）である。この関係式はジュールが実験の結果から求めたもので**ジュールの法則**（Joule's law）と呼ばれる。また，抵抗に電流

が流れて発生する熱エネルギーを**ジュール熱**（Joule heat）という。

図 2.23 の回路において，式 (2.42) のジュール熱が電源から供給されているのは明らかであろう。すなわち，式 (2.42) は t 秒間に電源が抵抗 R に供給している電気エネルギー W でもある。

$$W = Q = RI^2 t \quad [\text{J}] \tag{2.43}$$

また，$V = RI$ を上式に代入すると

$$W = VIt \quad [\text{J}] \tag{2.44}$$

となる。式 (2.43) や式 (2.44) は，電流がする仕事といってもよく，これを電気工学の分野では**電力量**（electric energy）と呼ぶ。

電流のする仕事は式 (2.43) や式 (2.44) からわかるように時間に比例して大きくなるので，1 秒間当りの仕事量（仕事率）を考える。これを**電力**（electric power）という。この場合の電力を P とすると，つぎのような関係がある。

$$P = \frac{W}{t} = VI = RI^2 = \frac{V^2}{R} \tag{2.45}$$

抵抗では電気エネルギーが熱エネルギーとして費やされるので，P は**消費電力**などともいわれる。電力の単位は上の定義から [J/s] となるが，電気工学の分野ではワット [W] を用いる。すなわち，$1\,\text{W} = 1\,\text{J/s}$ である。

電力の単位を [W] で表すと，電力量は電力×時間であるので [J] の代わりに [W・s] と表すこともできる。実用的には [W・s] で電力量の値を表すと非常に大きな値となるので，キロワット時 [kW・h] が用いられる。1 kW・h は 1 kW の電力を 1 時間使ったときの電気エネルギー（電力量）である。なお，1 kW・h $= 3.6 \times 10^6$ J である。

例題 2.9 100 V，1 kW の電熱器を 50 V で使用すると，そのときの電力はいくらになるか。

【解】 この電熱器の抵抗を R とすると，$R = V^2/P = 10^4/10^3 = 10\,\Omega$ となる。したがって，50 V のときの電力は，$P = 50^2/10 = 250\,\text{W}$ となる。 ◇

2.1 基礎電気量と直流回路

例題 2.10 100 V の電圧を加えると，0.8 A の電流が流れる電球がある。この電球を 5 時間使用したときの電力量は何 kW・h か。また，それは何 W・s か。

【解】 電力は $P = VI = 100 \times 0.8 = 80$ W，電力量は $W = Pt = 80 \times 5 = 400$ W・h $= 0.4$ kW・h。また，[W・s]に換算すると 0.4 kW・h $= 0.4 \times 1\,000 \times 60 \times 60$ W・s $= 1.44 \times 10^6$ W・s となる。　　◇

つぎに，起電力 E [V]，内部抵抗 r [Ω] の電源に R [Ω] の抵抗を接続した図 2.24 (a) の回路の電力について考える。抵抗 R に流れる電流 I [A] は

$$I = \frac{E}{r + R} \tag{2.46}$$

となる。したがって，抵抗 R における電力 P を求めるとつぎのようになる。

$$P = RI^2 = \frac{RE^2}{r^2 + 2rR + R^2} = \frac{E^2}{\frac{r^2}{R} + 2r + R} \tag{2.47}$$

ここで，R の値を変化させたとき，P は図 (b) のように変化し，$R = r$ で P は最大値 P_m をとる。

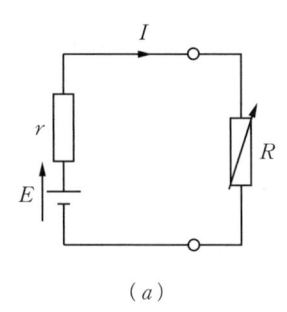

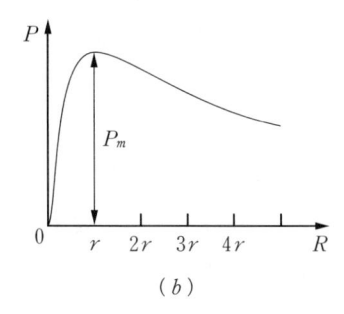

図 2.24　最大電力

この条件ならびに P_m の値を求めてみる。まず，式 (2.47) の分母，分子を r で割り，つぎのように変形する。

$$P = \frac{k^2}{x + 2 + \frac{1}{x}} \quad \left(x = \frac{r}{R},\ k^2 = \frac{E^2}{r}\right) \tag{2.48}$$

k^2 は定数であるので P が最大になる x を求めることは，分母の $x + 1/x$ が最小となる x を求めるのと同じである．一般に，任意の a, $b > 0$ に対し

$$a + b - 2\sqrt{ab} = (\sqrt{a} - \sqrt{b})^2 \geq 0 \quad \therefore \quad a + b \geq 2\sqrt{ab} \quad (2.49)$$

であるので，$a = x$, $b = 1/x$ とすると，上式より

$$x + \frac{1}{x} \geq 2 \quad (2.50)$$

$x + 1/x$ の最小値は，上式において等号が成り立つときであるので

$$x + \frac{1}{x} = 2 \quad (2.51)$$

より，$x > 0$ を考慮して

$$x = 1 \quad \therefore \quad R = r \quad (2.52)$$

を得る．すなわち，電源の内部抵抗と同じ値の抵抗を接続したとき，その抵抗での電力は最大となる．その最大電力 P_m はつぎのようになる．

$$P_m = \frac{E^2}{4r} \quad (2.53)$$

このことは，内部抵抗 r の電源からは，限りなく電力を供給することができず，最大でも式 (2.53) の電力しか取り出せないことを意味している．外部に接続する抵抗 R を内部抵抗 r と等しく選ぶことを**整合**（matching）をとるという．

2.1.8 抵抗率と導電率

抵抗は電流の流れにくさを表す量であることを前に述べたが，同じ物質でも太さや長さなどの形状が異なると，その抵抗値は違ってくる．そこで，物質固有の電流の流れにくさや，流れやすさを表す量を考えると便利になる．

物質の形状を**図 2.25** のように，ある断面をもつ棒状であるとしよう．図のように電流を流すとき，電気抵抗は長さ l [m] が長くなれば，それに比例して大きくなる．これは，電子が原子と衝突する回数が増えることによる．また，断面積 S [m^2] が大きくなれば，電流の通る面が大きくなり電流は流れやすくなるので，抵抗は S に反比例する．よって，図の抵抗 R [Ω] は

図 2.25 導体の抵抗

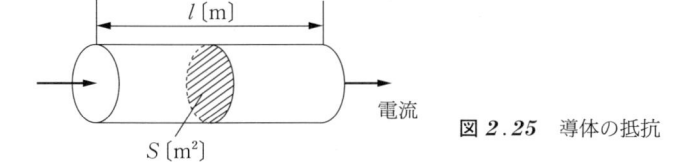

$$R = \rho \frac{l}{S} \quad [\Omega] \tag{2.54}$$

と書くことができる．比例定数 ρ（ローと読む）は，**抵抗率**（resistivity）と呼ばれ，物質に固有な定数である．抵抗率の単位は $[\Omega \cdot m]$（オームメートル）である．ρ は長さ 1 m，断面積 1 m² 当りの抵抗を表しているということもできる．

いろいろな物質の抵抗率を**図 2.26** に示す．図において，室温でおおよそ $10^{-4}\ \Omega \cdot m$ 以下の抵抗率をもつ電流が流れやすい物質を**導体**といい，電流が流れにくく，おおよそ $10^{4}\ \Omega \cdot m$ 以上の抵抗率の物質を**絶縁体**という．また，抵抗率が導体と絶縁体の中間にある物質は**半導体**（semiconductor）と呼ばれる．

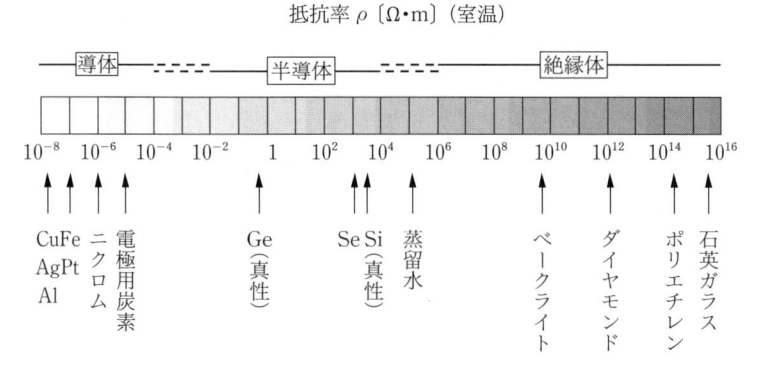

図 2.26 抵抗率による導体，半導体，絶縁体

76　2. 直 流 回 路

表 2.1 にいろいろな導体の抵抗率を示した。表中において**標準軟銅**（international annealed copper standard）とは，20℃における抵抗率が $1/58 \times 10^{-6}\,\Omega\cdot\text{m}$ と定められたものである。硬銅線は線引きしたままの銅線で，軟銅線はそれを焼きなましたものである。

表 2.1 いろいろな導体の抵抗率（20℃）

物　質	$\rho\,[\Omega\cdot\text{m}]$	物　質	$\rho\,[\Omega\cdot\text{m}]$
銀	1.61×10^{-8}	タングステン	5.44×10^{-8}
標準軟銅	$1/58\times10^{-6}=1.724\times10^{-8}$	亜鉛	6.17×10^{-8}
軟銅線	$(1.71\sim1.78)\times10^{-8}$	鉄	9.8×10^{-8}
硬銅線	$(1.76\sim1.80)\times10^{-8}$	白金	10.4×10^{-8}
金	2.20×10^{-8}	水銀	95.9×10^{-8}
アルミニウム	2.74×10^{-8}	ニクロム（2種）	$(112\pm5)\times10^{-8}$

抵抗率の単位としては，断面積を $[\text{mm}^2]$，長さを $[\text{m}]$ を基準とする $[\Omega\cdot\text{mm}^2/\text{m}]$ を用いることもある。このとき，$1\,[\Omega\cdot\text{mm}^2/\text{m}]=10^{-6}\,[\Omega\cdot\text{m}]$ の関係がある。よって，この単位での標準軟銅の抵抗率は $1/58\,\Omega\cdot\text{mm}^2/\text{m}$ となる。

ところで，抵抗の逆数をコンダクタンスと呼び，電流の流れやすさを表す量であることは前に述べた。そこで，抵抗率の逆数を考え

$$\sigma=\frac{1}{\rho} \tag{2.55}$$

とおく。この σ（シグマと読む）を**導電率**（conductivity）という。単位は $[\Omega]$ の逆数が $[\text{S}]$ であったので，$[\text{S/m}]$（ジーメンス毎メートル）となる。導電率は物質固有の電流の流れやすさを表している。導電率 σ を用いると，式 (2.54) は

$$R=\frac{l}{\sigma S}\;[\Omega] \tag{2.56}$$

となる。標準軟銅の導電率は 20℃において $58\times10^6\,\text{S/m}$ である。

物質の抵抗率や導電率を，標準軟銅の値と比較して表すことがある。20℃における標準軟銅の導電率は $\sigma_s=58\times10^6\,\text{S/m}$ であったので，これを用いて，ある物質の導電率 σ が標準軟銅の導電率 σ_s の何倍になっているかを

$$\lambda = \frac{\sigma}{\sigma_s} \times 100 \,[\%] = 1.724 \times 10^{-6} \sigma \quad [\%] \tag{2.57}$$

で表す。この λ（ラムダと読む）を**パーセント導電率**（percentage conductivity）という。

例題 2.11 直径 2.4 mm，長さ 100 m の標準軟銅線の抵抗はいくらか。

【解】 線断面の半径 1.2 mm を 1.2×10^{-3} m と換算して計算すると

$$R = \frac{1}{58} \times 10^{-6} \times \frac{100}{\pi \times 1.2^2 \times 10^{-6}} = 0.381 \,\Omega \qquad \diamondsuit$$

例題 2.12 温度 20 ℃におけるアルミニウムの抵抗率は $2.74 \times 10^{-8}\,\Omega\cdot$m である。アルミニウムの導電率およびパーセント導電率を求めなさい。

【解】 $\sigma = 1/(2.74 \times 10^{-8}) = 3.65 \times 10^7$ S/m，
$\lambda = 1.724 \times 10^{-6} \times 3.65 \times 10^7 = 62.9\,\%$ $\qquad \diamondsuit$

2.1.9 抵抗の温度係数

物質の抵抗は，その寸法によっても変わるが，温度や圧力などによっても変化する。金属のように温度の上昇とともに抵抗が増加するものもあれば，逆に減少するものもある。ここでは，金属について，温度による抵抗の変化を調べてみる。

一般に金属の抵抗は，-20 ℃〜200 ℃くらいの間では，**図 2.27** に示すようにほぼ直線的に増加する。抵抗が増加するのは，金属中の原子の振動が温度が上がると激しくなり，自由電子が原子と衝突する割合が増えるからである。

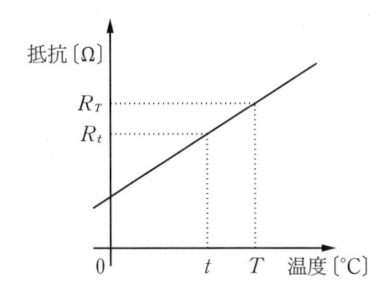

図 2.27 温度変化と金属の抵抗

図において，ある温度から1℃上昇したときの抵抗の上昇する割合をγ [Ω/℃] とする。このγはグラフの傾きを表している。また，t [℃] のときの抵抗をR_t，T [℃] のときの抵抗をR_T とすると，R_tとR_Tの間には

$$R_T = R_t + \gamma(T - t) \tag{2.58}$$

の関係がある。これを

$$R_T = R_t\left\{1 + \frac{\gamma}{R_t}(T - t)\right\} \tag{2.59}$$

と変形し

$$\alpha_t = \frac{\gamma}{R_t} \quad [\text{℃}^{-1}] \tag{2.60}$$

とおくと，式 (2.58) は

$$R_T = R_t\{1 + \alpha_t(T - t)\} \tag{2.61}$$

となる。式 (2.60) の α_t を t [℃] における**抵抗の温度係数** (temperature coefficient) という。式 (2.61) は，ある温度 t [℃] のときの抵抗 R_t [Ω] と α_t がわかっていれば，別の温度のときの抵抗 R_T [Ω] は測定しなくても計算により求められることを示している。

例題 2.13 20℃のときの抵抗が4Ωの導線がある。この導線の75℃のときの抵抗はいくらか。導線の20℃における温度係数を $\alpha_{20} = 3.9 \times 10^{-3}$ [℃$^{-1}$] とする。

【解】 $R_{75} = R_{20}\{1 + \alpha_{20}(75 - 20)\} = 4\{1 + 3.9 \times 10^{-3} \times 55\} = 4.86\,\Omega$ ◇

R_t は温度によって値が異なるので，式 (2.60) から抵抗の温度係数も温度によって値が違うことがわかる。一般にデータとして与えられているものは温度が0℃や20℃のときの値が多い。しかし，これらの値がわかれば，任意の温度のときの抵抗の温度係数は容易に求めることができる。いま，0℃のときの温度係数 α_0 が与えられたとして，t [℃] のときの温度係数 α_t を求めよう。

0℃のときの抵抗を R_0，t [℃] のときの抵抗を R_t とすると，式 (2.61) より

$$R_t = R_0(1 + \alpha_0 t) \tag{2.62}$$

である。一方，式 (2.60) より

$$\alpha_0 = \frac{\gamma}{R_0}, \quad \alpha_t = \frac{\gamma}{R_t}$$

であるので

$$\alpha_0 R_0 = \alpha_t R_t \tag{2.63}$$

式 (2.62) と式 (2.63) より，次式の関係を得る。

$$\alpha_t = \frac{\alpha_0}{1 + \alpha_0 t} = \frac{1}{\dfrac{1}{\alpha_0} + t} \tag{2.64}$$

標準軟銅の場合は，$\alpha_0 = 1/234.5\,°\mathrm{C}^{-1}$ であるので

$$\alpha_t = \frac{1}{234.5 + t} \tag{2.65}$$

となる。

表 2.2 にいろいろな金属の抵抗の温度係数を示す。

表 2.2 いろいろな金属の抵抗の温度係数（20 °C）

金　属	$\alpha\,[°\mathrm{C}^{-1}]$	金　属	$\alpha\,[°\mathrm{C}^{-1}]$
金	3.4×10^{-3}	タングステン	4.5×10^{-3}
銀	3.8×10^{-3}	鉄	5.0×10^{-3}
アルミニウム	3.9×10^{-3}	ニクロム	$(1\sim2)\times10^{-4}$
標準軟銅 (0 °C)	$4.26\times10^{-3}=1/234.5$	マンガニン	$(1\sim3)\times10^{-5}$

例題 2.14 標準軟銅の 20 °C，50 °C における温度係数はいくらか。

【解】
$$\alpha_{20} = \frac{1}{234.5 + 20} = 3.9\times10^{-3}\,°\mathrm{C}^{-1}$$

$$\alpha_{50} = \frac{1}{234.5 + 50} = 3.5\times10^{-3}\,°\mathrm{C}^{-1}$$

◇

コーヒーブレイク

超伝導

　2.1.9項で金属では温度が高くなると，原子の熱による振動が激しくなるため，電気抵抗が大きくなることを学んだ．逆に温度を低くしていくと，原子の振動が弱まるため電気抵抗は小さくなっていくが，不純物や原子配列の乱れなどによって電子の運動は妨げられるため，原子の熱による振動がない絶対零度（0 K＝ $-273.15\,°C$）となっても電気抵抗はゼロにはならないと考えられていた．ところがオンネス（Onnes）は，**図2**のように，水銀の電気抵抗が $4.2\,K$（$-268.95\,°C$）付近で急激に低下し，ゼロとなることを発見した（1911年）．このような現象を**超伝導**（super conductivity）という．

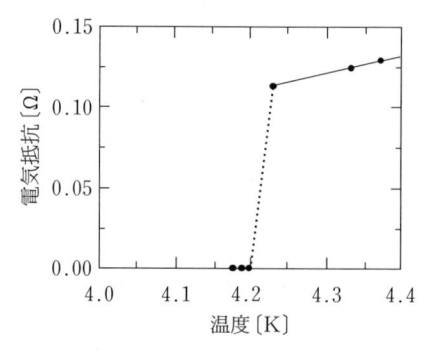

図2 低温での水銀の電気抵抗の温度変化
（オンネスの実験結果）

　オンネスの実験後，アルミニウムや亜鉛など超伝導を示す元素がつぎつぎと発見され，現在では超伝導を示す単体元素は25種類程度が知られている．このうち，最も高い温度で超伝導を示すのはニオブ（Nb）で，$9.2\,K$ である．

　超伝導状態にある物質は，**5.1.2**項で述べるような物質内を通る磁束がゼロになる完全反磁性を示し（マイスナー効果），さらに，超伝導状態にある二つの物質をごく近い距離に接近させると，電子が双方の物質を行き来すること（ジョセフソン効果）が発見され，電気抵抗がゼロになることを応用すること以外に，超微弱磁気センサや高速コンピュータなど，多方面での応用が期待されている．

　さらに，1986年，ベドノルツ（Bednorz）とミュラー（Müller）は，30 K で $(La_{1-x}Ba_x)_2CuO_4$ という酸化物が超伝導を示すことを発見し，それまで絶対零度付近でのみ起こると思われていた超伝導現象の常識を覆し，超伝導材料の新しい可能性を示した．その後，100 K を超える温度で超伝導を示す酸化物も発見され，実用化に向けて世界中で盛んに研究がなされている．

2.2　直流回路の解析

回路の構成が複雑になると，オームの法則だけでは電圧や電流を求めるのが難しくなる．ここでは，回路を解くためのいくつかの基本的な法則や定理について述べる．

2.2.1　回路の電位，電位差（電圧）

2.1.3項で電位，電位差（電圧）について述べた．後で述べるキルヒホッフの法則やいろいろな諸定理を理解するうえで，回路の電位，電位差の概念を正しく理解することは非常に重要である．2.1.3項および2.1.4項で述べたことを思い出してみよう．

まず図 $2.28(a)$ に示すように，起電力 E 〔V〕の電池の部分では，点Aの電位 V_A は，点Bの電位 V_B よりも E 〔V〕高い．

$$V_A - V_B = E \tag{2.66}$$

つぎに，図 (b) に示すように，抵抗 R に点Aから点Bに向かって電流 I が流れている場合は，点Aの電位 V_A は，点Bの電位 V_B よりも RI 〔V〕高い．

$$V_A - V_B = RI \tag{2.67}$$

すなわち抵抗においては，電流は電位の高い点から低い点に向かって流れる．

以上，電池と抵抗における電位と電位差を述べたが，上の結果からわかるのは電位差だけである．点Aや点Bの電位の値はわからない．そこで，電位の

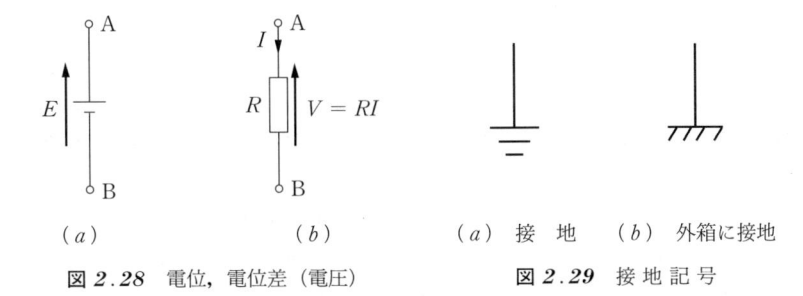

(a)　　　　　　　(b)

図 2.28　電位，電位差（電圧）

(a)　接　地　　(b)　外箱に接地

図 2.29　接地記号

82 2. 直流回路

基準を定める。電位の基準は理論的には電気的な作用を及ぼさない点（無限に遠い点）にとるが，実用上は地球の大地としている。すなわち，大地の電位を零とし，記号を**図 2.29**（*a*）のように表す。大地は**アース**（earth）あるいは**グランド**（ground）ともいう。

多くの電気回路や電子回路は，シャーシ上に組まれることが多く，共通端子として回路の一部をシャーシに接続する場合がある。その場合は，回路記号として図（*b*）のアース記号が用いられる。これは，大地に接続するという意味ではなく，シャーシの電位を基準と考えるという意味で用いられる。

さて，電位の基準は大地あるいはシャーシにとることを述べたが，回路のどの点を電位の基準にとっても，電位差は同じである。つぎの例題を通して，それを見てみよう。

例題 2.15 図 2.30 の三つの場合について，各点の電位および AD 間の電位差を求めなさい。

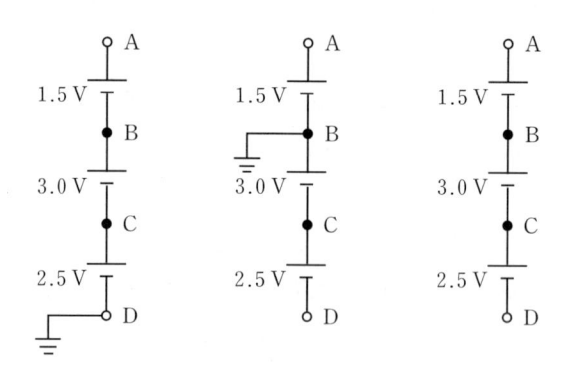

（*a*）点 D を接地　（*b*）点 B を接地　（*c*）接地なし

図 2.30 接地の有無と電位差

【解】　図（*a*）の場合は，$V_D = 0$ V，$V_C = 0 + 2.5 = 2.5$ V，$V_B = 2.5 + 3.0 = 5.5$ V，$V_A = 5.5 + 1.5 = 7.0$ V，$V_A - V_D = 7.0 - 0 = 7.0$ V。図（*b*）の場合は $V_B = 0$ V，$V_C = 0 - 3.0 = -3.0$ V，$V_D = -3.0 - 2.5 = -5.5$ V，$V_A = 0 + 1.5 = 1.5$ V，$V_A - V_D = 1.5 - (-5.5) = 7.0$ V。図（*c*）の場合は $V_D =$ 不定，$V_C = V_D + 2.5$ V，$V_B = V_C + 3.0 = V_D + 5.5$ V，$V_A = V_B + 1.5 = V_D + 7.0$

V, $V_A - V_D = 7.0\,\text{V}$。

このように，AD 間の電位差はいずれの場合も同じになる。　　◇

2.2.2　キルヒホッフの法則

2.1 節で扱った回路は，電源が 1 個だけの回路で，また抵抗の組合せも簡単なものであった。しかし，**図 2.31**（a）に示すように抵抗の接続が複雑な回路や図（b）のように，電源を 2 個以上含むような回路の場合は，電圧，電流をこれまでの手法で簡単に求めることはできない。図のような回路を**回路網** (circuit network) という。

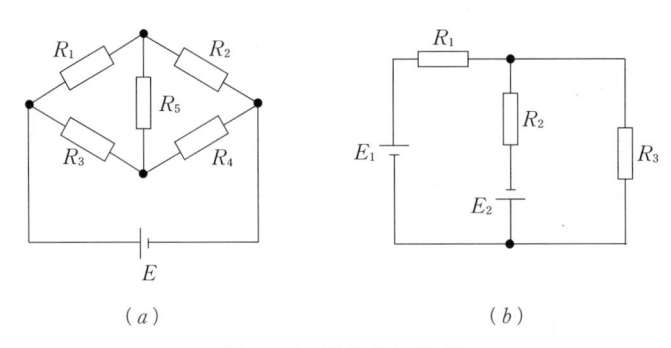

図 2.31　複雑な回路例

このような回路はこれから述べるいろいろな法則を用いて解析することができる。ここでは，まず**キルヒホッフの法則**について述べる。キルヒホッフの法則を用いると，どのように複雑な回路であっても必ず解くことができるので，この法則を習得することは重要である。

図 2.32 は回路網の一部を取り出したもので，電源や抵抗を接続している点，すなわち電流の分岐点である点 A，B，C，D を**節点**（node）あるいは**接続点** (junction point) といい，節点と節点をつないでいる線路を**枝路**（しろ）(branch) または**枝**（えだ）という。また，A → D → C → B → A のような 1 回りしてもとに戻る閉じた回路を**閉路**（loop），または**ループ**という。

キルヒホッフの法則は，このような回路網中の任意の節点やループにおい

2. 直流回路

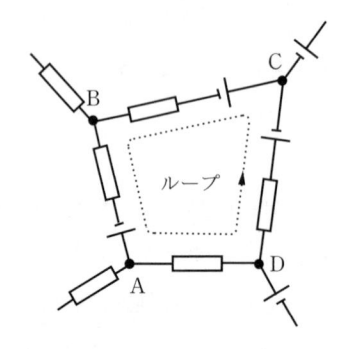

図 2.32 回路網の一部

て，電流や電圧がどのような関係を満たさなければならないかを定めたもので，電流則，電圧則と呼ばれる二つの法則から成り立っている。

〔**1**〕 **キルヒホッフの電流則** (Kirchhoff's current law, KCL)　これは**キルヒホッフの第1法則** (first law) とも呼ばれ，節点における電流はつぎの関係を満たすことを示している。

「回路網中の任意の節点に流れ込む電流の総和は，流れ出る電流の総和に等しい。」

例えば，図 2.33 (a) のように一つの節点に接続されている枝路が5本あり，それぞれの電流の向きが図のようであるとすると，電流則は

$$I_1 + I_3 + I_4 = I_2 + I_5 \tag{2.68}$$

となる。これは電流は一点でたまることも，また消えてしまうこともなく，つねに連続であることを示している。この関係は図 (b) の水の流れに対応させて考えるとより理解しやすいであろう。

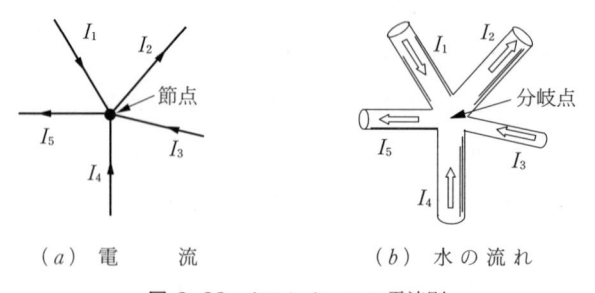

(a) 電　流　　　　(b) 水 の 流 れ

図 2.33　キルヒホッフの電流則

2.2 直流回路の解析

式 (2.68) の電流則は, 節点に流れ込む電流を正, 流れ出る電流を負とすれば, 「回路網中の任意の節点において, 電流の代数和は零である」と表現することもできる。すなわち, 式 (2.68) は

$$I_1 + (-I_2) + I_3 + I_4 + (-I_5) = 0 \tag{2.69a}$$

$$\sum_{i=1}^{5} I_i = 0 \tag{2.69b}$$

と書くこともできる。Σ はシグマと読む。

〔2〕 **キルヒホッフの電圧則** (Kirchhoff's voltage law, KVL) 電圧則は**キルヒホッフの第2法則** (second law) とも呼ばれ, ループにおける電圧はつぎの関係を満たすことを示している。

「回路網中の任意のループにおいて, そのループ中の起電力の代数和は抵抗で生じる電圧の代数和に等しい。ただし, ループをめぐる向きと同じ向きの起電力を正とし, 逆向きのものを負とする。また, 抵抗での電圧は, めぐる向きと電流の向きが一致しているときは正, 逆の場合は負とする。」

この関係を, 図 2.34 に示した回路の一部に適用すると, つぎのようになる。いま, ループをめぐる向き (ループの向きという) を図中のようにとったとする。約束のように, ループの向きと一致している起電力の向きおよび電流の向きを正とし, ループの向きと起電力, 電流の向きが逆の場合は負として

起電力の代数和 $= E_1 + E_2 + (-E_4)$

抵抗での電圧の代数和 $= R_1 I_1 + (-R_2 I_2) + R_3 I_3 + (-R_4 I_4)$

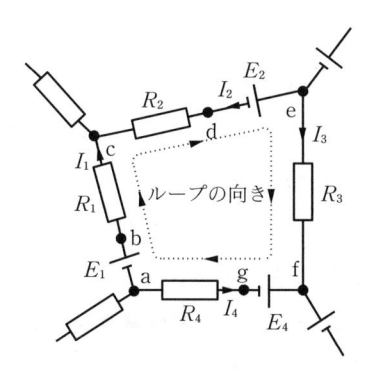

図 2.34 キルヒホッフの電圧則

となる．したがって，図のループに対する電圧則は

$$E_1 + E_2 - E_4 = R_1I_1 - R_2I_2 + R_3I_3 - R_4I_4 \qquad (2.70)$$

となる．

この関係は，前に述べた電源や抵抗における電位差の関係から導くことができる．いま，図の各点を a，b，c，…，g のように定め，それぞれの点の電位を V_a，V_b，V_c，…，V_g とする．まず，点 a と点 g の電位を比較すると

$$V_a = V_g + R_4I_4 \qquad (2.71a)$$

となる．同様にして，隣り合う2点の関係を求めると，つぎのようになる．

$$V_g = V_f - E_4 \qquad (2.71b)$$

$$V_f = V_e - R_3I_3 \qquad (2.71c)$$

$$V_e = V_d + E_2 \qquad (2.71d)$$

$$V_d = V_c + R_2I_2 \qquad (2.71e)$$

$$V_c = V_b - R_1I_1 \qquad (2.71f)$$

$$V_b = V_a + E_1 \qquad (2.71g)$$

つぎに，式 (2.71g) の V_b を式 (2.71f) の右辺の V_b に代入し，得られた式をさらに式 (2.71e) に代入する．その操作を式 (2.71a) まで行うと

$$V_a = V_a + E_1 - R_1I_1 + R_2I_2 + E_2 - R_3I_3 - E_4 + R_4I_4 \qquad (2.72)$$

となる．これよりつぎの結果を得る．

$$0 = E_1 - R_1I_1 + R_2I_2 + E_2 - R_3I_3 - E_4 + R_4I_4 \qquad (2.73)$$

これは，ループに沿って1周して，最終的に同じ点の電位差を求めたことに他ならない．式 (2.73) を整理すると式 (2.70) となる．

〔3〕 **キルヒホッフの法則を用いた回路方程式の立て方**　キルヒホッフの法則を用いて回路を解くには，回路の電流を未知数として仮定し，電流則，電圧則を用いて独立した方程式を未知数の数だけつくり，それらを連立方程式として解けばよい．回路の電流を仮定する方法には，各枝路に流れる電流を仮定するもの（**枝路電流法**あるいは**枝電流法**という）と，ループに流れる電流を仮定するもの（**ループ電流法**，**網目電流法**あるいは**閉路電流法**ともいう）がある．図 **2.35** のような回路の電流を求めるとして，まず，枝路電流法からそ

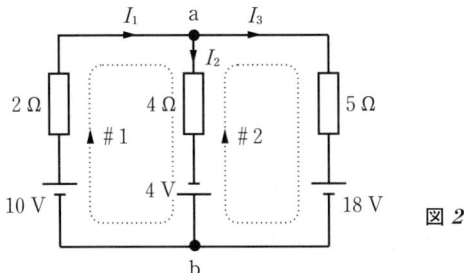

図 2.35 キルヒホッフの法則の適用

の手順を説明する。

1. 各枝路に流れる電流を I_1, I_2, I_3 とし，その向きを図 2.35 のように仮定する。各枝路に流れる電流の向きは勝手に仮定してよい。その理由は，実際に流れる電流の向きが仮定した向きと逆の場合は，求めた電流の値は負になるからである。すなわち，計算の結果，電流の値が負と出た場合は，実際の電流の向きは仮定した向きと逆である。

2. 各節点において電流則を適用する。この回路において節点はa, bの2点である。a, bそれぞれの点で式 (2.69b) の電流則を適用してみよう。

$$I_1 - I_2 - I_3 = 0 \tag{2.74a}$$
$$I_2 + I_3 - I_1 = 0 \tag{2.74b}$$

二つの式からわかるように，これらは同じ結果となるので，結局電流則は

$$I_1 = I_2 + I_3 \tag{2.75}$$

のみとなる。

一般に，回路網中に n 個の節点がある場合，その中の1点の電流則はそれ以外のどこかの点の電流則と同じになる。したがって，電流則は $(n-1)$ 個の点に対して適用すればよい。

3. 回路網中のループに電圧則を適用する。まず図に示すループ#1に対して電圧則を適用すると

$$2I_1 + 4I_2 = 14 \tag{2.76}$$

となる。同様にループ#2に電圧則を適用すると，つぎのようになる。

$$5I_3 - 4I_2 = -22 \tag{2.77}$$

(a) (b)

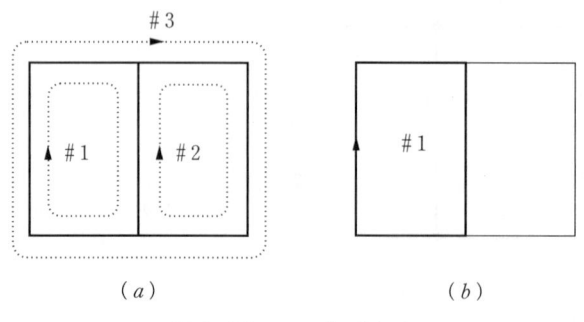

図 2.36　ループの考え方

　図 2.35 の回路においてループの数はいくつあるのであろうか。図 2.36 (a) のように#3 も一つのループであろう。

　しかしながら，これに電圧則を適用してもその方程式は解を得るのには意味がないのである。すなわち，ループ#3 の電圧則は

$$2I_1 + 5I_3 = -8 \tag{2.78}$$

となるが，この関係式は式 (2.76) と式 (2.77) を加えて得られる結果と同じになり，独立ではないことによる。

　このように，ループを考えるときには，たどる枝路の中に少なくとも一つは使用していない枝路が含まれているようにしなければならない。例えば図 2.36 (b) のように，初めにループ#1 を適用したとすると，未使用の枝路は 5 Ω の抵抗と 18 V の起電力を含む枝路だけとなる。したがって，残りのループは#2 か#3 のいずれかになる。#2, #3 いずれか一方のループを選択すると，もう未使用の枝路はなくなってしまう。すなわち，図 2.35 の回路において，電圧則を適用するループは二つである。もちろんループは#2 と#3 の二つを選んでもよい。

　一般に，枝路電流法において，枝路の数を b，節点の数を n とすると，未知数の数は b であるので方程式の数も b 個必要になる。方程式のうち，($n-1$) 個は前述のように電流則から導かれるので，電圧則から導かれる方程式の必要数は $\{b-(n-1)\}$ 個となる。図 2.35 の回路においては，

$b=3$, $n=2$ であるので電圧則を適用するループの数は $3-(2-1)=2$ 個となる。

4. 連立方程式を解く。図 2.35 の回路を解く場合，未知数は I_1, I_2, I_3 の三つである。したがって，独立な方程式は三つ必要である。ここでループの選び方を，#1 と #2，#1 と #3，#2 と #3 の3通り[†]を考え，連立方程式を立てるとつぎのようになる。

$$\begin{cases} I_1 - I_2 - I_3 = 0 & \cdots\cdots \text{節点 a での KCL} \\ 2I_1 + 4I_2 = 14 & \cdots\cdots \text{ループ}\#1 \text{での KVL} \\ -4I_2 + 5I_3 = -22 & \cdots\cdots \text{ループ}\#2 \text{での KVL} \end{cases} \quad (2.79a)$$

$$\begin{cases} I_1 - I_2 - I_3 = 0 & \cdots\cdots \text{節点 a での KCL} \\ 2I_1 + 4I_2 = 14 & \cdots\cdots \text{ループ}\#1 \text{での KVL} \\ 2I_1 + 5I_3 = -8 & \cdots\cdots \text{ループ}\#3 \text{での KVL} \end{cases} \quad (2.79b)$$

$$\begin{cases} I_1 - I_2 - I_3 = 0 & \cdots\cdots \text{節点 a での KCL} \\ -4I_2 + 5I_3 = -22 & \cdots\cdots \text{ループ}\#2 \text{での KVL} \\ 2I_1 + 5I_3 = -8 & \cdots\cdots \text{ループ}\#3 \text{での KVL} \end{cases} \quad (2.79c)$$

これらの連立方程式は，どれを解いても同じ結果が得られる。ここでは，式 $(2.79a)$ を代入法を用いて解いてみよう。まず，式 $(2.79a)$ の第1式より

$$I_2 = I_1 - I_3 \quad (2.80)$$

であるので，これを第2式，第3式に代入すると

$$\left. \begin{array}{r} 2I_1 + 4(I_1 - I_3) = 14 \\ -4(I_1 - I_3) + 5I_3 = -22 \end{array} \right\} \to \text{整理して} \to \begin{cases} 6I_1 - 4I_3 = 14 \\ -4I_1 + 9I_3 = -22 \end{cases}$$

$$(2.81)$$

となる。式 (2.81) の第1式より

$$I_3 = \frac{1}{2}(3I_1 - 7) \quad (2.82)$$

[†] ループのとり方は，めぐる向きを逆にとることもできるので，ループの選び方は厳密には6通りあるが，ここでは3通りを計算する。

であるので，これを式 (2.81) の第2式に代入して

$$-4I_1 + \frac{9}{2}(3I_1 - 7) = -22 \tag{2.83}$$

これより

$$I_1 = 1 \text{ A}$$

を得る。この I_1 を式 (2.82) に代入し

$$I_3 = -2 \text{ A}$$

となる。さらに，これらの I_1, I_3 を式 (2.80) に代入し

$$I_2 = 3 \text{ A}$$

が求まる。こうして未知の電流が求められる。I_3 は負であるので実際に流れる電流の向きは，仮定した向きと逆になる。

【問】 式 (2.79b)，式 (2.79c) の連立方程式からも同じ結果が得られることを確かめなさい。

つぎに，図 **2.35** の回路をループ電流法を用いて解いてみよう。

1．ループ電流を仮定する。

　前に述べたように，ループの選択の仕方は3通り（向きも考えると6通り）あったが，ここでは図 **2.37** に示すようなループ#1, #2 を選び，それぞれのループに沿って流れるループ電流 I_a, I_b を図のように仮定する。

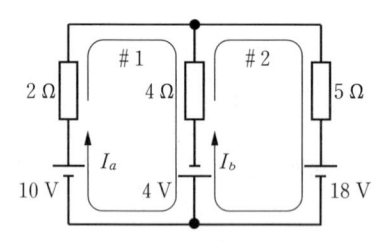

図 **2.37**　図 **2.35** の回路に対するループ電流法の適用

2．ループ電流の向きに沿ってキルヒホッフの電圧則を適用する。

　まず，#1 のループの向きに沿って抵抗での電圧を考えると，2Ω の抵抗には I_a のみが流れているので電圧は $2I_a$ となるが，4Ω の抵抗には I_a と I_b が逆向きに流れているので，ループのめぐる向きに $4(I_a - I_b)$ の電

圧が生じる。これらの代数和が起電力の代数和と等しくなるのであるから，つぎのようになる。

$$2I_a + 4(I_a - I_b) = 14 \tag{2.84}$$

同様に，ループ#2の向きに沿っての抵抗の電圧を考えると，$4\,\Omega$の抵抗には I_b と I_a が逆向きに流れているので $4(I_b - I_a)$ となり，$5\,\Omega$の抵抗には I_b の電流のみが流れているので電圧は $5I_b$ となる。よって電圧則は

$$4(I_b - I_a) + 5I_b = -22 \tag{2.85}$$

となる。式 (2.84)，式 (2.85) を整理すると

$$\begin{cases} 6I_a - 4I_b = 14 \\ -4I_a + 9I_b = -22 \end{cases} \tag{2.86}$$

となる。この I_a と I_b に関する連立方程式は，枝路電流法による解析で述べた式 (2.81) と同じになっている。このように，ループ電流法においては，キルヒホッフの電流則は自動的に満足されているので，連立方程式としては電圧則だけを考えればよい。

3．連立方程式を解く

未知のループ電流を求めるには式 (2.86) を解けばよい。この結果はすでに得ており

$$I_a = 1\,\text{A}, \quad I_b = -2\,\text{A} \tag{2.87}$$

となる。$4\,\Omega$の抵抗に流れる電流は，I_a の向きを基準に考えると

$$I_a - I_b = 1 - (-2) = 3\,\text{A} \tag{2.88}$$

となる。I_b の結果は負であるので，実際に流れる電流は逆になる。

一般に，ループ電流法において，未知数の数すなわち解くべき連立方程式の数は $\{b - (n-1)\}$ 個となる。ここで，b は枝路の数，n は節点の数である。これは，すべての枝路を1回以上通るループの数であり，枝路電流法の電圧則を適用する際に必要なループ数と同じである。

〔4〕 **枝路電流法とループ電流法**　　以上，枝路電流法とループ電流法について述べた。式 (2.81) と式 (2.86) を比べてわかるように，本質的にはどち

らも同じであるが，初心者に対する導入という点から見れば枝路電流法のほうが容易である．しかし，この方法は回路網が大きくなると，未知数すなわち連立方程式の数 b が多くなり計算がたいへんになる．一方，ループ電流法は未知数が $\{b-(n-1)\}$ 個であり，枝路電流法と比べて少なくできるので，大きな回路網の解析には有益である．ループ電流法は，初心者にとって難しそうに思われがちだが，慣れてくるとこちらのほうが式の立て方が容易であり，誤りが少なくなる．図 2.38 の回路を例にとり，それを説明しよう．

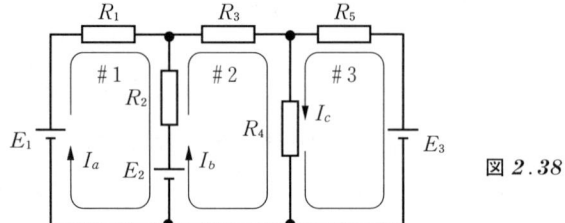

図 2.38 ループ電流法の適用例

図中のようにループ #1，#2，#3 を仮定し，それぞれのループに沿って流れる電流 I_a, I_b, I_c に対してキルヒホッフの電圧則を適用する．まず，ループ #1 においては

$$R_1 I_a + R_2(I_a - I_b) = E_1 - E_2 \qquad (2.89a)$$

同様に，#2，#3 においては

$$R_2(I_b - I_a) + R_3 I_b + R_4(I_b + I_c) = E_2 \qquad (2.89b)$$

$$R_4(I_c + I_b) + R_5 I_c = E_3 \qquad (2.89c)$$

となる．これらの式をループ電流 I_a, I_b, I_c について整理すると

$$\begin{cases} (R_1+R_2)I_a - R_2 I_b = E_1 - E_2 \\ -R_2 I_a + (R_2+R_3+R_4)I_b + R_4 I_c = E_2 \\ R_4 I_b + (R_4+R_5)I_c = E_3 \end{cases} \qquad (2.90)$$

となる．ここで式 (2.90) の意味を考えてみよう．それぞれのループに沿った電圧則においてループ電流の係数を見ると，第 1 式の I_a の係数は R_1+

R_2，第2式の I_b の係数は $R_2 + R_3 + R_4$，第3式の I_c の係数は $R_4 + R_5$ となっている。これらの係数はそれぞれのループ電流が流れるループの抵抗の総和となっており，必ず正の値となる。また，第1式の I_b の係数 $-R_2$ と第2式の I_a の係数 $-R_2$ は同じになっている。これは，I_a が流れるループと I_b が流れるループの共通の抵抗を表しており，負符号はその共通の抵抗で I_a と I_b が逆向きになっていることを表している。同様に，第2式の I_c の係数 R_4 と第3式の I_b の係数 R_4 も二つのループ電流 I_b，I_c の共通の抵抗で，正符号は I_b と I_c がその抵抗で同じ向きであることを示している。

以上のことは式 (2.90) をつぎのように行列表示するとより明確になる[†]。抵抗部の行列は対称になる。

$$\begin{bmatrix} R_1 + R_2 & -R_2 & 0 \\ -R_2 & R_2 + R_3 + R_4 & R_4 \\ 0 & R_4 & R_4 + R_5 \end{bmatrix} \begin{bmatrix} I_a \\ I_b \\ I_c \end{bmatrix} = \begin{bmatrix} E_1 - E_2 \\ E_2 \\ E_3 \end{bmatrix} \quad (2.91)$$

キルヒホッフの法則を適用して回路を解く場合，出発点の連立方程式を立てる際，正，負の符号を誤りやすい。符号を誤ったまま連立方程式を解いても正しい解は得られないのは当然であり，上に述べたことは**解くべき方程式が正しいかどうかのチェックにも役立つ**ものであるので，十分に熟知しておくとよい。

例題 2.16 図 2.39 (a) の回路に流れる電流を枝路電流法およびループ電流法でそれぞれ求めなさい。

【**解**】（枝路電流法）
I_1，I_2，I_3 を図 2.39 (b) のように仮定する。電流則より

$$I_1 + I_2 + I_3 = 0 \quad (1)$$

ループ#1，#2 に電圧則を適用して，それぞれ次式を得る。

$$I_1 - 4I_2 = 22 \quad (2)$$
$$4I_2 - 2I_3 = -26 \quad (3)$$

[†] 行列について学んでいない場合は省略してよい。

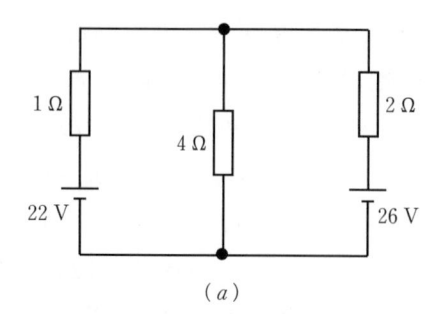

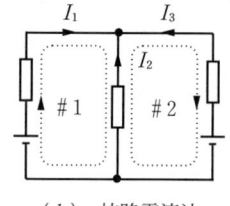

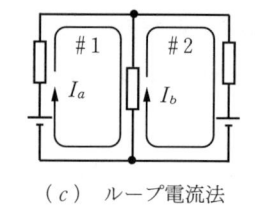

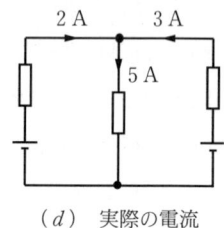

2. 直流回路

(a)

(b) 枝路電流法　　(c) ループ電流法　　(d) 実際の電流

図 2.39　例題 2.16 の回路

式 (2) より
$$I_1 = 22 + 4I_2 \tag{4}$$
であるので，これを式 (1) に代入し
$$5I_2 + I_3 = -22 \tag{5}$$
式 (5) より
$$I_3 = -22 - 5I_2 \tag{6}$$
であるので，これを式 (3) に代入し
$$4I_2 - 2(-22 - 5I_2) = -26$$
これより
$$I_2 = -5 \text{ A}$$
を得る。これを式 (6) に代入し
$$I_3 = 3 \text{ A}$$
また，式 (4) より
$$I_1 = 2 \text{ A}$$
となる。よって求める電流の大きさと向きは図 (d) のようになる。

2.2 直流回路の解析

(ループ電流法)

図 (c) のようにループ#1, #2 に対してループ電流 I_a, I_b を仮定し，それぞれのループに沿って電圧則を適用すると次式を得る．

$$\begin{cases} I_a + 4(I_a - I_b) = 22 & (1) \\ 4(I_b - I_a) + 2I_b = -26 & (2) \end{cases}$$

整理して次式が得られる．

$$\begin{cases} 5I_a - 4I_b = 22 & (3) \\ -4I_a + 6I_b = -26 & (4) \end{cases}$$

この式において，式 (3) の I_a の係数 5 はループ#1 内にある抵抗の総和であり，式 (4) の I_b の係数 6 はループ#2 内にある抵抗の総和となっている．また，-4 は I_a と I_b のループ電流が共に流れている $4\,\Omega$ の抵抗を表しており，抵抗に流れる I_a と I_b の向きが逆であるから，負の符号が付いている．以上のことより，この方程式が正しいものであることが確認できる．

連立方程式を解くため，式 (3) を 4 倍し，式 (4) を 5 倍して両式を加え I_a を消去すると

$$14I_b = -42$$

これより

$$I_b = -3\,\text{A}$$

これを式 (3)，式 (4) いずれかに代入して

$$I_a = 2\,\text{A}$$

を得る．$4\,\Omega$ の抵抗に流れる電流は

$$I_a - I_b = 2 - (-3) = 5\,\text{A}$$

となり，求める電流は図 (d) のようになり，当然枝路電流法の結果と同じになる．

◇

例題 2.17 図 2.40 (a) に示す回路の合成抵抗を求めなさい．

【解】 図 (a) の等価回路は図 (b) のように書くことができる．したがって合成抵抗 R は 18 V の電池の枝路に流れる電流 I_a が求まれば

$$R = \frac{18}{I_a}\ [\Omega]$$

で得られる．

I_a を求めるため，ループ電流法を用いる．ループ電流 I_a, I_b, I_c を図 (a) のように仮定し，電圧則を適用すると

(a)

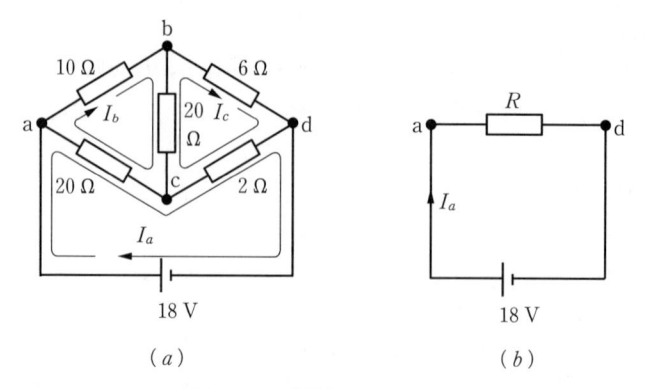

(b)

図 2.40　例題 2.17 の回路

$$\begin{cases} 20(I_a - I_b) + 2(I_a - I_c) = 18 \\ 10I_b + 20(I_b - I_c) + 20(I_b - I_a) = 0 \\ 6I_c + 2(I_c - I_a) + 20(I_c - I_b) = 0 \end{cases}$$

整理して

$$\begin{cases} 22I_a - 20I_b - 2I_c = 18 \\ -20I_a + 50I_b - 20I_c = 0 \\ -2I_a - 20I_b + 28I_c = 0 \end{cases}$$

この連立方程式の各係数は，それぞれループ内抵抗の総和および二つのループに共通な抵抗となっているから，正しい方程式である．連立方程式を解いて

(a)

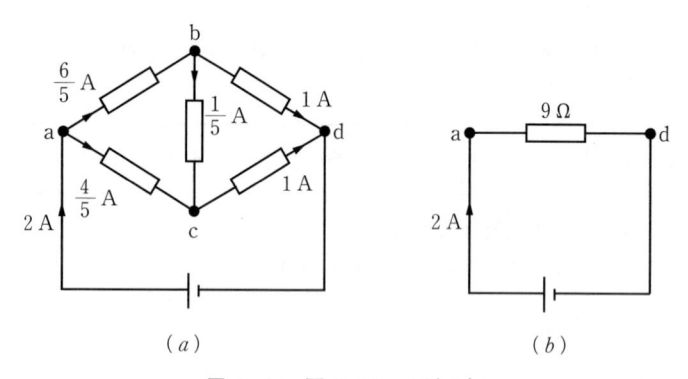

(b)

図 2.41　図 2.40 の回路の解

$I_a = 2\,\mathrm{A}, \quad I_b = \dfrac{6}{5}\,\mathrm{A}, \quad I_c = 1\,\mathrm{A}$

を得る．よって求める合成抵抗は

$$R = \dfrac{18}{2} = 9\,\Omega$$

となる．こうして得られた各部の電流等の結果を図 2.41 に示す． ◇

例題 2.18　図 $2.42\,(a)$ の回路において，回路の合成抵抗および各抵抗に流れる電流を求めなさい．

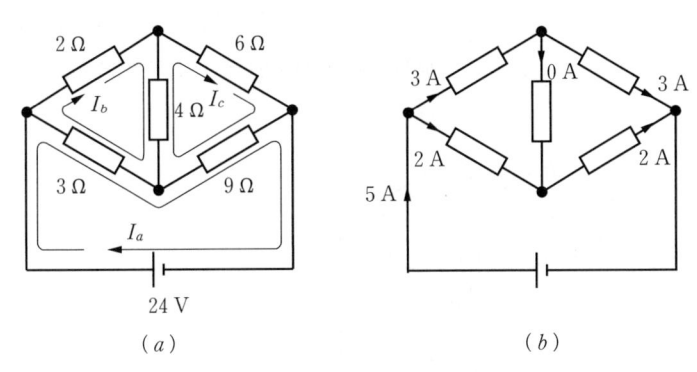

図 2.42　例題 2.18 の回路

【解】　図 (a) のようにループ電流 I_a，I_b，I_c を仮定し，電圧則を適用し整理すると，つぎのようになる．

$$\begin{cases} 12I_a - 3I_b - 9I_c = 24 & (1) \\ -3I_a + 9I_b - 4I_c = 0 & (2) \\ -9I_a - 4I_b + 19I_c = 0 & (3) \end{cases}$$

式 (1) より

$$I_b = 4I_a - 3I_c - 8 \tag{4}$$

であるので，これを式 (2) および式 (3) に代入し，整理すると

$$\begin{cases} 33I_a - 31I_c = 72 & (5) \\ -25I_a + 31I_c = -32 & (6) \end{cases}$$

両式より

$$I_a = 5\,\mathrm{A}, \qquad I_c = 3\,\mathrm{A}$$

を得る．さらに，式 (4) より

$I_b = 3$ A

となる．したがって，回路に流れる電流は図 (b) のようになる．また，合成抵抗は，つぎのようになる．

$$R = \frac{24}{5} \, \Omega$$

◇

2.2.3 ブリッジ回路

例題 2.17 および例題 2.18 で扱った回路を**図 2.43** に示す．このような回路は抵抗 R_1，R_2 および R_3，R_4 の直列部の中点 b，c を抵抗 R_5 で橋渡しした形になっているので**ブリッジ回路**（bridge circuit）と呼ばれる．

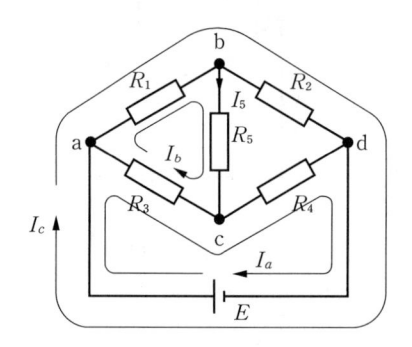

図 2.43 ブリッジ回路

ブリッジ回路は抵抗の測定などに用いられる．いま，この回路の ad 間に E 〔V〕の電圧を加えたとき，点 b と点 c の間の電位差 V_{bc} を **2.2.2** 項のループ電流法を用いて求めてみよう．

まず，図のようにループ電流 I_a，I_b，I_c を仮定する．前に述べたようにループのとり方はいろいろあるが，できるだけ方程式が簡単になるように選ぶと便利である．つぎに各ループに沿ってキルヒホッフの電圧則を適用する．

$$R_3(I_a - I_b) + R_4 I_a = E \tag{2.92a}$$

$$R_1(I_b + I_c) + R_5 I_b + R_3(I_b - I_a) = 0 \tag{2.92b}$$

$$R_1(I_c + I_b) + R_2 I_c = E \tag{2.92c}$$

整理して次式を得る．

$$\begin{cases} (R_3 + R_4)I_a \quad\quad - R_3 I_b \quad\quad\quad\quad = E & (2.93a) \\ -R_3 I_a + (R_1 + R_3 + R_5)I_b \quad\quad + R_1 I_c = 0 & (2.93b) \\ \quad\quad\quad\quad\quad\quad R_1 I_b + (R_1 + R_2)I_c = E & (2.93c) \end{cases}$$

これらの方程式を解いて，各ループ電流はつぎのようになる。

$$I_a = \frac{(R_1 R_2 + R_2 R_3 + R_1 R_5 + R_2 R_5)}{R_1 R_2 (R_3 + R_4) + (R_1 + R_2) R_3 R_4 + (R_1 + R_2)(R_3 + R_4) R_5} E$$
$$(2.94)$$

$$I_b = \frac{(R_2 R_3 - R_1 R_4)}{R_1 R_2 (R_3 + R_4) + (R_1 + R_2) R_3 R_4 + (R_1 + R_2)(R_3 + R_4) R_5} E$$
$$(2.95)$$

$$I_c = \frac{(R_1 R_4 + R_3 R_4 + R_3 R_5 + R_4 R_5)}{R_1 R_2 (R_3 + R_4) + (R_1 + R_2) R_3 R_4 + (R_1 + R_2)(R_3 + R_4) R_5} E$$
$$(2.96)$$

ここで，点 b と点 c の間の電位差 V_{bc} を求めると

$$V_{bc} = R_5 I_5 = R_5 I_b$$
$$= \frac{R_5 (R_2 R_3 - R_1 R_4)}{R_1 R_2 (R_3 + R_4) + (R_1 + R_2) R_3 R_4 + (R_1 + R_2)(R_3 + R_4) R_5} E$$
$$(2.97)$$

となる。また，回路の合成抵抗はつぎのようになる。

$$R = \frac{E}{I_a + I_c}$$
$$= \frac{R_1 R_2 (R_3 + R_4) + (R_1 + R_2) R_3 R_4 + (R_1 + R_2)(R_3 + R_4) R_5}{(R_1 + R_3)(R_2 + R_4) + (R_1 + R_2 + R_3 + R_4) R_5}$$
$$(2.98)$$

つぎに，点 b と点 c の電位差が零となる条件を求めてみよう。それは式 (2.97) において $V_{bc} = 0$ より，ただちに

$$R_2 R_3 = R_1 R_4 \quad\quad\quad\quad\quad\quad\quad\quad\quad\quad (2.99)$$

の関係が得られる。これを**ブリッジの平衡条件** (balance condition) という。

例題 2.19 図 2.44 のブリッジ回路において，未知抵抗 R_x を図のように接続し，可変抵抗 R の値を変化させて，点 b と点 c の間の電位差を調べたら $R = 4\,\mathrm{k\Omega}$ のとき，$V_{bc} = 0$ となった。R_x の値はいくらか。

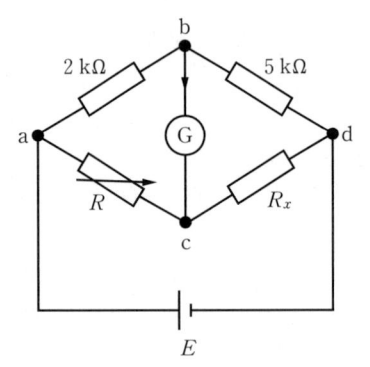

図 2.44 ホイートストン・ブリッジの原理

【解】 $V_{bc} = 0$ のとき，$(2 \times 10^3)R_x = (5 \times 10^3)(4 \times 10^3)$ の関係が成り立ち

$$R_x = \frac{5 \times 10^3 \times 4 \times 10^3}{2 \times 10^3} = 10 \times 10^3\,\Omega = 10\,\mathrm{k\Omega}$$

となる。この原理を抵抗測定に応用したものが**ホイートストン・ブリッジ**（Wheatstone bridge）である。 ◇

つぎに，電位差が零となるときの性質について調べてみよう。図 2.45 (a) はブリッジ回路である。この回路では，2×9＝3×6 の平衡条件が成り立っており，したがって $V_{bc} = 0$ となっている。

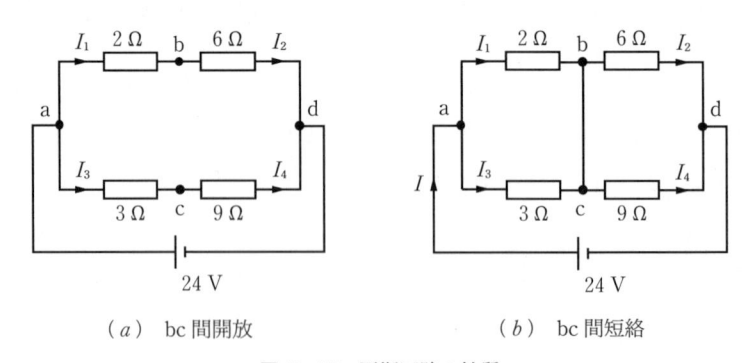

(a) bc 間開放　　　(b) bc 間短絡

図 2.45 平衡回路の性質

いま、この回路の合成抵抗 R および各抵抗に流れる電流を求めると

$$R = \frac{8 \times 12}{8 + 12} = \frac{24}{5} \, \Omega, \quad I_1 = I_2 = \frac{24}{8} = 3 \, \text{A}, \quad I_3 = I_4 = \frac{24}{12} = 2 \, \text{A}$$

となる。

つぎに、図 (b) のように bc 間を導線で結んだ回路の合成抵抗および各抵抗に流れる電流を求めてみる。まず、合成抵抗 R および回路全体に流れる電流 I は

$$R = \frac{2 \times 3}{2 + 3} + \frac{6 \times 9}{6 + 9} = \frac{24}{5} \, \Omega, \quad I = \frac{24}{R} = 5 \, \text{A}$$

となる。したがって、各抵抗に流れる電流は分流の関係を用いて

$$I_1 = \frac{3}{3 + 2} I = 3 \, \text{A}, \quad I_2 = \frac{9}{6 + 9} I = 3 \, \text{A}$$

$$I_3 = \frac{2}{3 + 2} I = 2 \, \text{A}, \quad I_4 = \frac{6}{6 + 9} I = 2 \, \text{A}$$

となり、図 (a) の結果と同じになる。

このように、電位差が零となる 2 点、すなわち**同じ電位の 2 点を導線で結んでも回路の電圧や電流には影響を及ぼさない**ことがわかる。

ここで例題 2.18 を思い出してみよう。この例題の結果（図 2.42 参照）において、$4 \, \Omega$ の抵抗に流れる電流は零であった。これはどうしてであろうか。実は、図 2.42 (a) の回路は図 2.45 (a) で示した平衡条件が成り立っているときのブリッジ回路の bc 間に $4 \, \Omega$ の抵抗を接続したものとなっている。図 2.45 (a) の回路において、bc 間の電位差は零であった。すなわち、電位差が零の 2 点間に抵抗を接続しても電流が流れないのは当然であろう。これより、**抵抗の両端の電位が等しいと電流は流れず、その抵抗を取り去っても回路にはなんら影響を及ぼさない**ことがわかる。

2.2.4 重 ね の 理

$2.2.3$ 項で述べたキルヒホッフの法則は万能の回路解法であり、原理的にはどのような複雑な回路であってもこの法則を用いれば解くことができる。し

かし，目的によっては本項で述べる重ねの理や次項で述べるテブナンの定理で解析したほうが便利な場合がある。

初めに，**重ねの理**（principle of superposition）を最も簡単な回路で説明しよう。いま，図 2.46 (a) のような回路において，電流 I を求めると

$$I = \frac{E_1 - E_2}{R} = \frac{E_1}{R} - \frac{E_2}{R} \qquad (2.100)$$

となる。この式の第1項は，回路に E_1 のみが存在し，$E_2 = 0$ すなわち E_2 の部分を単に導線で置き換えた図 (b) の回路の電流であり，第2項は，E_2 のみが存在し，E_1 の部分を導線で置き換えた図 (c) の電流である。すなわち，図 (a) の電流 I は図 (b) の電流と図 (c) の電流の代数和で得られることになる。図 (b) の回路と図 (c) の回路を重ね合わせて図 (a) の回路になると考えるのである。

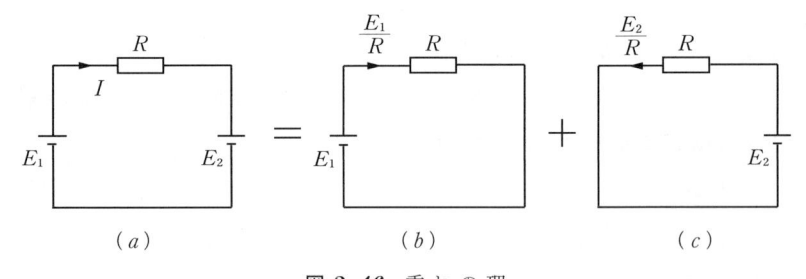

図 2.46 重ねの理

以上が重ねの理の簡単な説明であるが，正しくは以下のように表現される。
「複数の電源を含む回路網中の任意の枝路の電流や任意の2点間の電位差は，それぞれの電源が単独に存在する場合の電流，電位差の代数和に等しい」。

重ねの理を用いると，前節で述べたオームの法則による直列，並列，直並列回路の計算だけで解くことができ，キルヒホッフの法則のように連立方程式を解く必要がない。

$2.2.2$ 項の例題 2.16 で示した図 2.47 (a) の回路の電流を重ねの理を用いて求めてみよう。ここではさらに ab 間の電圧も求める。

重ねの理を適用する場合，取り除く電源部は短絡して考えればよい。それに

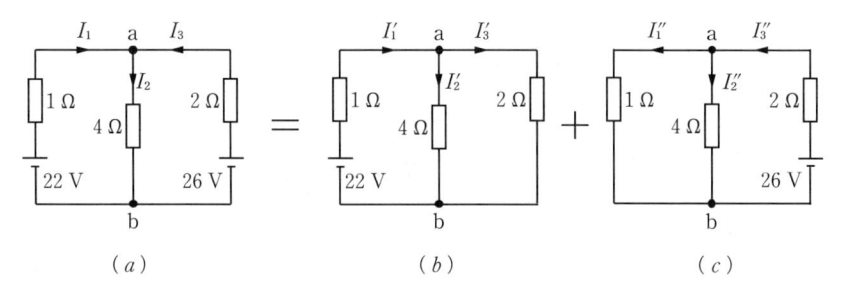

図 2.47 重ねの理の適用例

従い，図 (a) の回路をそれぞれの電源が単独で存在する回路に分けると，図 (b) および図 (c) のようになる。

図 (b)，(c) の回路の電流や電圧は容易に解くことができ，結果はそれぞれつぎのようになる。

$$I_1' = \frac{66}{7}\,\text{A}, \quad I_2' = \frac{22}{7}\,\text{A}, \quad I_3' = \frac{44}{7}\,\text{A}, \quad V_{ab}' = \frac{88}{7}\,\text{V}$$

$$I_1'' = \frac{52}{7}\,\text{A}, \quad I_2'' = \frac{13}{7}\,\text{A}, \quad I_3'' = \frac{65}{7}\,\text{A}, \quad V_{ab}'' = \frac{52}{7}\,\text{V}$$

これらの結果を向きを考えて重ね合わせ，図 (a) の電流，電圧は

$$I_1 = I_1' - I_1'' = \frac{66}{7} - \frac{52}{7} = \frac{14}{7} = 2\,\text{A}$$

$$I_2 = I_2' + I_2'' = \frac{22}{7} + \frac{13}{7} = \frac{35}{7} = 5\,\text{A}$$

$$I_3 = -I_3' + I_3'' = -\frac{44}{7} + \frac{65}{7} = \frac{21}{7} = 3\,\text{A}$$

$$V_{ab} = V_{ab}' + V_{ab}'' = \frac{88}{7} + \frac{52}{7} = \frac{140}{7} = 20\,\text{V}$$

となる。なお，**電流，電圧を計算する際には向きに十分注意する必要がある。**

以上のように，重ねの理を用いて回路の電流や電圧を求めることができる。しかし，重ねの理は電流や電位差には適用できるが，電力には適用できないことに注意しなければならない。図 **2.46** (a) の回路でそれを見てみよう。図 (a) の回路で，抵抗 R で消費する電力 P は

となる。図 (b), (c) の電力を P', P'' とすると

$$P = RI^2 = R\left(\frac{E_1 - E_2}{R}\right)^2 = \frac{(E_1 - E_2)^2}{R} \tag{2.101}$$

となる。図 (b), (c) の電力を P', P'' とすると

$$P' = R\left(\frac{E_1}{R}\right)^2 = \frac{E_1^2}{R}, \quad P'' = R\left(\frac{E_2}{R}\right)^2 = \frac{E_2^2}{R} \tag{2.102}$$

となり，明らかに

$$P \neq P' + P'' \tag{2.103}$$

である。

例題 2.20 図 2.48 (a) の回路の電流および，ab 間の電圧を求めなさい。

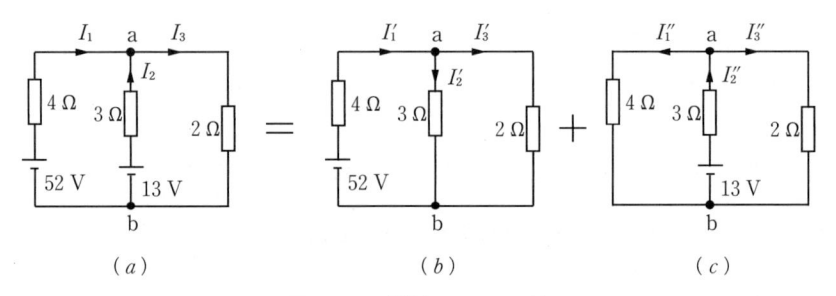

図 2.48 例題 2.20 の回路

【解】 図 (b), (c) の回路より

$I_1' = 10\,\mathrm{A}, \quad I_2' = 4\,\mathrm{A}, \quad I_3' = 6\,\mathrm{A}, \quad V_{ab}' = 6 \times 2 = 12\,\mathrm{V}$

$I_1'' = 1\,\mathrm{A}, \quad I_2'' = 3\,\mathrm{A}, \quad I_3'' = 2\,\mathrm{A}, \quad V_{ab}'' = 2 \times 2 = 4\,\mathrm{V}$

よって，図 (a) の回路の電流，電圧は

$I_1 = I_1' - I_1'' = 9\,\mathrm{A}, \quad I_2 = -I_2' + I_2'' = -1\,\mathrm{A}$

$I_3 = I_3' + I_3'' = 8\,\mathrm{A}, \quad V_{ab} = V_{ab}' + V_{ab}'' = 16\,\mathrm{V}$

これらの結果において，I_2 は負となっているので，実際に流れる電流は図 (a) の回路において仮定した向きとは逆になる。 ◇

2.2.5 テブナンの定理

回路解析の重要な手法の一つにテブナンの定理がある。それを説明する前

に，まず，図 2.49 の回路において R_L に流れる電流を求めてみよう．この電流は，これまで述べた手法で容易に得ることができ，つぎのようになる．

$$I = \frac{R_2}{R_L(R_1 + R_2) + R_1 R_2} E \qquad (2.104)$$

いま，上式の分母，分子を $R_1 + R_2$ で割り変形すると

$$I = \frac{\dfrac{R_2 E}{R_1 + R_2}}{R_L + \dfrac{R_1 R_2}{R_1 + R_2}} \qquad (2.105)$$

となる．

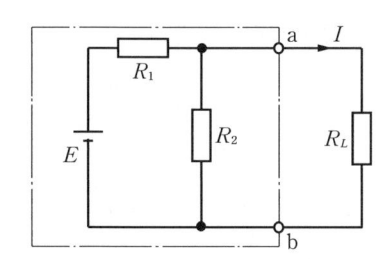

図 2.49 テブナンの定理の説明図（1）

ここで，式 (2.105) 中の分子の $R_2 E/(R_1 + R_2)$ および分母中の $R_1 R_2/(R_1 + R_2)$ はそれぞれ，つぎの値を示している．まず，$R_2 E/(R_1 + R_2)$ であるが，これは図の回路において ab 端から R_L を切り離した場合の ab 間の電圧 V_0 である（図 2.50（a）参照）．また，$R_1 R_2/(R_1 + R_2)$ は電源を短絡し，ab 端より R_L を切り離したときの ab 端から見た抵抗 R_0 である（図（b）参照）．

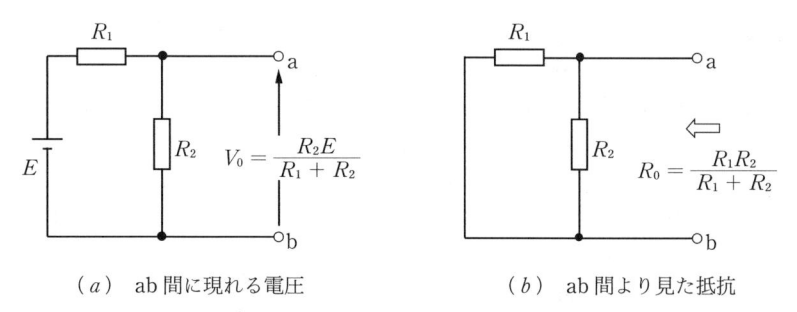

（a） ab 間に現れる電圧　　　　（b） ab 間より見た抵抗

図 2.50 テブナンの定理の説明図（2）

106   2. 直流回路

これらの V_0, R_0 を用いて式 (2.105) を書くと

$$I = \frac{V_0}{R_L + R_0} \qquad (2.106)$$

となる。

以上のことは、一般の回路についても成立し、図 2.51 (a) に示すように「**ある回路網中の任意の2端子 ab で R_L を切り離したときの ab 間の電圧が V_0 であり、端子 ab から回路網を見た合成抵抗が R_0 であるとき、R_L に流れる電流は式 (2.106) で与えられる。ただし、R_0 を求める際、電圧源は短絡する**」。

これを**テブナンの定理**（Thévenin's theorem）という。

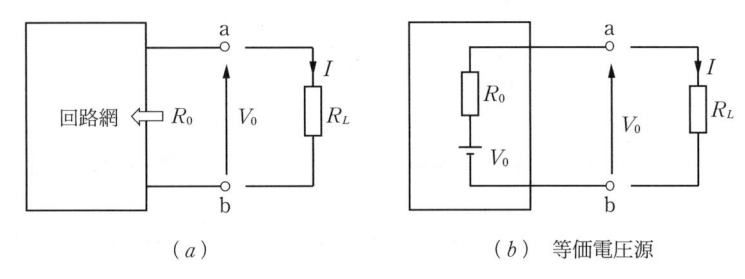

図 2.51　テブナンの定理

式 (2.106) の関係を電気回路で表すと、図 (b) の回路と等価になる。これはすなわち、電源を含む複雑な回路網を、内部抵抗 R_0 をもつ起電力 V_0 の電圧源とみなしていることになる。したがって、テブナンの定理は**等価電圧源の定理**とも呼ばれている。

例題 2.21　図 2.48 (a) に示した回路において、$2\,\Omega$ の抵抗に流れる電流をテブナンの定理を用いて求めなさい。

【解】　$2\,\Omega$ の抵抗を切り離した回路を図 2.52 (a) に示す。この回路に流れる電流 I_0 は

$$I_0 = \frac{52 - 13}{4 + 3} = \frac{39}{7}\,\text{A}$$

である。よって、ab 間の電圧 V_0 はつぎのようになる。

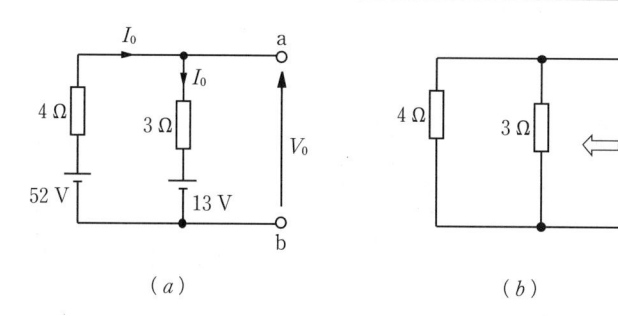

図 2.52　図 2.48 (a) の回路のテブナンの定理による解法

$$V_0 = 13 + 3 \times \frac{39}{7} = \frac{208}{7} \text{ V}$$

また，ab 間から見た抵抗 R_0 は，電源部を短絡した図 2.52 (b) の回路より

$$R_0 = \frac{4 \times 3}{4 + 3} = \frac{12}{7} \text{ Ω}$$

となる．テブナンの定理により，2 Ω の抵抗を ab 端に接続したとき流れる電流は

$$I = \frac{\frac{208}{7}}{2 + \frac{12}{7}} = \frac{208}{26} = 8 \text{ A}$$

となり，重ねの理から得た結果と一致する． ◇

例題 2.22　図 2.43 のブリッジ回路において，R_5 の抵抗に流れる電流をテブナンの定理を用いて求めなさい．

【解】　図 2.43 の回路において R_5 を取り去った回路を図 2.53 (a) に示す．この回路の点 b と点 c の間の電位差 V_0 は 2.2.1 項で述べた電位，電位差の考え方を用いて容易に求めることができる．

まず，R_1，R_2 の直列抵抗部に流れる電流 I_1 および R_3，R_4 の抵抗を流れる電流 I_3 は

$$I_1 = \frac{E}{R_1 + R_2}, \quad I_3 = \frac{E}{R_3 + R_4}$$

となる．つぎに，点 b の電位 V_b と点 d の電位 V_d を比較すると，V_b は V_d より $R_2 I_1$ [V] 高いので

$$V_b = V_d + R_2 I_1 = V_d + \frac{R_2 E}{R_1 + R_2}$$

同様に，点 c の電位 V_c は V_d より $R_4 I_3$ [V] 高いので

(a)　　　　　　　　　　　　(b)

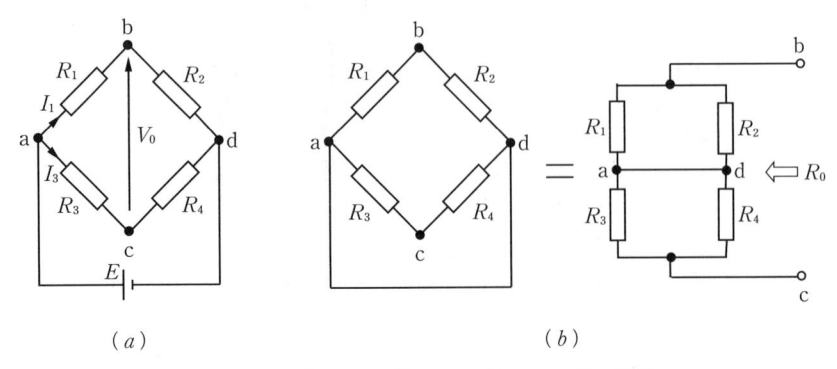

図 2.53　ブリッジ回路へのテブナンの定理の適用

$$V_c = V_d + R_4 I_3 = V_d + \frac{R_4 E}{R_3 + R_4}$$

となる。したがって，点 b と点 c の電位差 V_0 は，つぎのようになる。

$$V_0 = V_b - V_c = \frac{R_2 R_3 - R_1 R_4}{(R_1 + R_2)(R_3 + R_4)} E$$

つぎに，電源を短絡し，端子 bc から見た抵抗 R_0 は，図 (b) から

$$R_0 = \frac{R_1 R_2}{R_1 + R_2} + \frac{R_3 R_4}{R_3 + R_4}$$

となる。こうして，求める R_5 に流れる電流は

$$I_5 = \frac{V_0}{R_5 + R_0}$$
$$= \frac{(R_2 R_3 - R_1 R_4)}{R_1 R_2 (R_3 + R_4) + (R_1 + R_2) R_3 R_4 + (R_1 + R_2)(R_3 + R_4) R_5} E$$

となり，前にキルヒホッフの法則を用いて求めた式 (2.95) と一致する。導出過程を見てわかるように，この場合は，キルヒホッフの法則を用いて求めるより，テブナンの定理を用いるほうが簡単である。　　　　　　　　　　　　　　　　◇

2.2.6　Δ-Y 変換

$2.2.2$ 項の例題 2.17 で示した図 2.40 の回路を図 $2.54\,(a)$ に再記する。例題 2.17 では，キルヒホッフの法則を用いて回路の電流や合成抵抗を求めた。ここでは，別の手法でこの問題を解くことを考える。

図 (a) の回路を見ると，回路中に Δ（デルタと読む）の形をした部分が二

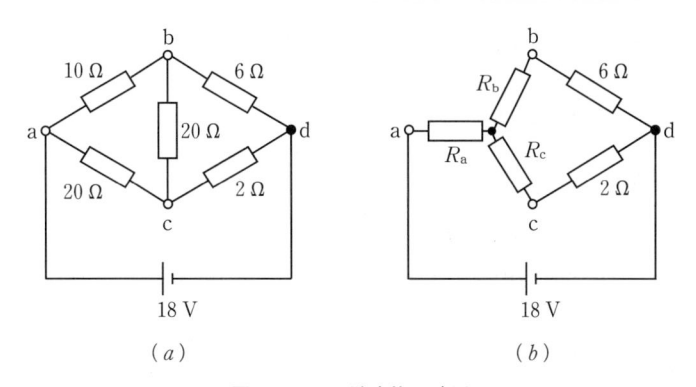

図 2.54 回路変換の適用

つ存在する（10Ω，20Ω，20Ωの部分と6Ω，2Ω，20Ωの部分）．いま，これらのΔの形をした部分の一方を図 (b) の R_a，R_b，R_c のように Y（スターと読む）形に変換できたら，回路計算は非常に簡単になるであろう．また，回路によっては，Y 型をΔ型に変換すると便利な場合もある．これを可能にするのが **Δ-Y 変換** とよばれるもので，回路解析の有効な一手法である．つぎにその変換法を示そう．

図 2.55 (a) に R_{ab}，R_{bc}，R_{ca} の三つの抵抗がΔ接続された回路を示す．いま，これと等価な図 (b) の Y 接続の抵抗 R_a，R_b，R_c を求めてみよう．

図 (a) と図 (b) の回路が等価であるとすると，それぞれの回路で，ab 端子間の抵抗，bc 端子間の抵抗，および ca 端子間の抵抗は等しくならなければ

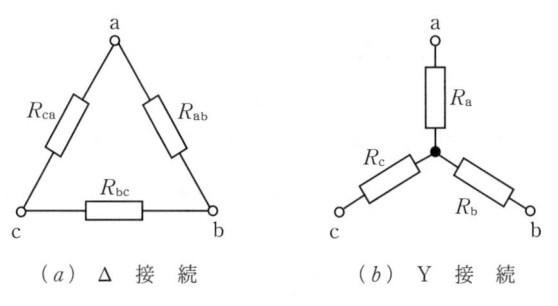

図 2.55 Δ-Y 変換

ならない。図 (a) の回路において，それらはつぎのようになる。

$$R_{ab}(\Delta) = \frac{R_{ab}(R_{bc} + R_{ca})}{R_{ab} + R_{bc} + R_{ca}} \qquad (2.107a)$$

$$R_{bc}(\Delta) = \frac{R_{bc}(R_{ca} + R_{ab})}{R_{ab} + R_{bc} + R_{ca}} \qquad (2.107b)$$

$$R_{ca}(\Delta) = \frac{R_{ca}(R_{ab} + R_{bc})}{R_{ab} + R_{bc} + R_{ca}} \qquad (2.107c)$$

一方，図 (b) の回路においては

$$R_{ab}(Y) = R_a + R_b \qquad (2.108a)$$

$$R_{bc}(Y) = R_b + R_c \qquad (2.108b)$$

$$R_{ca}(Y) = R_c + R_a \qquad (2.108c)$$

となる。二つの回路が等価であるための条件

$$R_{ab}(\Delta) = R_{ab}(Y), \quad R_{bc}(\Delta) = R_{bc}(Y), \quad R_{ca}(\Delta) = R_{ca}(Y) \quad (2.109)$$

より，R_a, R_b, R_c を求めると

$$R_a = \frac{R_{ab} R_{ca}}{R_{ab} + R_{bc} + R_{ca}} \qquad (2.110a)$$

$$R_b = \frac{R_{bc} R_{ab}}{R_{ab} + R_{bc} + R_{ca}} \qquad (2.110b)$$

$$R_c = \frac{R_{ca} R_{bc}}{R_{ab} + R_{bc} + R_{ca}} \qquad (2.110c)$$

となる。

図 2.55 (a) の回路において，$R_{ab} = R_{bc} = R_{ca}(= R)$ の場合は，図 (b) の各抵抗は $R_a = R_b = R_c = R/3$ となる。

式 (2.110) の Δ 接続から Y 接続への変換は，つぎのように覚えるとよい。
「Y 接続の一つの端子（例 a 端子）につながる抵抗（R_a）は，Δ 接続のその端子（a）をはさむ二つの抵抗（R_{ab} と R_{ca}）の積を三つの抵抗の和（$R_{ab} + R_{bc} + R_{ca}$）で割ったものとなる」。

以上は，Δ 接続から Y 接続への変換について述べたが，その逆も容易に求めることができる。Y から Δ への変換は

$$R_{ab} = \frac{R_a R_b + R_b R_c + R_c R_a}{R_c} \tag{2.111a}$$

$$R_{bc} = \frac{R_a R_b + R_b R_c + R_c R_a}{R_a} \tag{2.111b}$$

$$R_{ca} = \frac{R_a R_b + R_b R_c + R_c R_a}{R_b} \tag{2.111c}$$

となる。$R_a = R_b = R_c (= R)$ の場合は，$R_{ab} = R_{bc} = R_{ca} = 3R$ となる。

さて，ここで図 $2.54(a)$ の回路の電流，合成抵抗を Δ-Y 変換を用いて求めてみよう。まず，図 $2.54(b)$ のように回路を変換し，各抵抗を求めると

$$R_a = \frac{10 \times 20}{10 + 20 + 20} = \frac{200}{50} = 4\,\Omega, \quad R_b = \frac{20 \times 10}{50} = 4\,\Omega,$$

$$R_c = \frac{20 \times 20}{50} = 8\,\Omega$$

となる。図 $2.54(b)$ の回路は図 2.56 のように書くことができる。

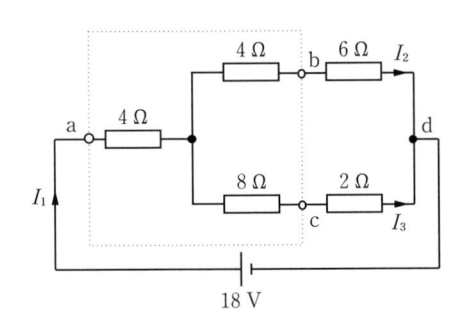

図 2.56 図 $2.54(a)$ の回路の変換

この回路の合成抵抗は容易に求まり

$$R = 4 + \frac{(4+6) \times (8+2)}{4+6+8+2} = 4 + 5 = 9\,\Omega$$

となる。また，電源に流れる電流 I_1 は

$$I_1 = \frac{18}{9} = 2\,\text{A}$$

であるので，$6\,\Omega$ の抵抗と $2\,\Omega$ の抵抗に流れる電流 I_2, I_3 はそれぞれ

$$I_2 = I_3 = 1\,\text{A}$$

となり，キルヒホッフの法則で求めた結果と一致する（**図 2.40** 参照）。

Δ-Y 変換を用いると合成抵抗の計算は容易であるが，電流は1回の変換ですべてが求まるわけではない。例えば，上の解法で，図 $2.54\,(a)$ の元の回路の電源の電流と $6\,\Omega$，$2\,\Omega$ の抵抗の電流は求められたが，$10\,\Omega$，$20\,\Omega$，$20\,\Omega$ の抵抗での電流は求められない。これを求めるには，図 $2.54\,(a)$ の回路において右側の Δ 部（$6\,\Omega$，$2\,\Omega$，$20\,\Omega$）を Y に変換して，同様の計算を行えばよい。

例題 2.23 図 2.43 のブリッジ回路の合成抵抗を求めなさい。

【解】 図 2.43 の回路を図 $2.57\,(a)$ に再記する。図 (b) のように図 (a) の R_1, R_3, R_5 の Δ 部を Y に変換すると

$$R_\mathrm{a} = \frac{R_1 R_3}{R_1 + R_3 + R_5}, \quad R_\mathrm{b} = \frac{R_5 R_1}{R_1 + R_3 + R_5}, \quad R_\mathrm{c} = \frac{R_3 R_5}{R_1 + R_3 + R_5}$$

となる。これらを用いて合成抵抗は

$$R = R_\mathrm{a} + \frac{(R_\mathrm{b} + R_2)(R_\mathrm{c} + R_4)}{R_\mathrm{b} + R_2 + R_\mathrm{c} + R_4}$$

$$= \frac{R_1 R_2 (R_3 + R_4) + (R_1 + R_2) R_3 R_4 + (R_1 + R_2)(R_3 + R_4) R_5}{(R_1 + R_3)(R_2 + R_4) + (R_1 + R_2 + R_3 + R_4) R_5}$$

となり，キルヒホッフの法則を用いて求めた式 (2.98) と一致する。 ◇

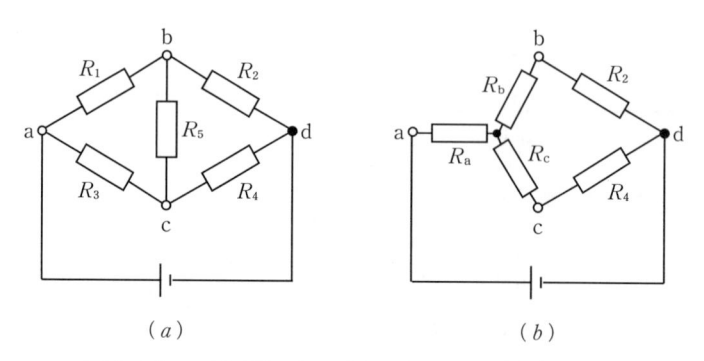

図 2.57 Δ-Y 変換によるブリッジ回路の合成抵抗の計算

2.2.7 対称性を利用した解法

一見複雑そうに見える回路でも，対称性を考えると簡単に解ける場合がある。そのいくつかの例を示そう。

図 2.58 (a) は r 〔Ω〕の抵抗を 12 個接続したものである．この回路を見ると aei を結ぶ線に関して対称であり，ceg を結ぶ線に関しても対称である．また，aei 間にある電圧を加えたとすると，それぞれ b と d は同電位，c，e，g は同電位，f と h も同電位になっていることは明らかである．

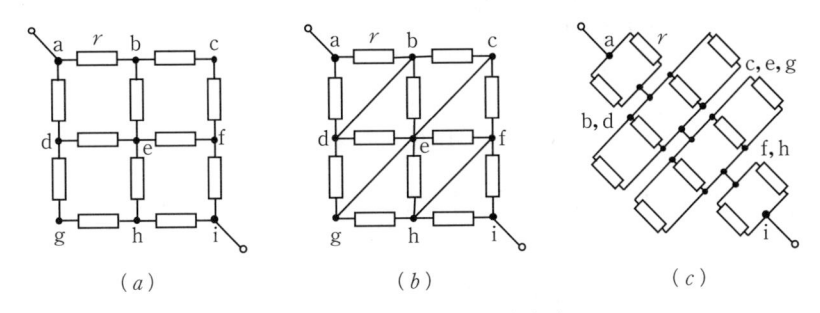

図 2.58 対称性のある回路（1）

ここで，2.2.3 項で述べた「電位の等しい 2 点を導線で結んでも回路には影響を及ぼさない」ことを思い出そう．この性質を用いると，図 (b) に示すように b，d の 2 点，c，e，g の 3 点，f，h の 2 点をそれぞれ導線で結ぶことができる．するとこの回路は図 (c) と同じであることがわかる．図 (c) の抵抗は簡単に求めることができ，ai 間の合成抵抗 R は

$$R = \frac{r}{2} + \frac{r}{4} + \frac{r}{4} + \frac{r}{2} = \frac{3}{2}r \qquad (2.112)$$

となる．また，各抵抗に流れる電流は，a 端から I〔A〕の電流が流れ込むとすると，ab 間および ad 間の抵抗には $I/2$ が，bc 間，be 間，de 間，dg 間の抵抗には，それぞれ $I/4$ の電流が流れることになる．他も同様である．

つぎに，図 2.59 (a) に示すように，電流が流出入する端子を d，f とし，df 間の合成抵抗等を求めてみよう．

この回路は，def を結ぶ線で対称であり，また，beh を結ぶ線でも対称である．df 間にある電圧を加えたとき同電位となる点は，それぞれ a と g の 2 点，b，e，h の 3 点および c と i の 2 点である．2.2.3 項で述べた「抵抗の両端の電位が等しいと電流は流れず，その抵抗をとり去っても回路には影響を及ぼ

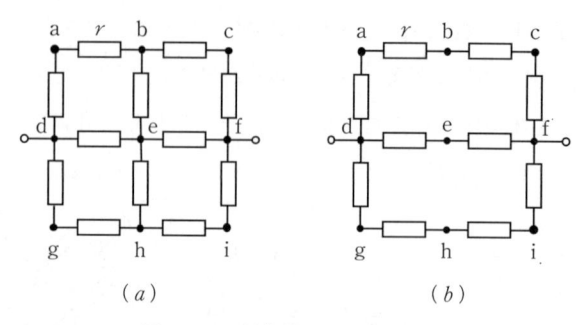

図 2.59 対称性のある回路（2）

さない」という性質を be 間，eh 間に適用すると，図 (a) の回路は図 (b) のように書くことができる。

これより，df 間の合成抵抗を R とすると

$$\frac{1}{R} = \frac{1}{4r} + \frac{1}{2r} + \frac{1}{4r}$$

となり，これより

$$R = r \tag{2.113}$$

となる。d 端から電流 I が流入すると，d→a→b→c→f および，d→g→h→i→f 上の抵抗には $I/4$ の電流がそれぞれ流れ，d→e→f 上の抵抗には $I/2$ の電流が流れることはただちに理解できるであろう。また be 間，eh 間の抵抗に電流は流れない。

以上は，平面上の回路について述べたが，回路には図 2.60 (a) に示すように立体的なものもある。図の回路は，抵抗 r の線 12 本で立方体を形成したものである。ah 間の合成抵抗と各辺に流れる電流を求めてみよう。

解き方にはいろいろな方法があるが，ここでは，回路を平面に展開する方法を用いてみる。図 (a) の回路において，a 点を中心として順次各点を平面に展開していくと，図 (b) のような回路になる。a 点を中心に 120° ずつ 3 分割するとまったく同じであり，この回路は回転対称となっている。それぞれの部分の回路を解析しても結果は得られるが，ここでは，同電位となっている点に着目する。明らかに b, c, d 点は同電位であり，また，e, f, g 点も同電位で

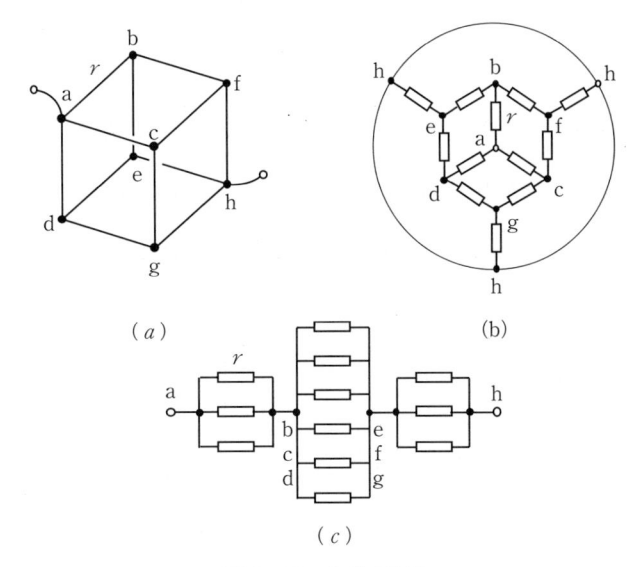

図 2.60　立 体 回 路

ある．前にも述べたように，これらの3点はそれぞれ導線で結んでも回路の状態は変わらないので，結局，図(b)の回路は図(c)と同じになる．

こうして，合成抵抗 R は図(c)より

$$R = \frac{r}{3} + \frac{r}{6} + \frac{r}{3} = \frac{5}{6}r \tag{2.114}$$

となる．各抵抗に流れる電流は，a から電流 I が流れ込むとすると，ab 間，ac 間，ad 間および eh 間，fh 間，gh 間の抵抗には $I/3$ が，また，bf 間，be 間，cf 間，cg 間，de 間，dg 間の抵抗には $I/6$ が流れる．

　以上，**2.2.1**項から**2.2.7**項まで種々の回路解析法を述べたが，これらは目的に応じて使い分けると便利である．章末問題に多くの例題を用意したので，一つの問題を一つの手法で解くだけでなく，いくつかの手法で解いてみると，目的に応じた使い分けができるようになる．

演習問題

【1】 ある導線の断面を2秒間に0.6Cの電荷が通過した。電流はいくらか。

【2】 ある導線の断面を10秒間に$25×10^{18}$個の電子が通過した。電流はいくらか。

【3】 問図 2.1 の回路において，ab間の合成抵抗は5Ωである。Rの値を求めなさい。

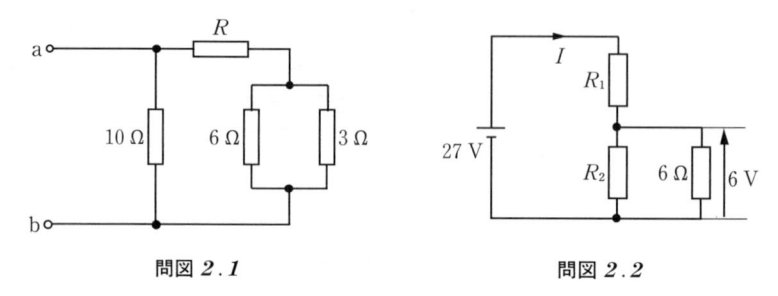

問図 2.1

問図 2.2

【4】 問図 2.2 の回路において，6Ωの抵抗の両端の電圧は6Vであり，また，$R_1 + R_2 = 10\Omega$である。R_1, R_2, I を求めなさい。

【5】 問図 2.3 の回路において I_0 を求めなさい。

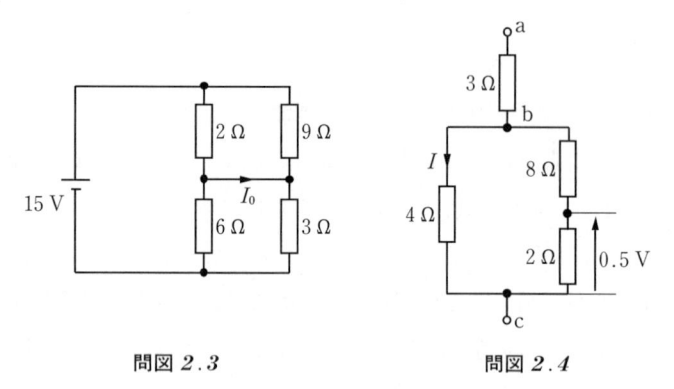

問図 2.3

問図 2.4

【6】 問図 2.4 の回路において，2Ωの端子電圧は0.5Vである。4Ωの抵抗に流れる電流Iおよびac間の電圧を求めなさい。

【7】 問図 2.5 の回路において，4Ωの抵抗には0.5Aの電流が流れている。12Ωの抵抗には，いくらの電流が流れているか。

問図 2.5　　　　　　　　問図 2.6

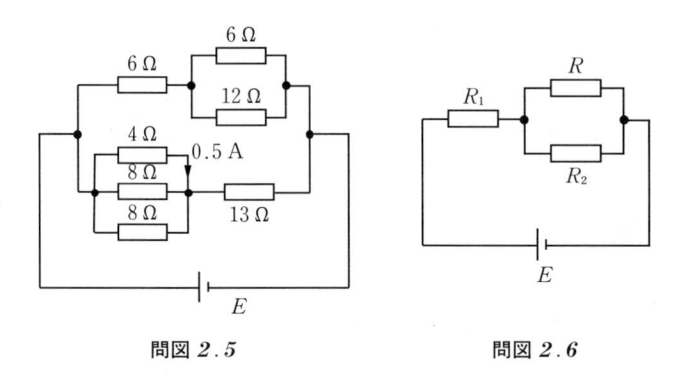

- 【8】 問図 2.6 の回路において，$R_1 = 90\,\Omega$，$R_2 = 6\,\Omega$ の場合と，$R_1 = 70\,\Omega$，$R_2 = 4\,\Omega$ の場合とで R に流れる電流は等しいという。R の値を求めなさい。

- 【9】 電源にある回路を接続し，電流を流した。電源から 2 A を供給しているとき，電源の端子電圧は 1.3 V であり，電流 3 A を供給しているときは 1.2 V であった。この電源の起電力および内部抵抗はいくらか。

- 【10】 $1\,\Omega$ の抵抗が 2 個ある。内部抵抗をもつ電池に抵抗 1 個を接続して，電池の端子電圧を測ったら 10 V であった。つぎに抵抗を 2 個直列にして電池の端子電圧を測定したら 12 V になった。抵抗 2 個を並列にして電池に接続したら電池の端子電圧はいくらになるか。

- 【11】 問図 2.7 の回路で，$5\,\Omega$ の抵抗で消費する電力が 20 W であるとき，抵抗 R はいくらになるか。

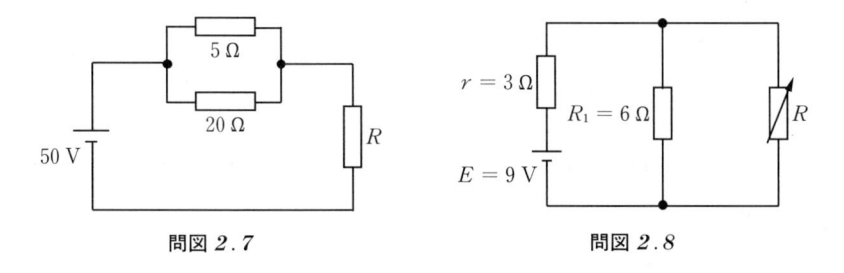

問図 2.7　　　　　　　　問図 2.8

- 【12】 問図 2.8 のような起電力 $E = 9\,\text{V}$，内部抵抗 $r = 3\,\Omega$ の電源に，固定抵抗 $R_1 = 6\,\Omega$ と可変抵抗 $R\,[\Omega]$ を並列に接続した回路において，R で消費する電力が最大となるのは R がいくらのときか。

【13】許容電力 1/4 W，抵抗値 10 kΩ の抵抗がある。この抵抗に流せる電流の最大値はいくらか。

【14】断面積 S〔m²〕，長さ l〔m〕の導線がある。この導線の長さを5等分し，5本を束にしたら抵抗はもとの何倍になるか。

【15】標準軟銅線の 30 ℃ における抵抗は 2.5 Ω であった。80 ℃ における抵抗はいくらになるか。

【16】問図 2.9 の回路において
$$V_{ae} = 50\text{ V}, \quad V_{cg} = 65\text{ V}, \quad V_{bd} = 25\text{ V}, \quad V_{df} = 30\text{ V}$$
である。R_1, R_2, R_3, R_4 はそれぞれいくらか。

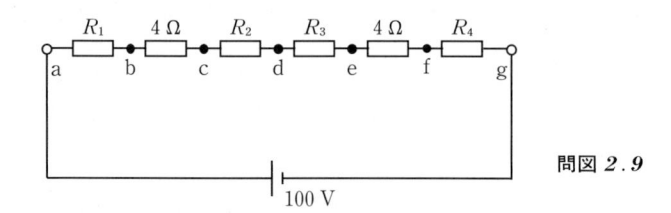

問図 2.9

【17】問図 2.10 の回路において点 B および点 A の電位はそれぞれいくらか。

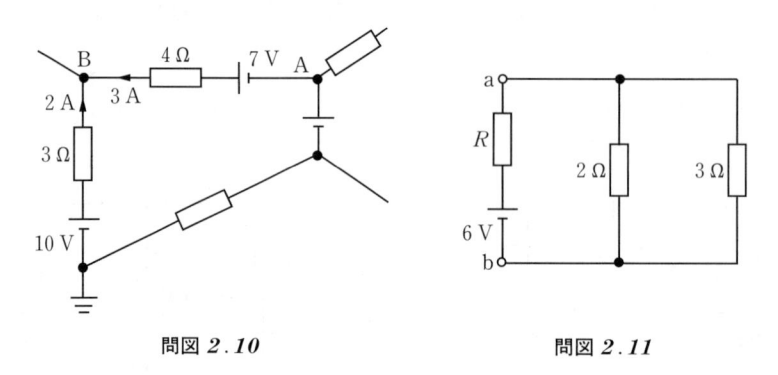

問図 2.10

問図 2.11

【18】問図 2.11 の回路において，点 b から見た点 a の電位は +3.6 V である。R の値を求めなさい。

【19】問図 2.12 の回路において，ab 間の電圧を求めなさい。

【20】問図 2.13 の回路において，各部に流れる電流を求めなさい。ただし，$E_1 > E_2$ とする。

問図 2.12

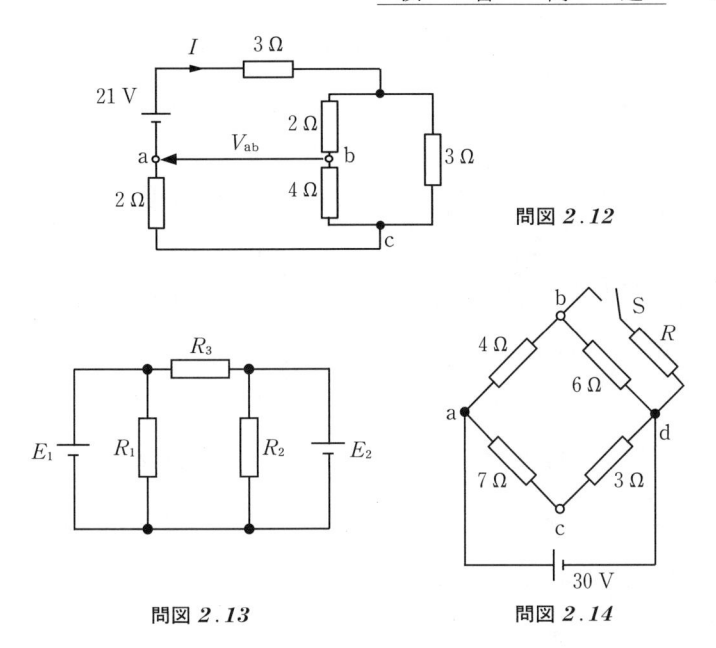

問図 2.13

問図 2.14

【21】 問図 2.14 の回路において，まず，スイッチ S を開いたときの bc 間の電圧を求めなさい。つぎに，スイッチ S を閉じたら bc 間の電圧は零になった。R の値はいくらか。

【22】 問図 2.15 の回路において各抵抗に流れる電流および ab 間の電圧を求めなさい。

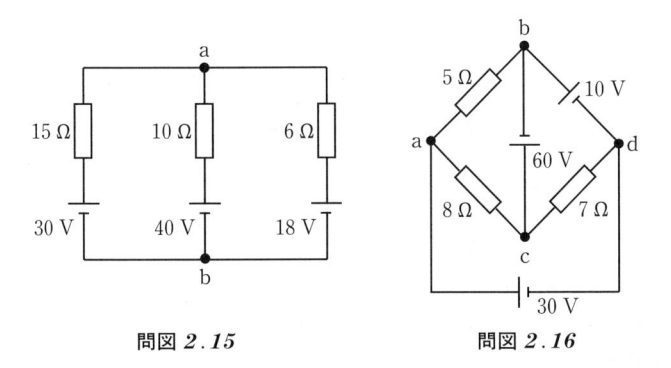

問図 2.15

問図 2.16

【23】 問図 2.16 の回路において，各枝路の電流を求めなさい。

【24】 問図 2.17 の回路において $R = 8\,\Omega$ の抵抗に流れる電流を求めなさい。

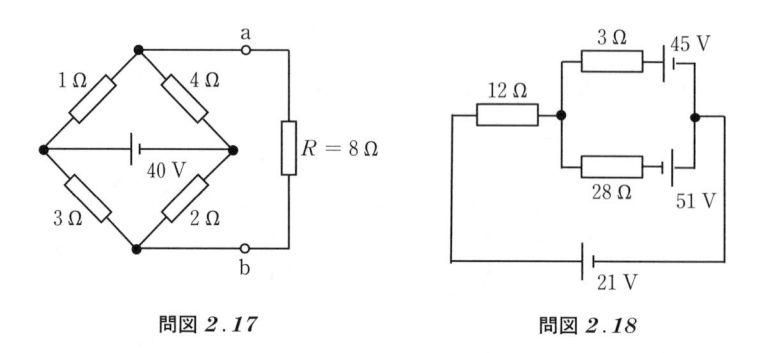

問図 2.17

問図 2.18

【25】 問図 2.18 の回路において，各枝路に流れる電流を求めなさい。

【26】 問図 2.19 の回路において，各枝路に流れる電流を求めなさい。

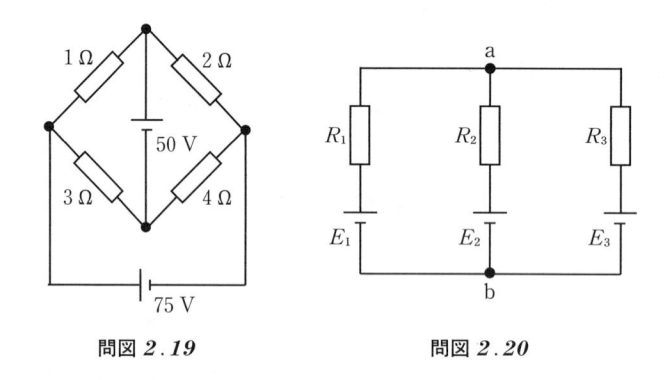

問図 2.19

問図 2.20

【27】 問図 2.20 の回路において，ab 間の電圧は

$$V_{ab} = \frac{\dfrac{E_1}{R_1} + \dfrac{E_2}{R_2} + \dfrac{E_3}{R_3}}{\dfrac{1}{R_1} + \dfrac{1}{R_2} + \dfrac{1}{R_3}}$$

となることを導きなさい。このように，電圧源と抵抗が直列になったものが，いくつか並列に接続されたときの端子電圧が上式のようになることを**ミルマンの定理**（Millman's theorem）という。

【28】 問図 2.21 の回路の各枝路の電流を重ねの理を用いて求めなさい。

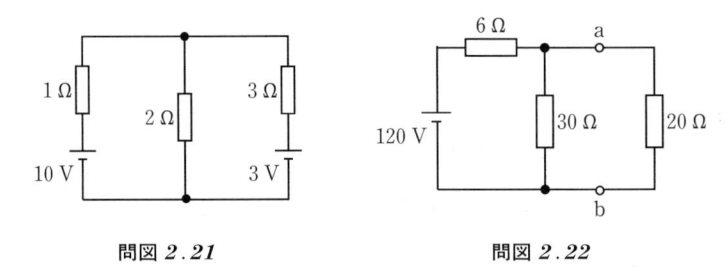

問図 2.21

問図 2.22

【29】 問図 2.22 の回路の $20\,\Omega$ の抵抗に流れる電流をテブナンの定理を用いて求めなさい。

【30】 問図 $2.23\,(a)$ の Δ 接続の回路と等価な図 (b) の Y 接続の各抵抗 R_a, R_b, R_c の値を求めなさい。

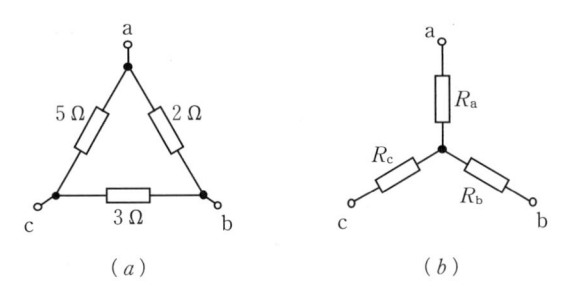

問図 2.23

【31】 問図 $2.24\,(a)$ の回路と等価な回路として，図 (b) および図 (c) のような二つの回路を考えた。R_a, R_b, R_c, および R_{ab}, R_{bc}, R_{ca} はそれぞれいくらか。

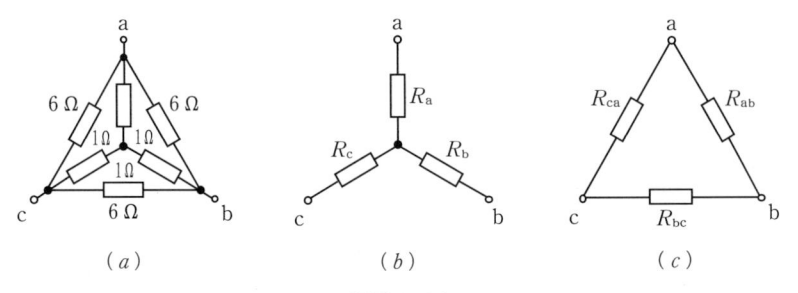

問図 2.24

【32】 問図 2.25 の回路において，ab 間の合成抵抗および右端の R に流れる電流 I を求めなさい。ただし，a 端に I_0 〔A〕の電流が流れ込むとする。

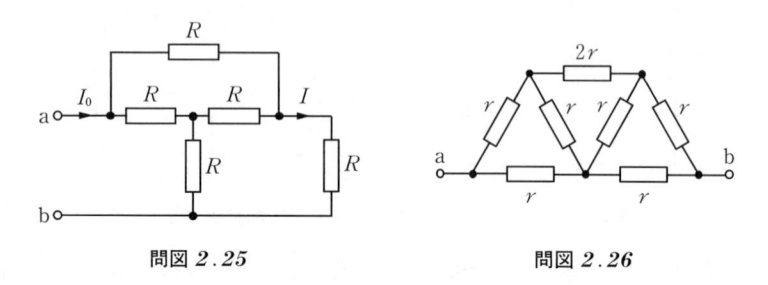

問図 2.25

問図 2.26

【33】 問図 2.26 の回路の ab 間の抵抗を求めなさい。

【34】 問図 2.27 のように抵抗 r 〔Ω〕の 12 本の導線からなる立方体の回路がある。AB 間の合成抵抗を求めなさい。

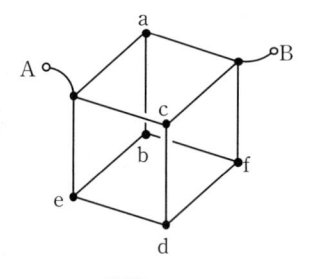

問図 2.27

3

真空中の静磁界

3.1 電流による磁界

　磁鉄鉱という天然の磁石が鉄片を引き付けることは紀元前から知られており，離れている磁石どうしの間にも力が働くため，静電気と同様に不思議な現象として興味をもたれていた。また，方位磁針が南北を指すことや磁石を二つに割っても二つの各片がどちらも磁石になるなど，磁石に関する現象は興味深いものが多いが，その本質が理解されたのは19世紀に入ってからのことであった。

　1820年，エルステッド（Oersted）は，**図 *3.1*** のように南北方向に張った導線の真下に方位磁針を置き，導線に電流を流すと方位磁針に導線と直角方向に回転する力が働くことを発見し，電流が磁石と同様な作用をすること（電流の磁気作用）を見いだした。

　このように，電流が流れている導線や磁石の近くに方位磁針を置くときに働く力を**磁気力**（magnetic force）と呼び，磁気力のもとになるものを**磁気**

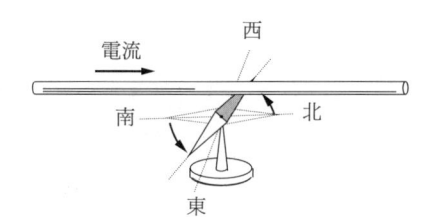

図 *3.1* エルステッドの実験

(magnetism) と呼ぶ。磁気力は電流が流れている導線や磁石の周りの空間の物理的な状態が変化したために発生したと考え，磁気力が働く空間を**磁界** (magnetic field) あるいは**磁場**という。

エルステッドによる電流の磁気作用の発見を契機に，つぎつぎと電気と磁気に関する重要な法則が発見され，それまで別の現象と見られていた電気と磁気を一緒に考えるようになり，今日の電磁気学が確立されていった。

現在では，磁石を含めて磁気の根源は電流であると考えられている。磁石などの物質中での磁界については5章で述べることにし，ここでは，真空中で電流と磁界の大きさが時間的に変化しない**静磁界** (static magnetic field) について述べることにする。

3.1.1 アンペアの右ねじの法則

図 3.2 に示すように，直線状導線あるいは円形コイルに電流を流し，その周りに方位磁針を置くと，方位磁針に働く力は位置によってその大きさと方向や向きが異なる。したがって，磁界の状態を表す量はベクトルとなる。図のように磁界の方向を方位磁針のS極とN極を結ぶ直線の方向とし，向きをS極からN極に向かう向きと定めると，磁界は電流が流れている導線を取り囲むように生じる。このとき，右ねじを電流に沿って置き，電流の向きにねじの進む向きを対応させると，磁界はねじの回転する向きになっている。逆に，右ね

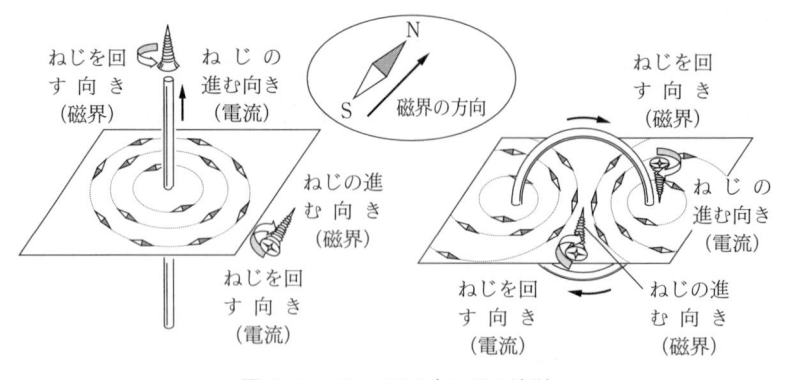

図 3.2 アンペアの右ねじの法則

じを回転させる向きに電流を対応させるとねじの進む向きに磁界が生じている。このような関係を**アンペアの右ねじの法則**（Ampère's right-handed screw rule）という。

磁界の状態を表す量としては，**磁束密度**（magnetic flux density）というベクトル量を用いる。磁束密度の単位は〔T〕（テスラ）を用いる。また，磁界の様子を表すのに**磁束線**（line of magnetic flux）という仮想的な線を考える。磁束線は，線上の各点での接線（磁束線に接するような直線）の方向を磁束密度の方向となるようにし，また磁束線に垂直な 1 m² 当りの平面を通る磁束線数を磁束密度の大きさとなるように定められたものである。なお，磁束線に矢印を付けて磁束密度の向きを表すようにしている。

磁束線の集まりを**磁束**（magnetic flux）といい，単位は〔Wb〕（ウェーバ）を用いる。例えば**図 3.3**に示すような磁束線があるとき，点 P で磁束線に垂直な微小な面積 ΔS〔m²〕を考え，ΔS を通る磁束を $\Delta\phi$〔Wb〕とすれば，点 P での磁束密度の大きさ B〔T〕はつぎのように表される。

$$B = \frac{\Delta\phi}{\Delta S} \quad \text{〔T〕} \tag{3.1}$$

式 (3.1) より，〔Wb/m²〕＝〔T〕の関係があることが理解できるであろう。

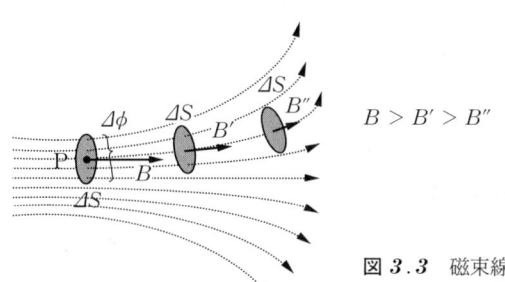

図 3.3 磁束線と磁束密度

図 **3.4** は，先に示した直線状導線に電流が流れた場合の磁束線の概略を描いたものである。磁束は電流を取り囲むように生じるので，一つの平面上に電流や磁束の向きを表すために，⊙や⊗のような記号を用いる。⊙印（ドット）は，電流が紙面に垂直で裏から表の向きに流れていることを示す記号であり，

126   3. 真空中の静磁界

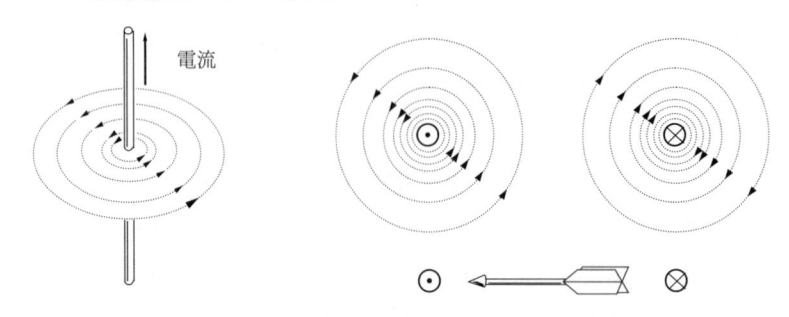

図 3.4　直線状導線に電流が流れているときの磁束線

⊗印（クロス）は紙面と垂直に表から裏に流れていることを示している。これらの記号は図のように矢をイメージすると覚えやすい。

　磁束線は始まりも終わりもなく，必ず閉じた曲線となるのが特徴である。磁束線が連続した閉曲線となることは，磁界の根源が電流であり，電荷に相当する磁荷が単独では存在しないことを表している。

　電流が流れたときに任意の点でどのような大きさと方向，向きをもつ磁束密度ができるかを示したものに，ビオ・サバールの法則とアンペアの周回積分の法則がある。これら二つの法則は一見異なった法則のように見えるが，一方からもう一方を数学的に導くことができ，本質的には同じ法則であることが証明されている。なお，これらの法則は，エルステッドが電流の磁気作用を発表した 1820 年に，相次いで提唱されている。

3.1.2　ビオ・サバールの法則

　ビオ・サバールの法則（Biot-Savart law）は，ビオとサバールの二人によって提唱されたものであり，任意の形をした細い導線に流れる電流によってつくられる磁束密度を求めるのに便利な法則である。

　この法則は，**図 3.5** に示すように，非常に細い導線上の任意の点 A に微小な長さ Δl 〔m〕を考えたとき，Δl を流れる電流 I〔A〕によりつくられる微小な磁束密度の大きさ ΔB〔T〕を与えるもので，点 A から r〔m〕だけ離れた点 P での ΔB は，θ を電流の方向と線分 $\overline{AP}$ のなす角としたとき

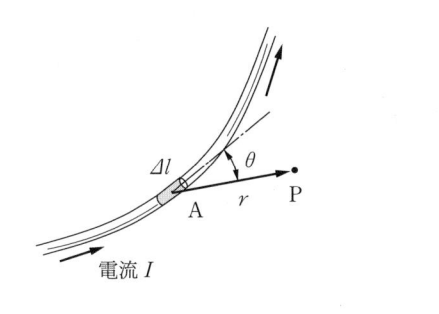

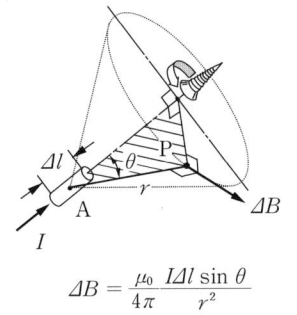

図 3.5 ビオ・サバールの法則

$$\Delta B = \frac{\mu_0}{4\pi} \frac{I \Delta l \sin \theta}{r^2} \quad [\text{T}] \tag{3.2}^\dagger$$

である。ここで μ_0 は**真空の透磁率**と呼ばれ，$\mu_0 = 4\pi \times 10^{-7}$ [H/m] である。なお，[H]（ヘンリー）は **4** 章で学ぶインダクタンスの単位である。また，ΔB の方向は，図のように Δl と線分 $\overline{\text{AP}}$ とでつくる平面に垂直で，アンペアの右ねじの法則に従う向きである。

磁界の状態を表す磁束密度も電界と同様，**重ねの理**が成立する。したがって，任意の形をした導線に流れる電流によってある点につくられる磁束密度を求めるには，つぎのようなステップを踏んで計算することになる。

ステップ 1：ビオ・サバールの法則が適用できるように，導線を n 個の微小な長さ $\Delta l_1, \Delta l_2, \cdots \Delta l_i, \cdots, \Delta l_n$ に分割する。

ステップ 2：それぞれの微小な長さの導線に流れる電流により求めたい点に生じる微小な磁束密度の大きさ $\Delta B_1, \Delta B_2, \cdots \Delta B_i, \cdots, \Delta B_n$ を，ビオ・サバールの法則を適用して求める。

ステップ 3：ステップ 2 で求めた微小な磁束密度の大きさ $\Delta B_1, \Delta B_2, \cdots \Delta B_i, \cdots, \Delta B_n$ に方向や向きを加味し，ベクトル的に和をとることにより，導線全体による磁束密度を求める。

---

† **5.1.2** 項で述べるように，物質中では磁界の強さ H を用いて式 (5.7) で表される。

3．真空中の静磁界

つぎに，ビオ・サバールの法則を応用して，いくつかの導線に電流を流したときの磁束密度を計算してみよう。

〔1〕 **円形コイルの中心の磁束密度**　図 $3.6 \,(a)$ に示すような，半径 a 〔m〕の円形コイルに I〔A〕の電流が流れているとき，コイルの中心 O の磁束密度を求める。

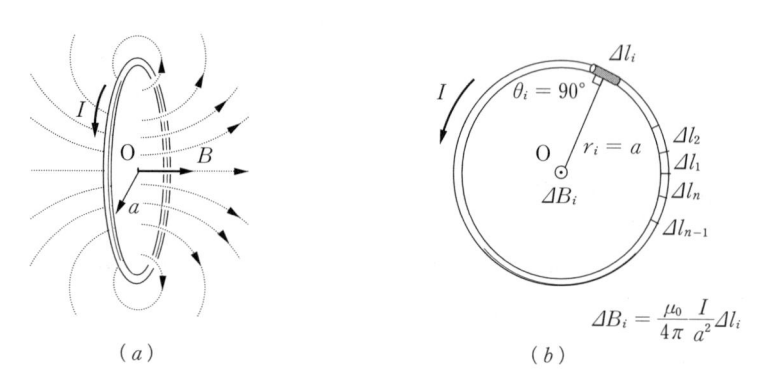

図 3.6　円形コイルの中心の磁束密度

まず，図 (b) に示すように，コイルを n 個の微小な長さ Δl_1，Δl_2，…，Δl_i，…，Δl_n に分割する。分割した微小な長さの代表として，i 番目の微小な長さ Δl_i〔m〕による点 O の微小な磁束密度 ΔB_i を考えると，Δl_i と r_i は垂直であり，r_i はコイルの半径 a〔m〕であるから，ビオ・サバールの法則において

$$\sin \theta_i = \sin 90° = 1, \quad r_i = a$$

とおけばよく

$$\Delta B_i = \frac{\mu_0}{4\pi} \frac{I \Delta l_i}{a^2}$$

となる。このとき，ΔB_i の方向はコイルを含む面（紙面）に垂直で右ねじの法則に従う向きであるから，⊙の向きとなる。

同様にして，n 個の微小な磁束密度の大きさをそれぞれ求めると

$$\Delta B_1 = \frac{\mu_0}{4\pi} \frac{I \Delta l_1}{a^2}, \quad \Delta B_2 = \frac{\mu_0}{4\pi} \frac{I \Delta l_2}{a^2}, \quad \cdots, \quad \Delta B_i = \frac{\mu_0}{4\pi} \frac{I \Delta l_i}{a^2},$$

$$\cdots, \quad \varDelta B_n = \frac{\mu_0}{4\pi}\frac{I\varDelta l_n}{a^2}$$

となる。

コイル全体に流れる電流による点 O の磁束密度 B〔T〕は，$\varDelta B_1$，$\varDelta B_2$，$\cdots$，$\varDelta B_i$，$\cdots$，$\varDelta B_n$ の方向がすべて等しく，かつ向きも一致するから，単純に和をとればよい。すなわち

$$B = \varDelta B_1 + \varDelta B_2 + \cdots + \varDelta B_i + \cdots + \varDelta B_n = \sum_{i=1}^{n} \varDelta B_i$$

$$= \frac{\mu_0}{4\pi}\frac{I\varDelta l_1}{a^2} + \frac{\mu_0}{4\pi}\frac{I\varDelta l_2}{a^2} + \cdots + \frac{\mu_0}{4\pi}\frac{I\varDelta l_i}{a^2} + \cdots + \frac{\mu_0}{4\pi}\frac{I\varDelta l_n}{a^2}$$

$$= \sum_{i=1}^{n}\frac{\mu_0}{4\pi}\frac{I\varDelta l_i}{a^2}$$

$$= \frac{\mu_0 I}{4\pi a^2}(\varDelta l_1 + \varDelta l_2 + \cdots + \varDelta l_i + \cdots + \varDelta l_n) = \frac{\mu_0 I}{4\pi a^2}\sum_{i=1}^{n}\varDelta l_i$$

となる。ここで

$$\varDelta l_1 + \varDelta l_2 + \cdots + \varDelta l_i + \cdots + \varDelta l_n = \sum_{i=1}^{n}\varDelta l_i = 2\pi a$$

（コイルの円周の長さ）

であるから

$$B = \frac{\mu_0 I}{4\pi a^2} \times 2\pi a = \frac{\mu_0 I}{2a} \quad 〔T〕 \tag{3.3}$$

となる。

なお，B の方向は $\varDelta B_i$ と等しく，コイルを含む面に垂直で右ねじの法則に従う向き（図では◉）である。

また，コイルの導線が十分に細く，集中して N 回巻いてあるとすれば，その中心の磁束密度 B は

$$B = \frac{\mu_0 I}{2a} N \quad 〔T〕 \tag{3.4}$$

となる。

例題 3.1 半径が 10 cm で 100 回巻きの円形コイルに 5 A の電流を流したとき，コイルの中心の磁束密度の大きさを計算しなさい。

【解】 式 (3.4) に数値を代入する際，半径 a の単位は〔m〕，電流 I の単位は〔A〕であることに注意しなければならない。与えられた数値の単位をこれらに変換して，$a = 0.1$ m，$I = 5$ A，$N = 100$，$\mu_0 = 4\pi \times 10^{-7}$ H/m を式 (3.4) に代入すると以下のようになる。

$$B = \frac{4\pi \times 10^{-7} \times 5 \times 100}{2 \times 0.1} = 3.14 \times 10^{-3} \text{ T}$$

なお，東京での**地磁気**†の磁束密度の水平方向成分（水平分力と呼ばれる）の値は 3.0×10^{-5} T であるから，この円形コイルで生じる磁束密度は，東京における地磁気の水平分力の 100 倍ほどの値となっている。   ◇

例題 3.2 図 3.7 のような，中心が一致する半径 a〔m〕と b〔m〕の半円状の導線とそれらを結ぶ直線状の導線からなる同心半円形コイルに I〔A〕の電流が流れているとき，半円の中心 O の磁束密度を求めなさい。

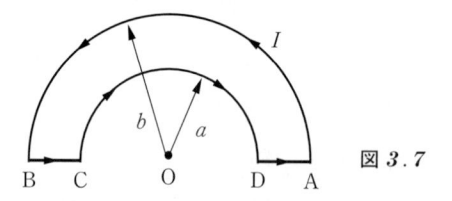

図 3.7

【解】 この場合は，コイルを，二つの半円 $\overparen{AB}$，$\overparen{CD}$ と二つの直線 $\overline{BC}$，$\overline{DA}$ に分けて，それぞれによる点 O の磁束密度を考える。

まず，直線部分 $\overline{BC}$ と $\overline{DA}$ による点 O の磁束密度を考える。これらを微小な長さに分割してビオ・サバールの法則を適用する場合，電流の方向の延長線上に点 O があるため，$\theta_i = 0°$（直線 $\overline{BC}$），$\theta_i = 180°$（直線 $\overline{DA}$）となり，いずれも $\sin \theta_i = 0$ となるから，直線部分 $\overline{BC}$ と $\overline{DA}$ による点 O の磁束密度 B_{BC} と B_{DA} は，それぞれ 0 となる。

つぎに，半円部分 $\overparen{AB}$ による点 O の磁束密度 B_{AB} は，円形コイルの中心の磁束密度を求めたのと同様な手順で求めることができる。ただし，半円を分割するため

---

† 地磁気については本章コーヒーブレイク参照。

$$\varDelta l_1 + \varDelta l_2 + \cdots + \varDelta l_i + \cdots + \varDelta l_n = \sum_{i=1}^{n} \varDelta l_i = \pi a$$

となるから

$$B_{\mathrm{AB}} = \frac{\mu_0 I}{4b} \ [\mathrm{T}]$$

である。また，B_{AB} の方向はコイルを含む面に垂直であり，右ねじの法則に従う向き（図では⊙）である。

同様にして，半円部分 $\overparen{\mathrm{CD}}$ による点 O の磁束密度 B_{CD} も求めることができ

$$B_{\mathrm{CD}} = \frac{\mu_0 I}{4a} \ [\mathrm{T}]$$

となる。ただし，B_{CD} の向きは B_{AB} と逆（図では⊗）になる。

以上の結果から，コイル全体による点 O の磁束密度 B は，⊗の向きを基準にとると

$$B = B_{\mathrm{CD}} - B_{\mathrm{AB}} = \frac{\mu_0 I}{4} \left(\frac{1}{a} - \frac{1}{b} \right) \ [\mathrm{T}]$$

となる。

なお，この場合 $B_{\mathrm{CD}} > B_{\mathrm{AB}}$ であるから，B の向きは⊗である。 ◇

〔2〕 円形コイルの中心軸上の磁束密度 図 $3.8\,(a)$ に示すような半径 $a\,[\mathrm{m}]$ の円形コイルに $I\,[\mathrm{A}]$ の電流が流れているとき，コイルの中心 O から中心軸上に $l\,[\mathrm{m}]$ 離れた点 P の磁束密度を求める。

図 (a) のように，コイルを n 個の微小な長さ $\varDelta l_1$, $\varDelta l_2$, $\cdots$, $\varDelta l_i$, $\cdots$, $\varDelta l_n$ に分割し，i 番目の微小な長さ $\varDelta l_i$ による点 P の磁束密度 $\varDelta B_i$ を考える。この場合，$\theta_i = 90°$ であり，r_i は

$$r_i = \sqrt{a^2 + l^2}$$

であるから

$$\varDelta B_i = \frac{\mu_0}{4\pi} \frac{I \varDelta l_i}{r_i^2} = \frac{\mu_0}{4\pi} \frac{I}{a^2 + l^2} \varDelta l_i$$

となる。

このとき，$\varDelta B_i$ の方向は，$\varDelta l_i$ の中心の点 A と点 P とを結ぶ線分 $\overline{\mathrm{AP}}$ と $\varDelta l_i$ を含む平面に垂直であるから，$\varDelta l_i$ の位置によって異なる方向をとる。しかし，図 (b) のように，点 A と対称な位置 A′ に $\varDelta l_i$ をとり，点 A と点 A′ の二つの微小な長さによる磁束密度のベクトル和を考えると，コイルの中心軸

$$\Delta B_i = \frac{\mu_0}{4\pi} \frac{I}{a^2 + l^2} \Delta l_i$$

(a)

$$\cos \alpha = \frac{a}{\sqrt{a^2 + l^2}}$$

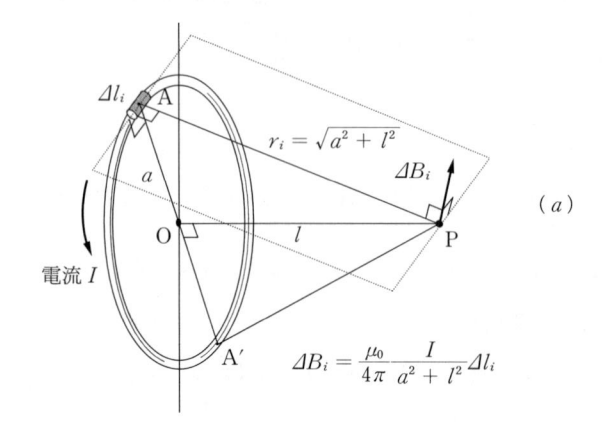

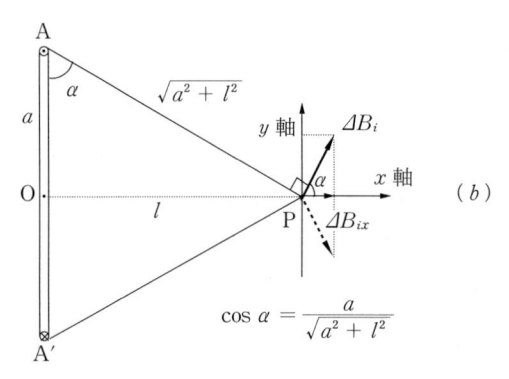

(b)

図 3.8 円形コイルの中心軸上の磁束密度

に垂直な方向（y 方向）成分は 0 となってしまい，中心軸に沿った方向（x 方向）成分しか残らない。よって，コイル全体による磁束密度 B は，大きさが ΔB_i のベクトルの x 方向成分 ΔB_{ix} の和を求めればよい。

ΔB_{ix} は，コイルを含む平面と線分 $\overline{\mathrm{AP}}$ とのなす角を α とすれば，図 (b) より

$$\Delta B_{ix} = \Delta B_i \cos \alpha = \Delta B_i \frac{a}{\sqrt{a^2 + l^2}}$$

$$= \frac{\mu_0 I}{4\pi} \frac{a}{(a^2 + l^2)\sqrt{a^2 + l^2}} \Delta l_i$$

となる。よって，コイル全体による磁束密度 B は，つぎのようになる。

$$B = \varDelta B_{1x} + \varDelta B_{2x} + \cdots + \varDelta B_{ix} + \cdots + \varDelta B_{nx} = \sum_{i=1}^{n} \varDelta B_{ix}$$

$$= \frac{\mu_0 I}{4\pi} \frac{a}{(a^2 + l^2)\sqrt{a^2 + l^2}} (\varDelta l_1 + \varDelta l_2 + \cdots + \varDelta l_i + \cdots + \varDelta l_n)$$

$$= \frac{\mu_0 I}{4\pi} \frac{a}{(a^2 + l^2)\sqrt{a^2 + l^2}} 2\pi a$$

$$\therefore \quad B = \frac{\mu_0 I}{2} \frac{a^2}{(a^2 + l^2)\sqrt{a^2 + l^2}} \quad [\text{T}] \tag{3.5}$$

例題 3.3 図 3.9 のように半径 a [m],巻数 N の二つの円形コイルを中心を一致させて半径と等しい距離 a [m] 隔てて平行に置き,等しい電流を流すようにしたコイルを**ヘルムホルツコイル**(Helmholtz coil)という。ヘルムホルツコイルに電流 I [A] を流したときの中心 O の磁束密度を求めなさい。また,半径 $a = 15\,\text{cm}$,巻数 $N = 130$ のヘルムホルツコイルに 2 A の電流を流したときの中心 O の磁束密度を求めなさい。

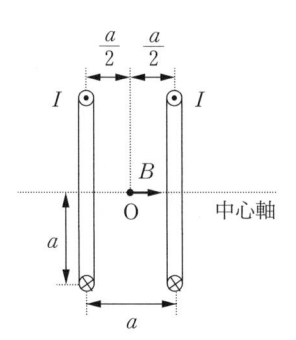

図 3.9 ヘルムホルツコイル

【解】 点 O の磁束密度 B は,二つの円形コイルによる磁束密度のベクトル和を求めればよい。それぞれの円形コイルによる点 O の磁束密度は,点 O が円形コイルの中心軸上にあるから式 (3.5) で $l = a/2$ とすればよい。また,それぞれのコイルによる磁束密度の方向,向きとも一致しているから,一つのコイルによる点 O の磁束密度を 2 倍すればよい。したがって

$$B = 2 \times \frac{\mu_0 I}{2} \frac{a^2}{\frac{5}{4}a^2 \sqrt{\frac{5}{4}a^2}} N = \frac{8\mu_0 I}{5\sqrt{5}\,a} N \quad [\text{T}]$$

となる。この式に与えられた値を単位に注意して代入すると，$B = 1.56 \times 10^{-3}$ T となる。　◇

〔3〕 **直線電流による磁束密度**†　これまで述べてきた例では，導線を微小な長さに分割したとき，それらに流れる電流によってできる磁束密度の大きさが一定であったため，比較的簡単に磁束密度を求めることができた。一般には，任意の点での微小な長さによる磁束密度は，その大きさや方向，向きが変化する。このような変化する量を含む微小な量の総和を求めるためには，積分という数学的な概念が必要になる。ここで，積分を利用した磁束密度の計算例を示す。

図 3.10 のような，電流 I 〔A〕が流れている直線状の導線から a 〔m〕離れた点 P の磁束密度 B を求めてみよう。

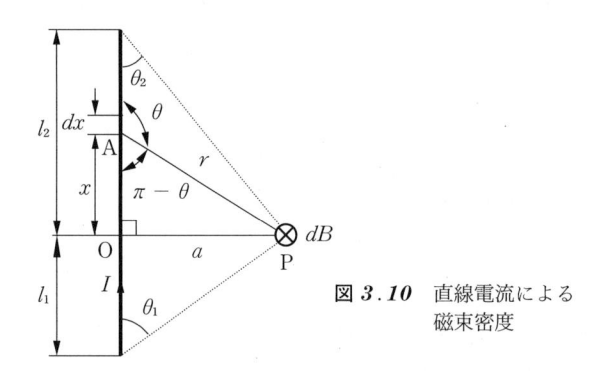

図 3.10 直線電流による磁束密度

導線上に原点から x の距離にある点 A に微小な長さ dx をとると，dx による点 P の微小な磁束密度 dB は

$$dB = \frac{\mu_0}{4\pi} \frac{I\,dx \sin\theta}{r^2}$$

である。このとき dB の方向と向きは点 A のとり方に関係なく一定（図では $\otimes$）であるから，B は直線全体で dB の和をとればよい。すなわち，積分すればよい。

この積分を求めるために，電流の方向と線分 $\overline{\mathrm{AP}}$ のなす角 θ を用いると，

---

† 積分を学んでいない読者は，結果だけを参考にするとよい。

図から

$$\sin\theta = \sin(\pi - \theta) = \frac{a}{r}, \quad \tan\theta = -\tan(\pi - \theta) = -\frac{a}{x}$$

であるから

$$r = a\operatorname{cosec}\theta, \quad x = -a\cot\theta, \quad dx = a\operatorname{cosec}^2\theta\, d\theta$$

を dB に代入すると

$$dB = \frac{\mu_0 I}{4\pi}\frac{a\operatorname{cosec}^2\theta\, d\theta\sin\theta}{a^2\operatorname{cosec}^2\theta} = \frac{\mu_0 I}{4\pi a}\sin\theta\, d\theta$$

となる。よって，求める磁束密度 B は

$$\begin{aligned}B &= \int dB = \int_{\theta_1}^{(\pi-\theta_2)}\frac{\mu_0 I}{4\pi a}\sin\theta\, d\theta \\ &= \frac{\mu_0 I}{4\pi a}\int_{\theta_1}^{(\pi-\theta_2)}\sin\theta\, d\theta = \frac{\mu_0 I}{4\pi a}\Big[-\cos\theta\Big]_{\theta_1}^{(\pi-\theta_2)}\end{aligned}$$

$$\therefore \quad B = \frac{\mu_0 I}{4\pi a}(\cos\theta_1 + \cos\theta_2) \quad [\mathrm{T}] \tag{3.6}$$

である。このとき

$$\cos\theta_1 = \frac{l_1}{\sqrt{a^2 + l_1^2}}, \quad \cos\theta_2 = \frac{l_2}{\sqrt{a^2 + l_2^2}}$$

であるから

$$B = \frac{\mu_0 I}{4\pi a}\left(\frac{l_1}{\sqrt{a^2 + l_1^2}} + \frac{l_2}{\sqrt{a^2 + l_2^2}}\right) \quad [\mathrm{T}] \tag{3.7}$$

となる。

ここで，もし，導線が無限に長いものとすれば，式 (3.6) において，$\theta_1 = 0°$, $\theta_2 = 0°$ となるから

$$B = \frac{\mu_0 I}{2\pi a} \quad [\mathrm{T}] \tag{3.8}$$

となる。

3.1.3　アンペアの周回積分の法則

これまで見てきたように，電流の周りにできる磁束線は必ず閉曲線となって

いる。逆に，閉じた磁束線の内部には必ずなんらかの電流が貫いて流れている。このような電流と磁束線の関係を表した法則が**アンペアの周回積分の法則**（Ampère's circuital law）であり，単に**アンペアの法則**（Ampère's law），あるいはアンペアの周回路の法則とも呼ばれる。

アンペアの周回積分の法則とは，「**磁界中に任意の閉曲線 C を考えたとき，その閉曲線を微小な長さに分割して，微小な長さと磁束密度の C の接線成分との積をとり，C に沿って総和をとったものは，閉曲線 C を貫く電流の代数和に μ_0 を掛けた値に等しい。**」[†]と表される。

例えば，**図 3.11** に示すような場合について考えてみる。閉曲線 C を微小な長さ Δl_1, Δl_2, $\cdots$, Δl_i, $\cdots$, Δl_n に分割し，それぞれの微小な長さの位置での磁束密度を B_1, B_2, $\cdots$, B_i, $\cdots$, B_n とし，C の接線と磁束密度のなす角をそれぞれ θ_1, θ_2, $\cdots$, θ_i, $\cdots$, θ_n とすると，各点での磁束密度の C の接線成分は

$$B_1 \cos \theta_1, \quad B_2 \cos \theta_2, \quad \cdots, \quad B_i \cos \theta_i, \quad \cdots, \quad B_n \cos \theta_n$$

であるから，微小な長さと磁束密度の C の接続成分の積の総和は

$$B_1 \cos \theta_1 \Delta l_1 + B_2 \cos \theta_2 \Delta l_2 + \cdots + B_i \cos \theta_i \Delta l_i + \cdots + B_n \cos \theta_n \Delta l_n$$

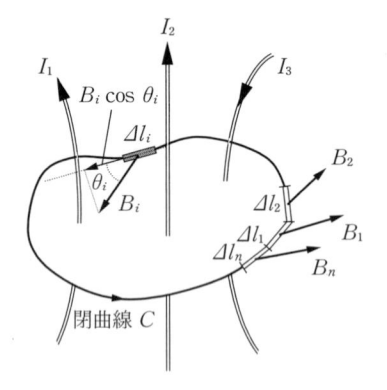

$$\sum_{i=1}^{n} B_i \cos \theta_i \Delta l_i = \mu_0 \{I_1 + I_2 + (-I_3)\}$$

図 3.11 アンペアの周回積分の法則

[†] **5.1.2** 項で述べるように，物質中では磁界の強さ H を用いて式（5.6）で表される。

$$= \sum_{i=1}^{n} B_i \cos \theta_i \, \Delta l_i$$

となる。

一方，閉曲線 C を貫く電流の代数和は，C に対して右ねじの法則に従う向きのものを正として

$$I_1 + I_2 + (-I_3)$$

となるから，アンペアの周回積分の法則は

$$\sum_{i=1}^{n} B_i \cos \theta_i \, \Delta l_i = \mu_0 (I_1 + I_2 - I_3) \qquad (3.9)$$

となる。

閉曲線 C は**積分路**とも呼ばれる。また，閉曲線 C を貫く電流は，**図 3.12** のように，C と鎖のような位置関係があるとき 0 でないことから，閉曲線 C と**鎖交**（interlinkage）しているという。このとき，閉曲線と電流の向きがアンペアの右ねじの法則に従う場合を正とし，逆のときを負とする。

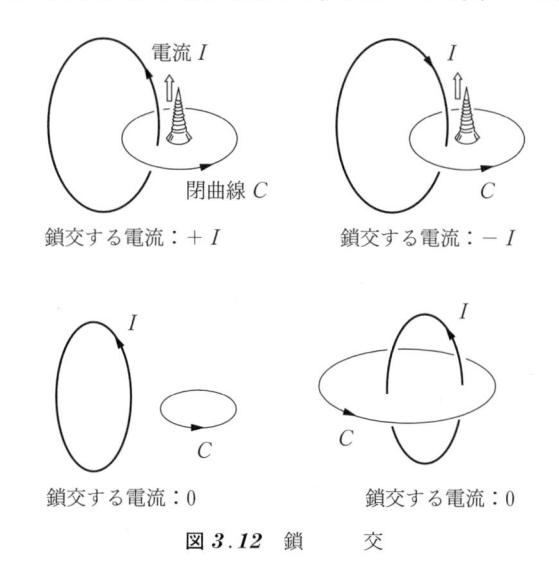

鎖交する電流：$+I$　　　鎖交する電流：$-I$

鎖交する電流：0　　　鎖交する電流：0

図 3.12 鎖　　交

アンペアの周回積分の法則は任意の閉曲線 C に対して成立するが，磁束密度を計算する手法としては，電流が対称性を有して流れている場合に有用である。ただし，この法則を用いて磁束密度を計算するためには，いかにして解き

やすい閉曲線を仮定するかが重要である。つぎに，アンペアの周回積分の法則を用いて磁束密度を計算してみよう。

〔1〕 無限に長い直線電流による磁束密度　図 3.13 のような，非常に細い無限に長い直線状導線に I〔A〕の電流が流れているとき，導線から r〔m〕離れた点の磁束密度を求める。

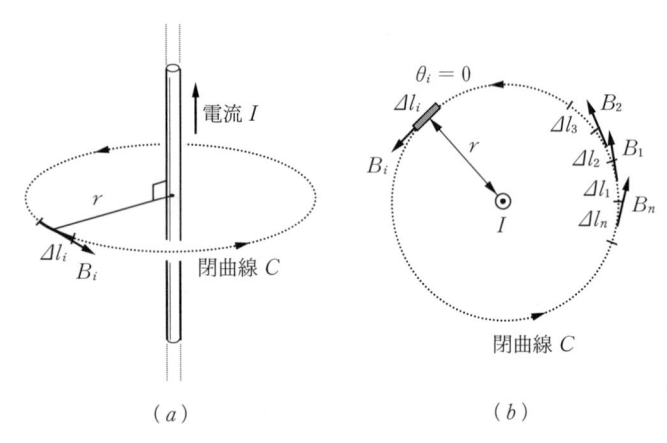

図 3.13　無限長直線電流による磁束密度

閉曲線 C として，図のような，導線に垂直な平面上に導線を中心とする半径 r〔m〕の円周を考える。その向きはアンペアの右ねじの法則に従うものとする。

閉曲線 C を n 個の微小な長さ Δl_1，Δl_2，…，Δl_i，…，Δl_n に分割し，$B_i \cos \theta_i \Delta l_i$ を計算する。この場合，C 上の任意の点は電流との位置関係が等しいため，磁束密度の大きさはどの点でも等しく，C に沿った方向と向きとなる。よって

$$B_1 = B_2 = \cdots = B_i = \cdots = B_n, \quad \theta_1 = \theta_2 = \cdots = \theta_i = \cdots = \theta_n = 0$$

であるから，$B_i = B$ とおいて

$$\sum_{i=1}^{n} B_i \cos \theta_i \Delta l_i = B\Delta l_1 + B\Delta l_2 + \cdots + B\Delta l_i + \cdots + B\Delta l_n$$
$$= B(\Delta l_1 + \Delta l_2 + \cdots + \Delta l_i + \cdots + \Delta l_n) = B \times 2\pi r$$

となる。

一方，閉曲線 C に鎖交する電流は $+I$ 〔A〕であるから，アンペアの周回積分の法則より

$$B \times 2\pi r = \mu_0 I$$

が成立する。よって，C 上の磁束密度の大きさ B は

$$B = \frac{\mu_0 I}{2\pi r} \quad \text{〔T〕} \tag{3.10}$$

と求まり，距離 r に反比例して小さくなることがわかる。もちろん，B の方向は C に沿った方向であり，右ねじの法則に従う向きである。なお，この結果は先にビオ・サバールの法則を用いて求めた結果である式 (3.8) と一致している。

例題 3.4 無限に長い直線状導線に 10 A の電流を流したとき，導線の中心から 1 cm 離れた点の磁束密度を求めなさい。

【解】 式 (3.10) に値を代入すると，$B = 2 \times 10^{-4}$ T となる。 ◇

〔2〕 **無限に長い円柱状電流による磁束密度** 図 3.14 のような，半径が a 〔m〕の無限に長い円柱状の導線に一様な電流 I 〔A〕が流れているとして，円柱の中心から r 〔m〕だけ離れた点の磁束密度を求める。

閉曲線 C として，図 3.15 のように円柱に垂直な平面上に円柱と中心が等

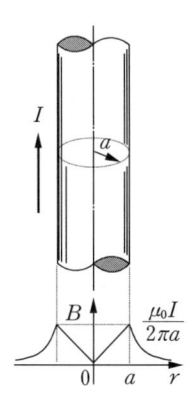

図 3.14 無限長円柱電流による磁束密度

3. 真空中の静磁界

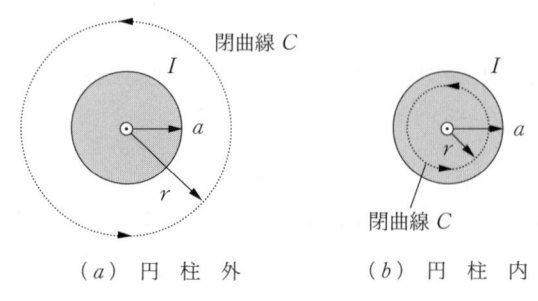

(a) 円柱外 **(b) 円柱内**

図 3.15 閉曲線 C のとり方

しい半径 r [m] の円周を考えると，導線の外部か内部かにかかわらず C 上では磁束密度の大きさは等しく，C に沿った方向と向きとなる。したがって，〔**1**〕と同様な過程を経て計算することにより，C 上の任意の点での磁束密度の大きさを B とすれば

$$\sum_{i=1}^{n} B_i \cos \theta_i \, \Delta l_i = B \times 2\pi r$$

となる。

円柱外部 ($r > a$) に閉曲線 C をとった場合の C と鎖交する電流は，円柱に流れる全電流 I [A] である。よって，アンペアの周回積分の法則より

$$B \times 2\pi r = \mu_0 I$$

であるから

$$B = \frac{\mu_0 I}{2\pi r} \quad [\text{T}] \tag{3.11}$$

となる。この結果は，円柱の外部の磁束密度は，円柱の半径 a に依存せず，電流が中心軸に集中して流れている場合と等価と考えてよいことを示している。

円柱内部 ($0 \leqq r \leqq a$) では，電流が断面に一様に流れていることから，C に鎖交する電流を I' とすると，I' は C の内部の面積 πr^2 に比例し

$$I' = \frac{\pi r^2}{\pi a^2} I = \frac{r^2}{a^2} I$$

となる。よって，アンペアの周回積分の法則を適用すると

$$B \times 2\pi r = \mu_0 I' = \mu_0 \frac{r^2}{a^2} I$$

となり，求める B は

$$B = \frac{\mu_0 I}{2\pi a^2} r \quad [\text{T}] \tag{3.12}$$

となる。式 (3.12) より，円柱内部で B は，図 3.14 のように円柱の中心軸からの距離 r に比例して大きくなることがわかる。

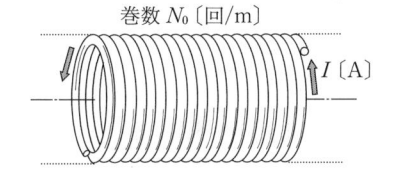

〔3〕 **無限長円筒ソレノイドコイルによる磁束密度**　導線を一様に密接に巻いたコイルを**ソレノイドコイル**（solenoid coil）あるいは単に**ソレノイド**という。図 3.16 に示すような，無限に長い円筒ソレノイドコイルが，1 m 当り N_0 で巻かれているとしたときの，コイル内外の磁束密度を求めてみる。

巻数 N_0 〔回/m〕　　I〔A〕

図 3.16 無限長円筒ソレノイドコイル

コイル 1 巻ずつに流れている電流による磁束密度の向きは右ねじの法則に従い，コイルは無限に並んでいるのであるから，これらのコイルによる磁束密度の和は，図 3.17 のようにコイルに平行になると考えられる。

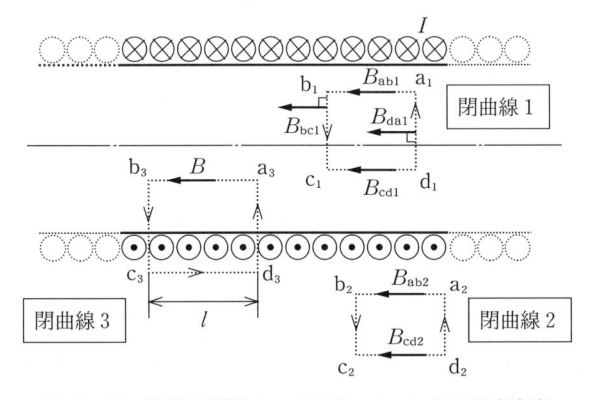

図 3.17 無限長円筒ソレノイドコイルによる磁束密度

まず，ソレノイドの内部に図のような長方形 $a_1b_1c_1d_1$ を閉曲線1として考え，アンペアの周回積分の法則を適用してみる。長方形の各辺の上での磁束密度をそれぞれ B_{ab1}, B_{bc1}, B_{cd1}, B_{da1} とすると，辺 $\overline{b_1c_1}$ および辺 $\overline{d_1a_1}$ 上では磁束密度と閉曲線の方向が垂直であり，辺 $\overline{a_1b_1}$ 上では向きが等しく，辺 $\overline{c_1d_1}$ 上では反対になっている。また，閉曲線1に鎖交する電流はないから，アンペアの周回積分の法則により

$$0 = B_{ab1}\cos 0°\cdot\overline{a_1b_1} + B_{bc1}\cos 90°\cdot\overline{b_1c_1} + B_{cd1}\cos 180°\cdot\overline{c_1d_1}$$
$$+ B_{da1}\cos 90°\cdot\overline{d_1a_1}$$
$$= B_{ab1}\cdot\overline{a_1b_1} - B_{cd1}\cdot\overline{c_1d_1}$$

となる。このとき，辺 $\overline{a_1b_1}$ と辺 $\overline{c_1d_1}$ の長さは等しいから，結局

$$B_{ab1} = B_{cd1}$$

となり，ソレノイド内の磁束密度の大きさはどの点でも等しいという結果が得られる。

同様にして，ソレノイドの外部に長方形 $a_2b_2c_2d_2$ を閉曲線2として考え，アンペアの周回積分の法則を適用すると

$$0 = B_{ab2}\cos 0°\cdot\overline{a_2b_2} + B_{bc2}\cos 90°\cdot\overline{b_2c_2} + B_{cd2}\cos 180°\cdot\overline{c_2d_2}$$
$$+ B_{da2}\cos 90°\cdot\overline{d_2a_2}$$

となり，$B_{ab2} = B_{cd2}$ が得られる。しかし，この関係は辺 $\overline{c_2d_2}$ を無限に遠くにとっても成立し，無限に遠い点での磁束密度の大きさは0と考えられるから

$$B_{ab2} = B_{cd2} = 0$$

となる。したがって，ソレノイドの外部の磁束密度の大きさは0であることがわかる。

最後に，ソレノイドの内部と外部にまたがる長方形 $a_3b_3c_3d_3$ を閉曲線3として考えてみる。これまで求めてきたように，閉曲線3上で磁束密度の閉曲線に沿った成分が0でないのは辺 $\overline{a_3b_3}$ のみである。辺 $\overline{a_3b_3}$ の長さを l〔m〕とし，磁束密度を B〔T〕とすれば，閉曲線3に鎖交している電流は $(N_0l)I$〔A〕であるから

$$B \times l = \mu_0(N_0lI)$$

となり

$$B = \mu_0 N_0 I \ \text{〔T〕} \tag{3.13}$$

が得られる。

結局，無限長円筒ソレノイドコイルによる磁束密度は，コイル外では0であり，コイル内ではどの点でも等しい値 $\mu_0 N_0 I$ 〔T〕をもつ一様磁界となることがわかる。

3.2 電磁力

エルステッドが発見した電流の磁気作用は，電流が流れている導線付近に方位磁針を置くと，方位磁針に力が働くというものであった。これを作用・反作用という観点から考えると，方位磁針は電流が流れている導線に力を及ぼしていることになる。方位磁針は磁界をつくるから，方位磁針が導線に及ぼす力は，電流が流れている導線が磁界中に置かれたために作用したと考えることができる。このような，磁界中に置かれた電流が流れている導線に働く力は，**電磁力**（electromagnetic force）と呼ばれ，電気エネルギーをモータなどによって動力として応用する際の基礎となるものである。

ところで，電磁力を発生させるための磁界は電流によってもつくることができるから，電流が流れている導線間にも力が働く。この力は，電流どうしの間に働くことから**電流力**（electrodynamic force）とも呼ばれる。

さらに，**2.1.2**項で学んだように，電流は電荷をもった粒子（荷電粒子という）の流れであるから，電磁力の源は磁界中を運動する荷電粒子に働く力と考えることができる。このような荷電粒子に働く力は，**ローレンツ力**（Lorentz force）と呼ばれており，テレビやオシロスコープに用いられているブラウン管内を運動する電子の軌跡を制御するのに用いられている。

3.2.1 磁界中の電流に働く電磁力

図 **3.18** に示すように，磁束密度の大きさが B〔T〕である場所に置かれた微小な長さ Δl〔m〕をもつ非常に細い導線に I〔A〕の電流が流れているとき，

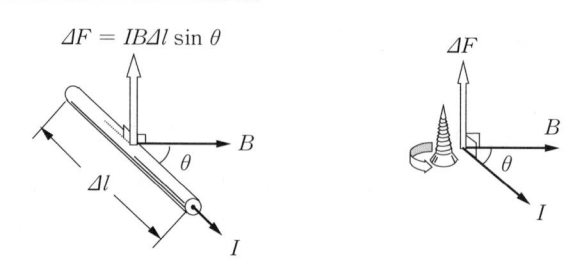

図 3.18 微小な長さの導線に働く電磁力

この微小な長さの導線に働く力の大きさ $\varDelta F$〔N〕は

$$\varDelta F = IB\varDelta l \sin\theta \quad \text{〔N〕} \tag{3.14}$$

であり，$\varDelta F$ の方向は I と B に垂直で，I から B の向きに右ねじを回してねじが進む向きである。

電磁力の大きさ $\varDelta F$ は，$\sin\theta$ に比例することに注意する必要がある。つまり，電流の方向と磁束密度の方向とが一致する場合には電磁力は働かないのである。

電流 I，磁束密度 B，電磁力 $\varDelta F$ の向きは3次元的に考えなければならず，複雑である。フレミングは，**図 3.19** のような，たがいに直角に曲げた左手の中指，人差指，親指にそれぞれ電流，磁束密度，電磁力を対応させた。このような対応関係を**フレミングの左手の法則**（Fleming's left-hand rule）という。

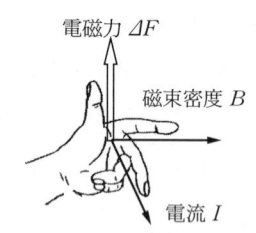

図 3.19 フレミングの左手の法則

電流に働く電磁力は，磁束線の分布から考えると感覚的にわかりやすい。図 **3.20** に示すように，一様な磁界中に磁界と垂直に直線電流が流れている場合を考えると，合成された磁束線の密度は導線の上側では疎，下側では密とな

3.2 電磁力

図3.20 一様磁界中の直線電流による磁束線と電磁力

る。その結果，まるで磁束線が導線により下側に伸ばされたゴムひものように振る舞い，電磁力が生じていると考えることができる。このように，磁束線の分布から磁界という空間の性質を考えることは，磁界の性質を知るうえで重要な考え方である。

図 3.21 のように，長さが l 〔m〕の直線状の導線が，磁束密度 B〔T〕の一様磁界中に B の方向と θ だけ傾いて置かれ，電流 I〔A〕が流れた場合に働く電磁力 F〔N〕を計算してみる。このとき，導線上のどこでも磁束密度の大きさは等しく，また B と電流のなす角 θ も等しいから，式 (3.14) における微小な長さ Δl に働く力 ΔF を単純に足し合わせればよい。よって

$$F = IBl \sin \theta \quad 〔\mathrm{N}〕 \qquad (3.15)$$

となる。

特に $\theta = 90°$ の場合は

$$F = IBl \quad 〔\mathrm{N}〕 \qquad (3.16)$$

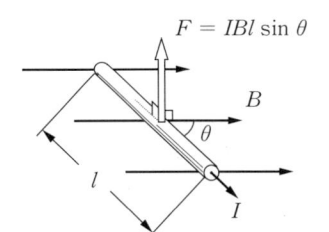

図3.21 一様磁界中の直線電流に働く電磁力

3.2.2 磁界中に置かれた長方形コイルに働くトルク

図 3.22 に示すように，磁束密度 B 〔T〕の一様磁界中に，各辺の長さがそれぞれ l 〔m〕，D 〔m〕の長方形コイルが磁束密度の方向に対して α だけ傾いて置かれている。コイルは軸 OO′ の周りに回転できるものとする。このようなコイルに I 〔A〕の電流を流したとき，電磁力が働いてコイルは軸 OO′ を中心に回転しようとする。ある軸のまわりに回転させようとする作用を表す量を**トルク** (torque) あるいは**力のモーメント** (moment of force) という。具体的にコイルに働くトルクを求めてみよう。

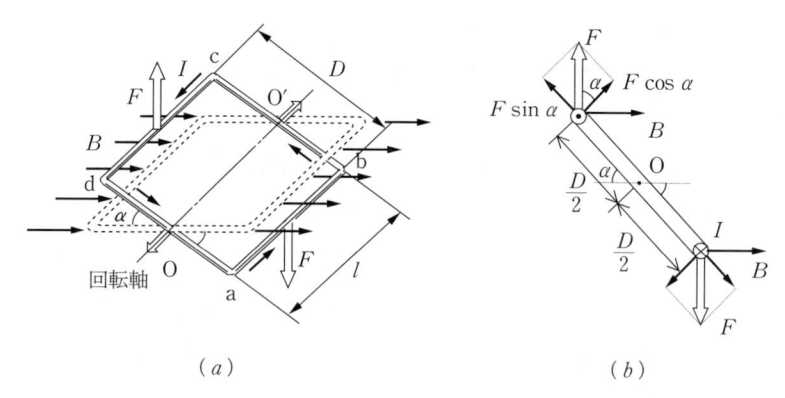

図 3.22　一様磁界中に置かれた長方形コイルに働く電磁力とトルク

図 (a) のように，辺 $\overline{bc}$ と $\overline{da}$ に働く電磁力はコイルを外側に引く力であるため，コイルを回転させる作用はなく，辺 $\overline{ab}$ と $\overline{cd}$ に働く力が回転させようと作用する。このとき，辺 $\overline{ab}$ と $\overline{cd}$ に働く力の大きさは等しく，磁束密度と電流の方向は垂直であるから，それらの力の大きさ F 〔N〕は式 (3.16) で求めることができ

$$F = IBl \quad \text{〔N〕}$$

となる。また図 (b) から理解できるように，回転させようと作用するのはコイル面に垂直な分力 $F\cos\alpha$ のみとなる。図 (b) のようなとき，辺 $\overline{cd}$ に働

く力による軸OO'のまわりのトルクの大きさは $\frac{D}{2}F\cos\alpha$ 〔N・m〕と定義される。よってコルクに働くトルク τ 〔N・m〕は，辺 $\overline{\mathrm{ab}}$ に働く力によるトルクも考えて

$$\tau = \frac{D}{2}F\cos\alpha \times 2 = IBlD\cos\alpha \quad \text{〔N・m〕}$$

となる。このとき，lD はコイルの面積であるから，それを S 〔m²〕とすると

$$\tau = IBS\cos\alpha \quad \text{〔N・m〕} \tag{3.17}$$

となる。

式 (3.17) から，τ は $\alpha = 0°$ のとき最大であり，$\alpha = 90°$ で 0 になる。また，α が 90° 以上になると τ は負となり，コイルを逆向きに回転させようと作用することがわかる。したがって，磁界の方向に対して任意の角度 α をなして置かれた長方形コイルに電流を流すと，初めの角度の値に関係なく $\alpha = 90°$ となるような向きにトルクが働き，回転することがわかる。

図 3.23 はいくつかの α に対する磁束線の分布を示したものであり，$\alpha = 90°$ でトルクが 0 になることが直感的に理解できる。

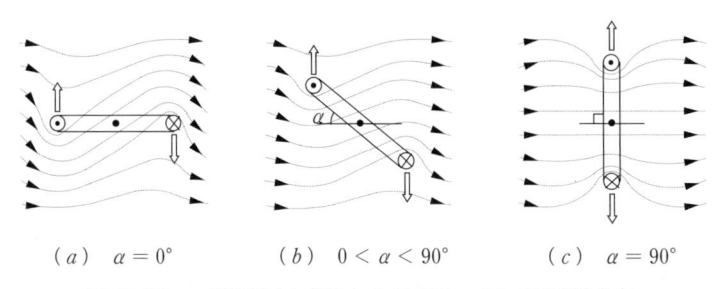

(a) $\alpha = 0°$ (b) $0 < \alpha < 90°$ (c) $\alpha = 90°$

図 3.23 一様磁界中に置かれた長方形コイルの磁束線分布

例題 3.5 $l = 2\,\mathrm{cm}$，$D = 1\,\mathrm{cm}$ の長方形コイルが，磁束密度 $B = 0.2\,\mathrm{T}$ の磁界中に磁束密度の方向とコイルの面が平行（$\alpha = 0°$）になるように置かれている。このコイルに 1 mA の電流を流したときにコイルに働くトルク τ を求めなさい。

【解】 式 (3.17) にそれぞれの値を代入すると，$\tau = 4 \times 10^{-8}$ N・m となる。　◇

3.2.3 電磁力の応用

磁界中に置かれた電流に働く電磁力は，いろいろな電気機器に応用されているが，ここでは，その代表的なものとして，可動コイル形電流計と直流モータについて述べる。

〔1〕 **可動コイル形電流計**　可動コイル形電流計（moving coil type ammeter）は，直流電流計として広く用いられている。図 3.24 のように，永久磁石[†]の間に円柱形の鉄心を置き，磁石と鉄心の間の磁束密度の大きさが等しく，かつ，向きが円柱表面に垂直になるように永久磁石の形が工夫されている。このような磁界中に，長方形コイル（可動コイルという）を鉄心のまわりに回転できるようにしておき，コイルに測定しようとする直流電流を流すようにしている。このとき，任意の位置での磁束密度はコイル面と平行（$\alpha = 0$）になっているから，式 (3.17) からわかるように，コイルに働くトルクは電流に比例する。また，コイルには渦巻ばねが取り付けられているから，コイルは流れる電流に比例した角度だけ回転して釣り合い，静止する。結局，コイ

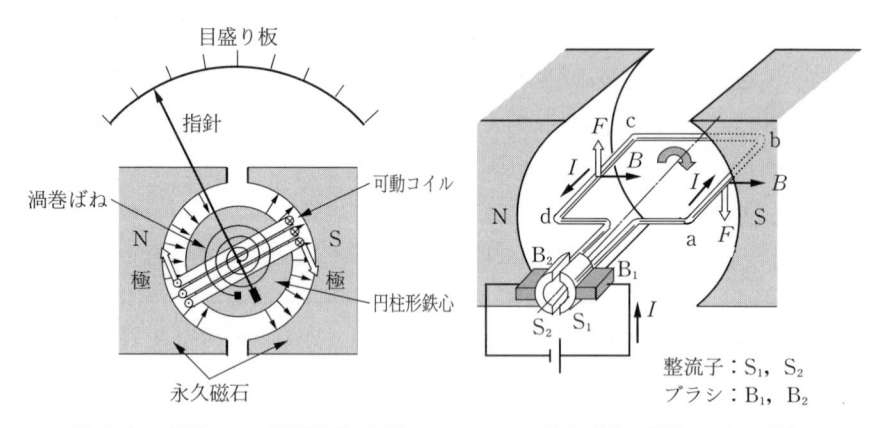

図 3.24　可動コイル形電流計の構造

図 3.25　直流モータの構造

整流子：S_1, S_2
ブラシ：B_1, B_2

[†] 永久磁石による磁束や磁束密度については 5.2.3 項で学ぶが，磁束密度は N 極から S 極に向かう向きに生じる。

ルに取り付けられた指針のふれが電流に比例するから，目盛を電流の大きさで定めておけば，電流計として用いることができる。

また，可動コイルに直列に大きな値の抵抗を接続しておけば，コイルに流れる電流は加えた電圧に比例するから，直流電圧計としても使用できる。

〔2〕 **直流モータ**　図 3.25 に直流モータの構造を示す。磁界中に置かれた長方形コイル abcd の両端は整流子と呼ばれる絶縁された二つの電極 S_1, S_2 に接続され，整流子はコイルと共に回転する。このとき S_1, S_2 は，直流電源に接続されたブラシと呼ばれる電極 B_1, B_2 に接触し，回転しながらでもコイルに電流を流すことができるようにしている。

$3.2.2$ 項で述べたように，磁界中に置かれたコイルに働くトルクは，コイル面と磁束密度のなす角 a が $90°$ を超えると負となり，そのまま回転することができない。しかし，整流子とブラシを用いると，図 3.26 のように，a が $90°$ を超えるとブラシ B_1, B_2 と整流子 S_1, S_2 の接触が逆になるので，電流の向きが逆になり，コイルには一定の向きのトルクが生じて回転する。

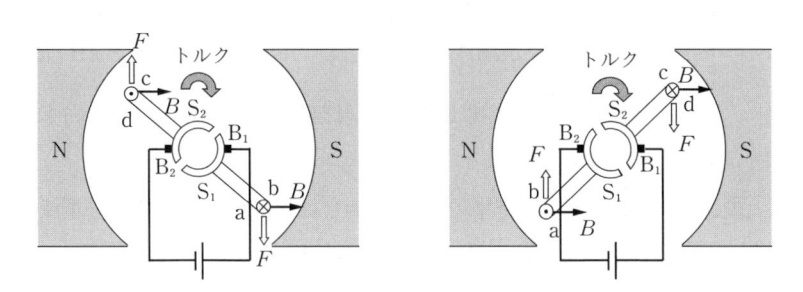

図 3.26　整流子とブラシによる電流の反転

$3.2.4$　電　流　力

〔1〕 **平行な直線状導線間に働く力**　電流が流れている導線間に働く電流力の例として，図 3.27 に示すような，r〔m〕隔てて平行に置かれた無限に長い直線状導線1と導線2に，それぞれ電流 I_1〔A〕, I_2〔A〕の電流が同じ向きに流れたとき，導線間に働く力を求めてみよう。

導線1によって導線2上の任意の点に生じる磁束密度 B_1 は，$3.1.3$ 項で

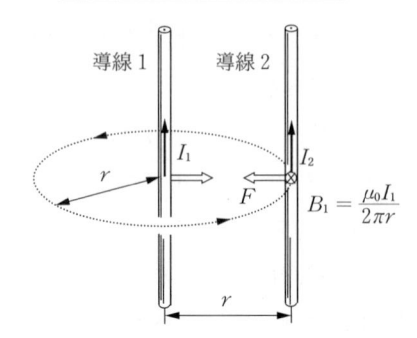

図 3.27　二つの無限に長い直線状導線間に働く力

求めたように

$$B_1 = \frac{\mu_0 I_1}{2\pi r} \;\; [\mathrm{T}]$$

であり，導線2上のすべての点で等しい大きさをもち，その方向は電流と垂直である．よって導線2上の任意の点で微小な長さに働く力の大きさと方向，向きは等しいから，導線2の単位長さ当りに働く力 F [N/m] は

$$F = I_2 B_1 = \frac{\mu_0 I_1 I_2}{2\pi r} \;\; [\mathrm{N/m}] \tag{3.18}$$

$$= \frac{2 I_1 I_2}{r} \times 10^{-7} \;\; [\mathrm{N/m}] \tag{3.19}$$

であり，図のように内側に引く力となる．同様にして，導線1に働く力も求めることができ，導線2に働く力と等しい大きさになる．

以上のように，二つの電流の向きが同じ場合には吸引力になるが，電流の向きがたがいに逆の場合には，力の向きは逆になり反発力となる．

二つの電流の向きと力の向きは，これまでと同様に，二つの導線の周りの磁束線を描くことにより考えることができる．図 3.28 は二つの直線電流による磁束線の様子を示したもので，磁束線の密度が密から疎なほうへ力が働いていることがわかる．

なお，式 (3.19) において，$r = 1$ m，$I_1 = I_2 = 1$ A としたときに働く力から，電流の単位はつぎのように定められている．

「真空中に，1 m の間隔で平行に置かれた無限に細く無限に長い2本の直線状導線に等しい電流を流した場合，その導線の長さ1 m ごとに大きさが 2 ×

3.2 電磁力

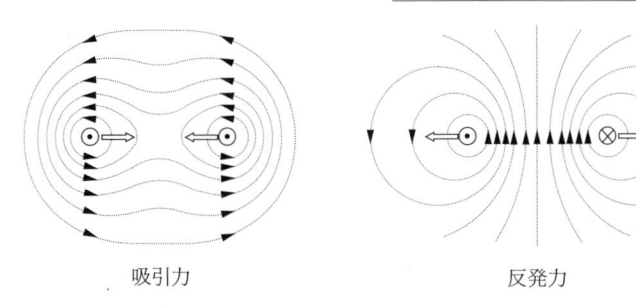

吸引力　　　　　　　　　反発力
(a) 電流の向きが同じとき　　(b) 電流の向きが逆のとき

図 3.28　二つの直線状導線に電流が流れている場合の磁束線分布

10^{-7} N の力を及ぼし合う電流の大きさを 1 A とする。」

〔2〕**電流力の応用**　電流が流れている二つの導線間に働く力を利用した計器は，**電流力計形計器**（electrodynamometer type instrument）と呼ばれており，電力計や力率計として利用されている。

図 3.29 は電流力計形計器の構造を示したもので，固定コイル F_1，F_2 に電流を流して磁界をつくり，その磁界中に置かれた可動コイル M に電流を流すことによって電流力を発生させている。このとき，可動コイルに働くトルクの大きさは，直線状導線に流れる電流間に働く力と同様に，それぞれのコイルに流れる電流の積に比例したものとなる。

図 3.30 は電流力計形計器の一つである**電力計**（wattmeter）の原理を示

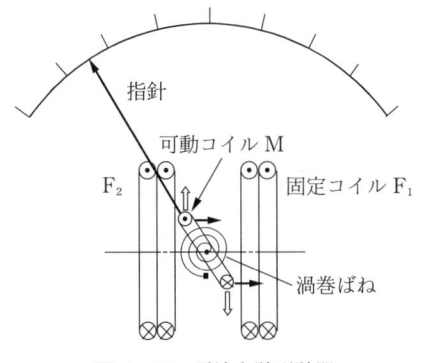

図 3.29　電流力計形計器　　　　　図 3.30　電　力　計

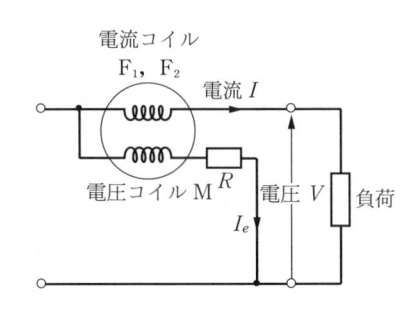

したもので，固定コイル F_1, F_2 を負荷に流れる電流を流す電流コイルとし，可動コイル M は，抵抗 R を直列に接続して負荷の電圧 V に比例した電流 I_e を流す電圧コイルとしている。よって，可動コイルに働くトルクは，二つのコイルに流れる電流に比例するから，負荷に流れる電流と電圧の積である電力に比例したものとなる。

3.2.5 ローレンツ力

〔1〕 **磁界中で運動する荷電粒子に働く力**　磁界中を運動する荷電粒子に働くローレンツ力を，磁界中に置かれた電流に働く力から求めてみよう。

図 **3.31**(a) に示すように，電気量 q〔C〕をもつ荷電粒子が，断面積 S〔m²〕の導線中を磁束密度の方向と θ の角度をなして速度 v〔m/s〕で運動しているときを考える。いま，荷電粒子の密度を n〔個/m³〕とすると，電流 I は **2.1.2** 項で求めたように $I = qnvS$〔A〕であるから，導線の微小な長さ Δl〔m〕に働く力 ΔF〔N〕は

$$\Delta F = IB\Delta l \sin \theta = qnvSB\Delta l \sin \theta$$

となる。ここで，長さ Δl の導線中に含まれる粒子数を ΔN とすると，$\Delta N = n(S\Delta l)$ であるから

$$\Delta F = qvB\Delta N \sin \theta$$

と変形される。したがって，一つの荷電粒子に働くローレンツ力 F は

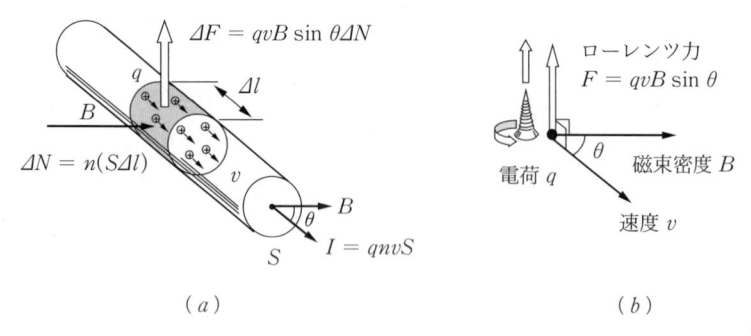

(a)　　　　　　　　　　　　　　　(b)

図 **3.31**　磁界中で運動する荷電粒子に働く力

$$F = \frac{\Delta F}{\Delta N} = qvB\sin\theta \;\;\text{[N]} \tag{3.20}$$

となることがわかる。

ローレンツ力 F を図示すると図 (b) のようになり，F の方向は速度 v と磁束密度 B に垂直であり，v から B に右ねじを回してねじが進む向きである。ただし，電子など電荷 q が負の場合は力の向きがこれと逆になることに注意する必要がある。

電界の強さ E を $+1\,\text{C}$ の点電荷に働く力から定義したのと同様に，式 (3.20) を磁束密度の定義とすることができる。すなわち，**$+1\,\text{C}$ の点電荷が磁界と垂直に $1\,\text{m/s}$ の速度で運動するとき，電荷に働く力を磁束密度 B [T] と定義する**のである。

つぎに，電子が磁束密度 B [T] の一様磁界中に速度 v [m/s] で磁束密度と垂直に放出された場合の電子の運動を考えてみる。**図 3.32** に示すように，電子が磁界中に垂直に放出されると，電子には $F = evB$ [N] のローレンツ力が働く。この力は電子の速度とつねに垂直に働くから，電子は円運動をする。このときの円の半径を r [m] とすると，ローレンツ力 F が円運動の向心力となるから

$$\frac{mv^2}{r} = evB$$

となる。これより円運動の半径 r は

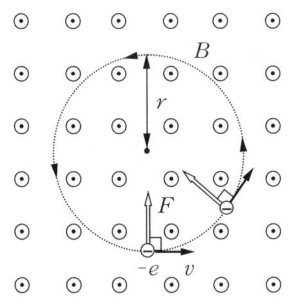

図 3.32 一様磁界中の電子の運動　　**図 3.33** 電子の電磁偏向

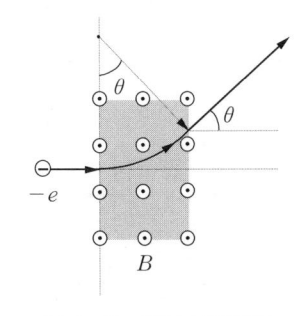

$$r = \frac{mv}{eB} \quad \text{[m]} \tag{3.21}$$

である。すなわち，一様磁界中に放出された電子は，半径 r が電子の速度 v に比例し，磁束密度 B に反比例する円運動をすることがわかる。このとき，電子の角速度 ω は電子の速度によらず一定で

$$\omega = \frac{v}{r} = \frac{eB}{m} \quad \text{[rad/s]} \tag{3.22}$$

である。ω は**サイクロトロン角周波数**と呼ばれている。

また，図 **3.33** のように，運動している電子を磁界中を通過させると電子の軌道を変えることができる。このとき，磁束密度 B をコイルに流す電流によって発生させれば，コイルに流す電流を制御することにより目的の方向に電子を移動させることができる。このようにして電子の運動方向を制御する方法は，**電磁偏向**（electromagnetic deflection）と呼ばれており，ブラウン管などに利用されている。

〔2〕 **ホール効果**　図 **3.34** に示すように，荷電粒子（キャリヤと呼ぶ）の電荷が正と負の場合では，同じ向きに電流 I〔A〕を流すと，キャリヤの運動する向きは逆になる。電流を流した状態で物質を磁束密度 B〔T〕の中に置くと，キャリヤにはローレンツ力 F が働き，図のような配置ではキャリヤの電荷が正か負かに関係なく，キャリヤは物質の上面に移動する。反対に物質の下面側ではキャリヤが不足するため逆に帯電する。その結果，物質の上面と下面との間には電圧 V_H が発生する。このように，電流の流れている物質に磁界を加えたときに電圧が発生する現象を**ホール効果**（Hall effect）といい，ホー

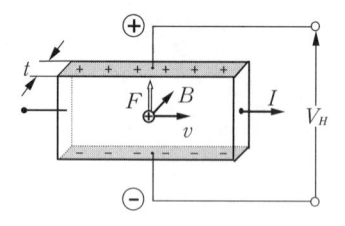

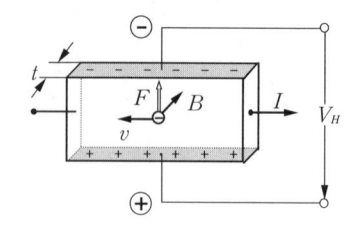

(a) キャリヤが正の電荷のとき　　(b) キャリヤが負の電荷のとき

図 **3.34** ホール効果

コーヒーブレイク

地 磁 気

1世紀ごろの中国の文献に，回転できるようにした磁石が南北を指して静止するという記述があり，紙，火薬とならんで羅針盤（方位磁針）は，中国の三大発明といわれている。12世紀に羅針盤がヨーロッパに伝わると，航海用に改良され，広く用いられるようになった。

1600年，ギルバートは，方位磁針が南北を指すのは地球自体が巨大な磁石と考えればよいことを示した。このような地球の磁気的な性質を**地磁気**（geomagnetism）という。1838年，ガウスは，ウェーバとともに世界各地の地磁気を観測し，そのデータをもとに，**図 3**(a)のように自転軸と約 11°傾いた仮想的な棒磁石のつくる磁界で地磁気を近似できることを示した。

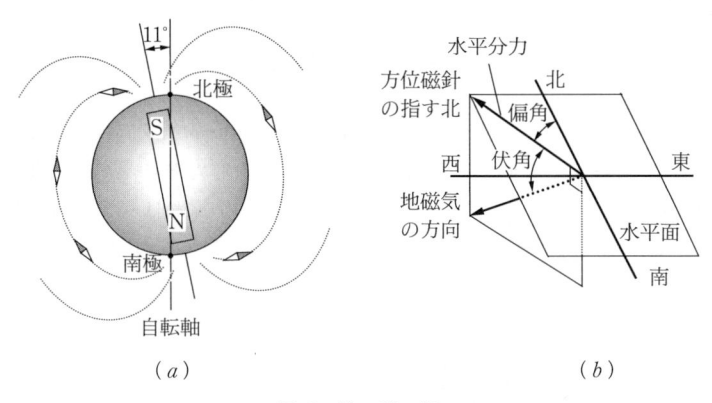

図3 地 磁 気

通常，各場所での地磁気は，図(b)のように，地理学的な北からのずれを示す偏角，水平面からの傾きを示す伏角，および水平方向の磁束密度の成分である水平分力で表される。これらの値は場所によって変化し，東京での偏角は西に6.2°，伏角は下向きに48.5°，水平分力は3.0×10^{-5} T である。これら地磁気を示す三つの値は時間的にわずかに変動しており，1秒以下から数百秒程度の周期をもつ地磁気脈動や1日周期の日変動，1日から数日間にわたり激しく変動する磁気あらしなどがある。また，堆積物の磁化の向きから，100万年程度の周期で地磁気の向きが逆転を繰り返していたことも発見され，地磁気が不変のものではないことが明らかにされている。

地磁気の存在は，方位磁針で観測できるようなごく弱いものであるが，宇宙からふりそそぐ生物に有害な宇宙線は，地磁気によるローレンツ力によって軌道を変えられ，さえぎられている。このように地磁気は，地球上の生物にとってなくてはならない存在なのである。

ル効果によって発生する電圧をホール電圧と呼ぶ．いま，物質の厚さを t [m] とすると，ホール電圧 V_H [V] は磁束密度 B と電流 I に比例し，t に反比例する．すなわち

$$V_H = R_H \frac{BI}{t} \quad \text{[V]} \tag{3.23}$$

となる．R_H はホール定数と呼ばれる物質で決まる定数である．

ホール効果は，キャリヤの電荷が正か負かを調べたり，キャリヤ密度の測定などに利用されている．また，一定の電流を流しておくとホール電圧は磁束密度の大きさに比例するため，磁束密度の測定にも利用されている．

演 習 問 題

【1】 問図 3.1 のように，南北方向に置かれた半径 10 cm の 1 回巻円形コイルの中心に方位磁針を置き，コイルに電流 I [A] を流したところ，方位磁針が北東を指すようになった．このとき，コイルに流した電流は何アンペアか求めなさい．ただし，地磁気の磁束密度の大きさを 3.00×10^{-5} T とする．

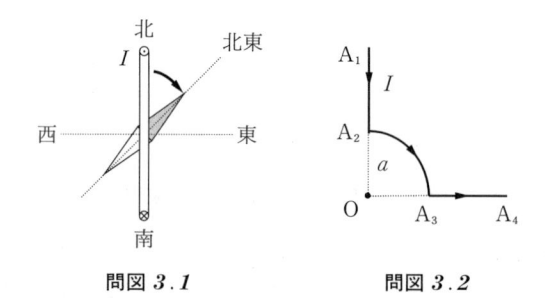

問図 3.1

問図 3.2

【2】 問図 3.2 のような半径 a [m] の 1/4 円の導線と直線状導線を組み合わせた導線に電流 I [A] が流れているとき，円の中心 O の磁束密度を求めなさい．

【3】 問図 3.3 のような半無限長直線状導線と半円形導線からなる U 字型をした導線に電流 I [A] が流れているとき，半円の中心 O の磁束密度を求めなさい．

【4】 問図 3.4 のような各辺の長さがそれぞれ $2a$, $2b$ [m] である長方形コイルに I [A] の電流を流したとする．コイルの中心軸上でコイルから l [m] 離れた点 P の磁束密度を求めなさい．

演習問題　　157

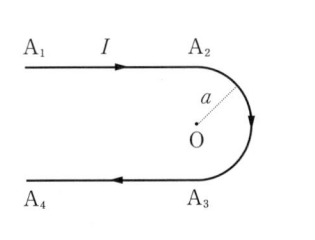

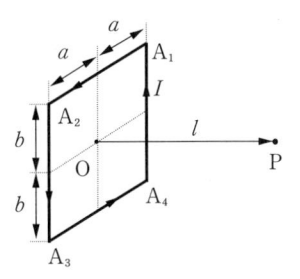

問図 3.3

問図 3.4

【5】 問図 3.5 のような無限長中空円筒導体（内径 a〔m〕，外径 b〔m〕）に，一様な電流 I〔A〕が流れているとき，各部（$0 \leqq r < a$，$a \leqq r < b$，$b \leqq r$）の磁束密度を求めなさい。

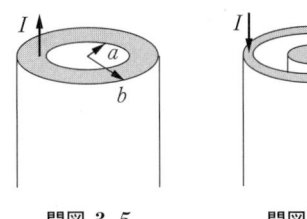

問図 3.5　　**問図 3.6**

【6】 問図 3.6 のような無限長同軸円筒導体（内部導体外径 a〔m〕，外部導体内径 b〔m〕，外径 c〔m〕）に，それぞれ図のような向きに電流 I〔A〕が流れているとき，各部（$0 \leqq r < a$，$a \leqq r < b$，$b \leqq r < c$，$c \leqq r$）の磁束密度を求めなさい。

【7】 問図 3.7 のように，一辺の長さが a〔m〕の正三角形の頂点に平行に置かれた 3 本の無限長直線導体があり，導体 1，導体 2 には，それぞれ図のような向きに I〔A〕が，また導体 3 には I_0〔A〕の電流が図の向きに流れているものとする。導体 3 に働く単位長さ当りの電磁力をつぎの二つの過程を経て求めなさい。
（1） 導体 3 の位置で，導体 1 と導体 2 による磁束密度の合成を求めてから電磁力を求める。
（2） 導体 3 と導体 1，導体 3 と導体 2 の間に働く電磁力をそれぞれ求めてから，それらの合力を求める。

【8】 問図 3.8 のように，長さ 50 cm の二つの直線状導線を間隔 5 mm で平行に置

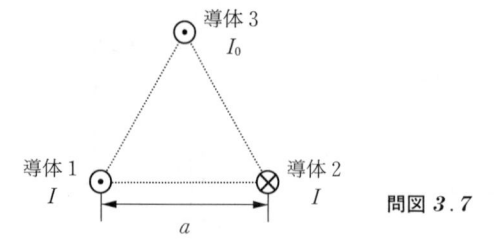

き，5 V の直流電源と 10 Ω の抵抗を接続したとする．このとき，導線間に働く力の大きさを求めなさい．また，その力は吸引力か反発力か答えなさい．ただし，導線の抵抗は無視できるものとする．

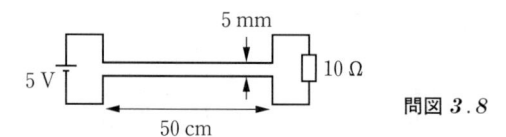

問図 3.8

【9】 問図 3.9 のように，磁束密度が B [T] の鉛直上向きの一様な磁界中に，水平方向と θ の傾角をなす 2 本の導体棒 P，Q が l [m] の間隔で平行に固定してある．この上に質量が m [kg] の導体を乗せ，P，Q に直流電源を接続して電流 I [A] を流したとき，導体が静止したとする．このとき，I を B，θ，l，m で表しなさい．ただし，重力加速度を g [m/s^2] とする．

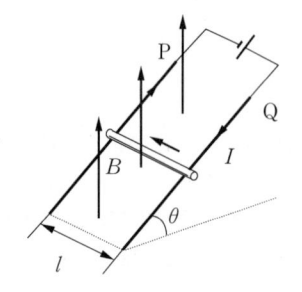

問図 3.9

【10】 磁束密度が 1.50×10^{-3} T である一様磁界中に，電子が速度 1.00×10^7 m/s で磁界と垂直に放出されたとして，電子の円運動の半径を求めなさい．ただし，電子の電気量を 1.60×10^{-19} C とし，質量を 9.11×10^{-31} kg とする．

4

電磁誘導とインダクタンス

4.1 電 磁 誘 導

　エルステッドが電流の磁気作用を発見した直後から，多くの研究者が，逆に磁界から電流をつくることができないかとさまざまな実験を試みたが，容易には確認することができなかった。ファラデー（Faraday）は，多くの試行錯誤を経て，磁界が変化するときに起電力が発生し，電流が流れることを発見した。ファラデーが最初に実験を試みてから，実に10年の歳月が流れた1831年のことである。

　それまで人類は，電池から得られるわずかな電気エネルギーしか利用できなかったが，ファラデーの発見により，ばく大な電気エネルギーを発生し，利用する技術が確立され，今日の豊かな社会が実現されたのである。

4.1.1　電磁誘導の法則

　図 *4.1*（*a*）および図（*b*）のように，コイル1の近くに電流の流れているもう一つのコイル2を置き，コイル2を近づけたり遠ざけたりすると，コイル2が動いている間だけコイル1に起電力 e が発生する。このとき，近づけたときと遠ざけたときでは，図のように起電力 e の向きが逆になっている。

　また，それぞれのコイルが静止したままでも，図 *4.2*（*a*）および図（*b*）のように，コイル2にスイッチSを設けてSを入れたり切ったりすると，コイル1に図のような向きに起電力 e が発生する。

160   4. 電磁誘導とインダクタンス

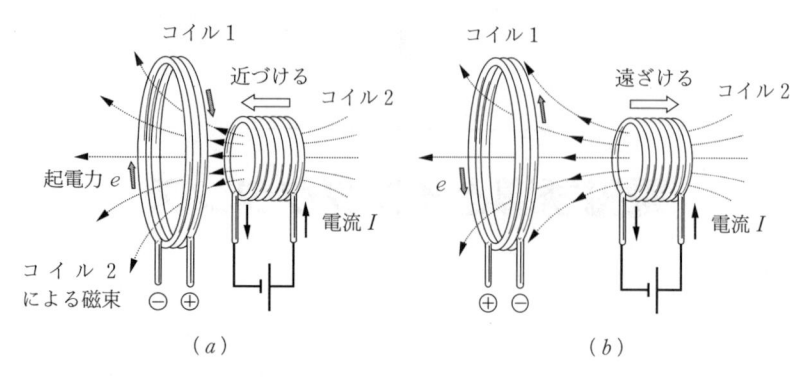

(a) 　　　　　　　　　　　(b)

図 4.1 電磁誘導現象（電流が流れているコイルを動かしたとき）

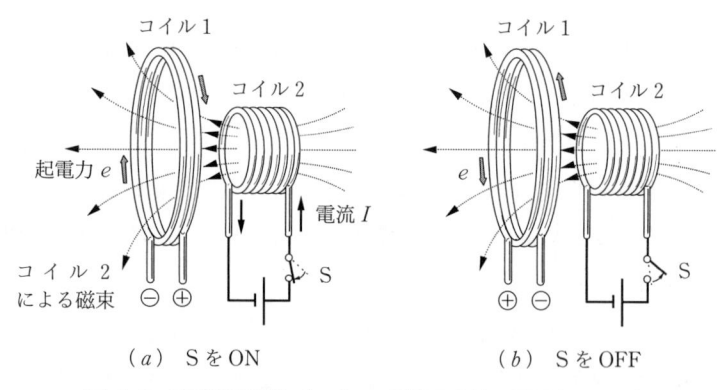

(a) S を ON　　　　　　(b) S を OFF

図 4.2 電磁誘導現象（コイルの電流を ON，OFF したとき）

　コイル 2 を動かしたりコイル 2 のスイッチを ON，OFF することは，コイル 1 を貫く磁束が時間的に変化していることである．このように，コイルを貫く磁束が時間的に変化すると起電力が発生する現象を**電磁誘導**（electromagnetic induction）という．また，電磁誘導によって発生する起電力を**誘導起電力**（induced electromotive force）あるいは**誘導電圧**（induced voltage）と呼び，流れる電流を**誘導電流**（induced current）という．

　ところで，**図 4.1** (a) のコイル 2 を近づけるときと**図 4.2** (a) のスイッチ S を入れるときのコイル 1 を貫く磁束の変化を考えてみると，コイル 1 を貫く磁束が増加しようとしている．逆に**図 4.1** (b) のコイル 2 を遠ざけると

きと図 **4.2**（*b*）の S を切るときは，貫く磁束が減少しようとしている。これらのことは，コイル 1 に発生する誘導起電力が，コイル 1 を貫く磁束の変化を妨げる向きに生じていることを示している。

　以上のことから，磁束の変化と誘導起電力および誘導電流の向きについて整理してみると，図 **4.3** のように，コイルを貫く磁束が ϕ から $\phi + \varDelta\phi$ [Wb]に増加しようとすれば，誘導起電力 e および誘導電流 i は，もとの磁束を減少させようとする向きに生じ，逆に ϕ から $\phi - \varDelta\phi$ [Wb]に減少しようとするときには，もとの磁束を増加させようとする向きに発生する。このような関係を**レンツの法則**（Lentz's law）という。

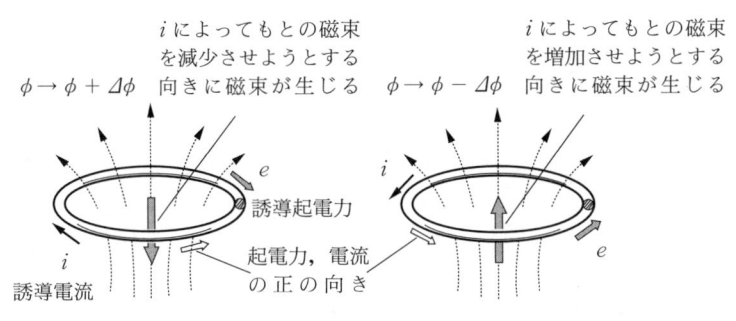

図 **4.3**　レンツの法則

　一般に，起電力および電流の正の向きは，もとの磁束を生じさせる向きと定める。したがって，レンツの法則より，磁束の変化量が $+\varDelta\phi$ であるときには負の向きの誘導起電力が発生し，変化量が $-\varDelta\phi$ であるときには正の向きになることがわかる。

　ファラデーは，コイルを貫く磁束の時間変化の割合が大きいほど大きな誘導起電力が発生することも見いだしていたが，定量的にはノイマン（Neumann）によって，つぎのように定式化された。

　いま，非常に短い時間 $\varDelta t$ [s]の間にコイルの**磁束鎖交数**（magnetic flux linkage，**鎖交磁束**ともいう）が ϕ から $\phi + \varDelta\phi$ [Wb]に変化したとすれば，誘導起電力 e は

$$e = -\frac{\Delta \phi}{\Delta t} \quad [\text{V}] \tag{4.1}$$

となる。式 (4.1) は，**電磁誘導の法則** (law of electromagnetic induction)，あるいは**ファラデーの法則** (Faraday's law) と呼ばれている。なお，式 (4.1) における－の符号は，先に述べた誘導起電力の正の向きの定め方とレンツの法則を一致させるために必要となる。

ここで，磁束鎖交数 ϕ とは，図 4.4 (a) に示すように単純にコイルを貫いている磁束ではなく，コイルとの鎖交回数を考慮した磁束である。

磁束鎖交数：$\phi = N\phi + N_1\phi_1 + N_2\phi_2 + \cdots$
(a)

磁束鎖交数：$\phi \approx N\phi$
(b)

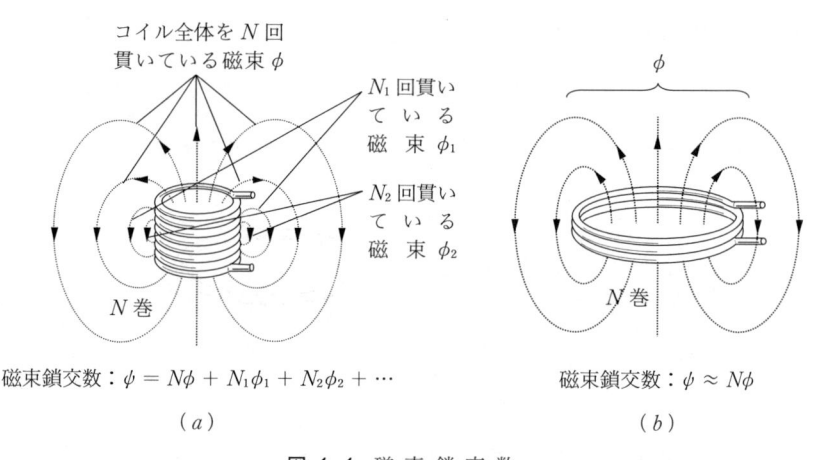

図 4.4　磁 束 鎖 交 数

なお，図 (b) のように細い導線を集中して N 回巻いた場合は，コイルを貫く磁束を ϕ とすると，$\phi \approx N\phi$ と近似することができるから

$$e = -N\frac{\Delta \phi}{\Delta t} \quad [\text{V}] \tag{4.2}$$

としてよい。

例題 4.1　図 4.5 (a) に示すような 3 回巻きのコイルを貫く磁束 ϕ が図 (b) のように変化したとき，コイルに発生する誘導起電力 e の時間変化をグラフに描きなさい。ただし，起電力 e の正の向きを図 (a) のように定めるものとする。

4.1 電磁誘導   163

(a)

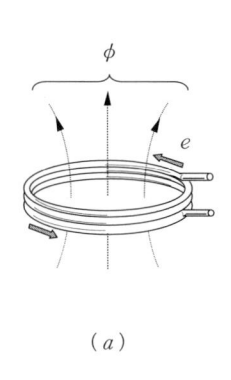

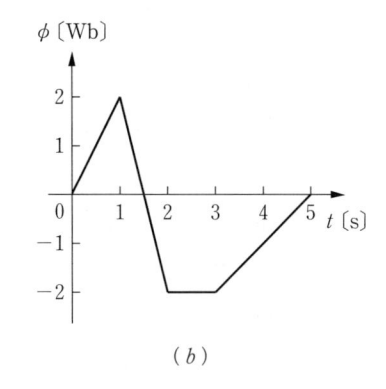

(b)

図 4.5

【解】 図 (a) に与られている起電力の正の向きは磁束 ϕ を生じさせる向きであるから，ϕ の時間変化が異なるつぎの領域に分けて，式 (4.2) に代入して誘導起電力 e をそれぞれ求めればよい。

・$t = 0 \sim 1\,\mathrm{s}$

この時間では，コイルを貫く磁束 ϕ が 0 から 2 Wb に変化しているから

$$e = -3 \times \frac{2-0}{1-0} = -6\,\mathrm{V}$$

となる。

同様にして，他の時間帯で e をそれぞれ求めると

・$t = 1 \sim 2\,\mathrm{s}$

$$e = -3 \times \frac{-2-2}{2-1} = 12\,\mathrm{V}$$

・$t = 2 \sim 3\,\mathrm{s}$

$$e = -3 \times \frac{-2-(-2)}{3-2} = 0\,\mathrm{V}$$

・$t = 3 \sim 5\,\mathrm{s}$

$$e = -3 \times \frac{0-(-2)}{5-3} = -3\,\mathrm{V}$$

となる。これらをグラフにまとめると，図 4.6 のようになる。 ◇

この例題のように，コイルに鎖交する磁束が時間と共に直線的に変化する場合は式 (4.1) あるいは式 (4.2) でよいが，磁束の変化の割合が一定でなく曲線的に変化する場合の誘導起電力 e は，$\Delta t \to 0$ の極限，すなわち磁束鎖交数

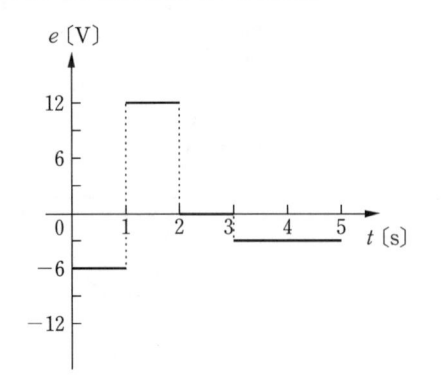

図 4.6

ψ の時間微分を考えて次式のようになる。

$$e = -\frac{d\phi}{dt} \ [\text{V}] \tag{4.3}$$

4.1.2 磁界中を運動する導体に発生する起電力

磁束そのものが時間的に変化しなくても，磁界中で導体が運動すると導体に起電力が発生する。図 4.7 に示すような，磁束密度が B [T] である一様な磁界中に磁界と垂直に置かれた平行な導線の上で，長さが l [m] の直線状の導体棒 ab が速度 v [m/s] で直線運動する場合の誘導起電力を求めてみよう。

図 4.7 磁界中を運動する導体棒に発生する起電力

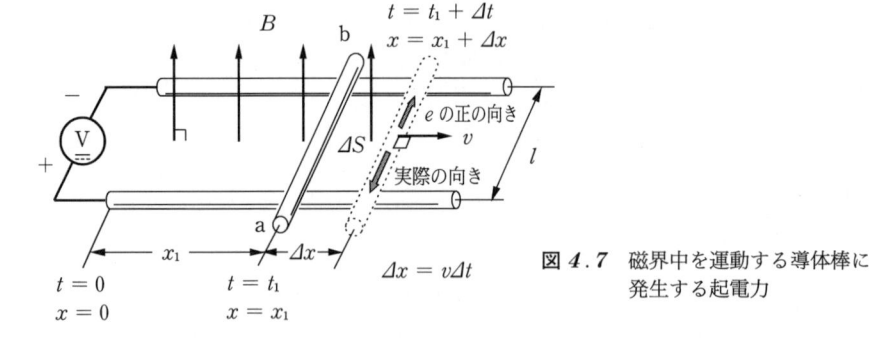

図のように時刻 t と位置 x の原点を定めたとき，時刻 t_1 [s] に x_1 [m] の位置にあった導体棒 ab は，Δt [s] の間に $\Delta x = v \Delta t$ [m] だけ移動する。この間に平行な導線と導体棒で囲まれた面積が増加するから，鎖交する磁束が増加し

て起電力が発生する．Δt〔s〕間で導線が囲む面積の増加分を ΔS〔m²〕とすると，$\Delta S = l\Delta x = l(v\Delta t)$ となる．この場合，磁束密度 B は ΔS に垂直であるから，Δt〔s〕間に増加した磁束鎖交数は $\Delta \phi = B\Delta S = vBl\Delta t$ となる．したがって，導体棒に発生する誘導起電力 e〔V〕は

$$e = -\frac{\Delta \phi}{\Delta t} = -vBl \quad 〔\text{V}〕 \tag{4.4}$$

となる．

式 (4.4) において－の符号が付いているのは，実際に発生する誘導起電力 V の向きが，磁束密度 B と右ねじの関係にある e の正の向きと逆であることを示している．したがって

$$V = -e = vBl \quad 〔\text{V}〕 \tag{4.5}$$

となる．

起電力 V の向きを速度 v と磁束密度 B の向きとの関係から考えると，**図 4.8 (a)** に示すように，速度 v から磁束密度 B の向きに右ねじを回したときねじの進む向きとなっていることがわかる．フレミングは，磁界中を運動する導体棒に発生する起電力の向きを，図 (b) に示すような，たがいに直角に曲げた右手の親指（v），人差指（B），中指（V）に対応させれば便利であるとした．この関係を**フレミングの右手の法則**（Fleming's right-hand rule）という．

ところで，下に敷かれた 2 本の導線は，運動する導体棒に発生する起電力を取り出す役割をしているだけであり，磁界中を運動する導体だけであっても起

（a）右ねじによる向き　　（b）フレミングの右手の法則

図 4.8 速度起電力の向き

電力が発生する．このようにして発生した誘導起電力は，**速度起電力**（speed electromotive force）と呼ばれている．より一般的に，図 4.9 に示すような，磁束密度 B と速度 v のなす角が θ である場合の速度起電力の大きさ V は，磁束鎖交数の増加分が $\Delta\phi = B\sin\theta\,\Delta S$ であるから

$$V = vBl\sin\theta \ \text{〔V〕} \tag{4.6}$$

となる．

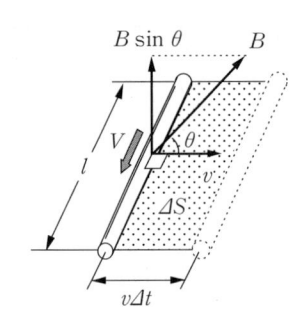

図 4.9 磁束密度と速度が垂直でないときの速度起電力

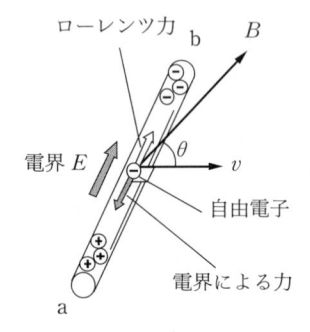

図 4.10 ローレンツ力による速度起電力の説明

運動する導体棒に発生する速度起電力は，ローレンツ力によっても説明できる．図 4.10 に示すように，導体棒が磁束密度 B〔T〕の中を θ の角度をなして速度 v〔m/s〕で運動しているとする．導体の中には電流の担い手である自由電子があるから，これらが導体棒とともに運動するので，$3.2.5$ 項で述べたように個々の電子にはローレンツ力が働く．電子の電気量を e〔C〕とすると，1個の電子が受けるローレンツ力の大きさは $evB\sin\theta$〔N〕となる．また，ローレンツ力の向きは図に示したようになる．このような力を受けた電子は導体棒の b 側に移動するから，導体棒の b 端は負に帯電し，電子が不足した a 端は正に帯電する．このように帯電すると，**1** 章の静電界で学んだように，図のような向きの電界 E〔V/m〕が生じる．定常状態では，電子が電界から受ける力 eE〔N〕とローレンツ力が釣り合うので，$E = vB\sin\theta$ となる．電界 E は導体棒中に一様に生じるから，導体棒には $V = El = vBl\sin\theta$

〔V〕の電位差が生じることになり，式 (4.6) と一致する．

4.1.3　交流発電機の原理

交流発電機の構造を**図 4.11** に示す．磁界中に置かれた長方形コイル abcd の両端はコイルと一緒に軸のまわりを回転する電極 S_1，S_2（スリップリングと呼ばれる）に接続され，ブラシ B_1，B_2 を通してコイルに発生した起電力を取り出すことができるようにしている．

スリップリング：S_1，S_2
ブラシ：B_1，B_2

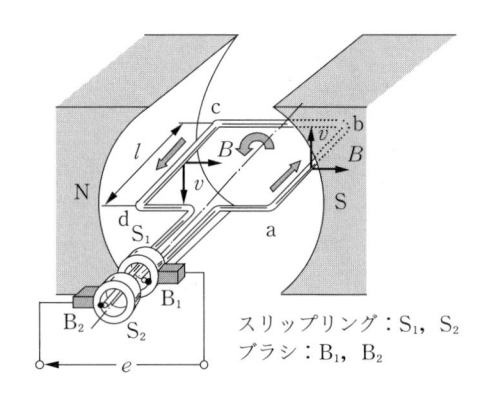

図 4.11　交流発電機の構造

コイルを一定の速さ v〔m/s〕で回転させると，コイルの辺 ab と辺 cd に起電力が発生する．いま，辺 ab と辺 cd の長さを l〔m〕とし，N 極，S 極間の磁束密度 B〔T〕は一定であるとする．コイルの回転角度を**図 4.12** のような α で表すとき，コイルが図 (a) あるいは図 (b) の角度まで回転したとき $\sin \alpha = \sin(180° - \alpha)$ であるから，それぞれの辺には大きさが $vBl \sin \alpha$〔V〕の起電力が生じる．このとき，$\alpha > 180°$ で $\sin \alpha < 0$ となるので，起電力の向きが逆転することがわかる．

発電機の発生電圧 e は，辺 ab と辺 cd に発生した起電力の和となるから

$$e = 2vBl \sin \alpha = E_m \sin \alpha \quad 〔V〕 \tag{4.7}$$

となり，**図 4.13** のような最大値が $E_m = 2vBl$〔V〕である正弦波交流電圧を取り出すことができる．

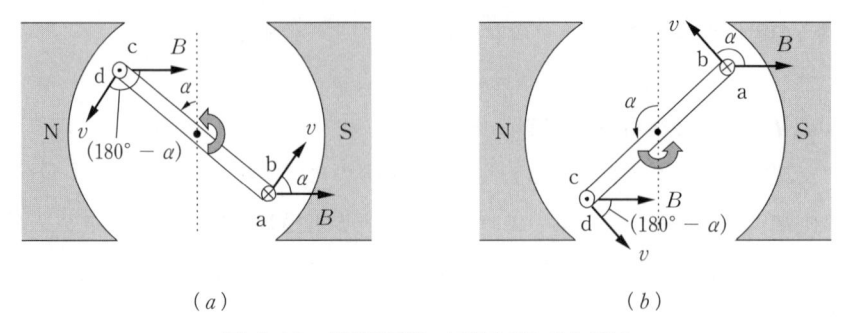

図 4.12　交流発電機の回転角度と発生電圧

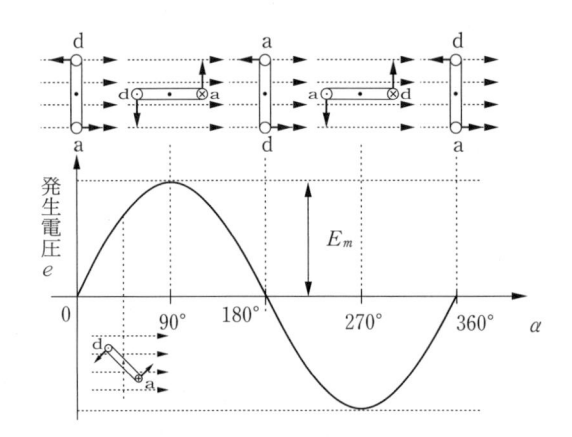

図 4.13　交流発電機の出力電圧波形

4.1.4　渦電流と表皮効果

〔1〕 **渦 電 流**　導体を貫いている磁束が時間的に変化すると，電磁誘導により導体内部に誘導起電力が発生し，導体内部に誘導電流が流れる。例えば**図 4.14**（a）に示すように，導体を貫く磁束が増加しようとすると，その増加を妨げるように図（a）のような渦状の誘導電流が流れる。このような電流を**渦電流**（eddy current）という。渦電流が鉄などの導体内部に流れると，導体には抵抗があるから，**2.1.7**項で述べたようなジュール熱が発生して導体の温度が上昇し，エネルギーが失われてしまう。このような渦電流によるエネルギー損失を**渦電流損**（eddy current loss）という。

　渦電流損は，変圧器や直流電動機，交流電動機，あるいは交流発電機などの鉄心を貫く磁束が時間的に変化する機械で発生し，効率を低下させる。そこ

(a) 渦 電 流　　　　　(b) 成 層 鉄 心

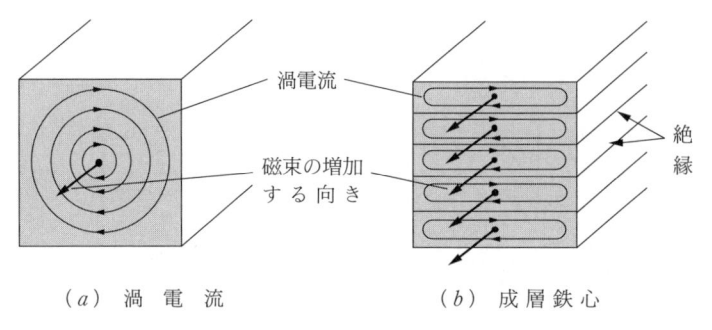

図 4.14　渦電流と成層鉄心

で，これらの機械では，図 (b) のように，絶縁した鉄板を磁束の通る方向に平行に重ねたものを用いて渦電流を減少させている。このような鉄心を**成層鉄心** (laminated core) という。

渦電流による熱は，上記のような機器では損失となるが，この熱を逆に利用することもできる。その代表が渦電流を生じやすい鉄製の容器を加熱する電磁調理器である。

導体板を貫く磁界が移動するときや，反対に磁界中を導体板が移動するときにも，導体板には渦電流が流れる。例えば，**図 4.15** のように導体板を貫く磁界が右方向に移動したとすると，図の①，②のように磁束が変化しようとする場所に渦電流が流れて，導体板には磁界の移動方向と同じ向きに電磁力が働く。この現象を利用すると，**図 4.16** のように，磁石と同じ向きに導体板を回転させることができる。このような原理で回転する導体板は，**アラゴの円板** (Arago's disk) と呼ばれている。

逆に，磁石を静止させた状態で導体板を回転させると，導体板には静止させようとする力が働く。この現象は，家庭などでの使用電力量を測定する電力量計の制動装置（ブレーキ）などに利用されている。

〔2〕**表皮効果**　3.1.3項で求めたように，**図 4.17** のような円柱状導体に直流電流を流したとすると，図 (a) のように導体外部だけでなく内部にも同心円状の磁束が発生する。ここで，これらの磁束と導体断面の各部に流れる電流との鎖交の状態を考えると，導体の中心に近い部分を流れている電流

図 4.15 導体板の渦電流に働く力

図 4.16 アラゴの円板

(a) 中心の電流ほど磁束鎖交数が多い

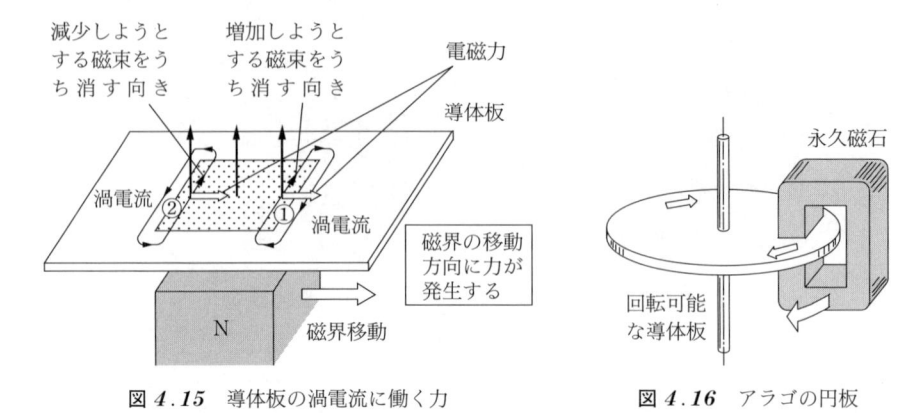

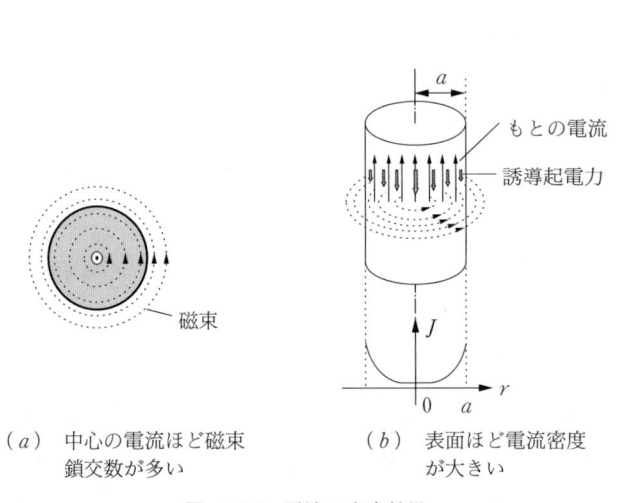

(b) 表面ほど電流密度が大きい

図 4.17 電流の表皮効果

ほど鎖交数が多いことがわかる。もし，導体を流れる電流が増加しようとすると，磁束もそれに伴って増加するから，電磁誘導によって図(b)のような起電力が生じる。このとき，中心部分ほど磁束鎖交数が多いために誘導起電力が大きく，また，電流の変化を妨げる向きに生じるから，中心部分ほど電流が流れにくくなる。その結果，導体の中心付近の電流密度 J〔A/m²〕は表面に比べて小さくなり，図(b)のようになる。このように，導体の表面部分に電流が集中して流れる現象を電流の**表皮効果**（skin effect）という。

4.1 電磁誘導　171

┌ コーヒーブレイク ┐

単位に名を残す科学者たち

　電気・磁気現象を扱うにあたっては，電荷，電圧，静電容量，電流，抵抗，磁束密度，磁束，インダクタンスなど多くの物理量が用いられる。それぞれの単位は〔C〕，〔V〕，〔F〕，〔A〕，〔Ω〕，〔T〕，〔Wb〕，〔H〕であるが，これらの単位には，電気・磁気に関する重要な発見をした人々を讃える意味で，人物名が用いられている。なお，人物名を単位とする場合は，最初を大文字とすることで他の単位と区別が付くようにしている。ここでは，これら単位に名を残す科学者たちについて，その業績を簡単に紹介しよう。

- **クーロン**（Charles Augustin de Coulomb，1736〜1806，フランス，〔C〕）：微小な力を測定する「ねじれ秤」を開発し，磁気と静電気に関するクーロンの法則を発見した。
- **ボルタ**（Alessandro Volta，1745〜1827，イタリア，〔V〕）：電池の発明により，それまでの静電気と異なり連続的に流れる電流を実現し，19世紀の電気と磁気に関する重要な法則を発見するきっかけをつくった。
- **ファラデー**（Michael Faraday，1791〜1867，イギリス，〔F〕）：電磁誘導の法則の他に，電気分解に関する法則や反磁性物質，誘電物質の発見など多数の大発見をしている。また，電界や磁界を空間の一つの状態とする「場」の考え方を提唱した。
- **アンペール**（André Marie Ampère，1775〜1836，フランス，〔A〕）：右ねじの法則や周回積分の法則など，磁気に関する基本的な法則を発見した。また，物質の磁気を分子中にループ状の電流が流れているためと予想した。
- **オーム**（Georg Simon Ohm，1789〜1854，ドイツ，〔Ω〕）：独自の方法で導体に流れる電流は加える電圧に比例することを発見し，抵抗という概念のもとになる考えを示した。
- **テスラ**（Nikola Tesla，1857〜1943，アメリカ，〔T〕）：三相交流のもとになる二相交流発電機や二相誘導電動機を発案した。また，テスラコイルという高周波発生器によって無線通信を行おうとしたことでも知られる。
- **ウェーバ**（Wilhelm Eduard Weber，1804〜1891，ドイツ，〔Wb〕）：ガウスと共に地磁気の大きさを精密に測定した。
- **ヘンリー**（Joseph Henry，1797〜1878，アメリカ，〔H〕）：電磁誘導をファラデーより1年早く発見し，また自己誘導を発見した。

交流電流の場合，その表皮効果は，周波数が高く導体の導電率が大きいほど誘導電流の大きさが大きくなるから，顕著になる．表皮効果によって電流が実際に流れる断面積が小さくなるから，実質的な電気抵抗が増加する．そこで，高い周波数で用いる導体は，導体表面に抵抗率の小さな物質をメッキしたり，細い線をより合わせて表面積を大きくするなど，導体表面の電気抵抗を小さくする工夫がなされている．

4.2　インダクタンス

　一般に，コイルに電流を流すと電流に比例した磁束が生じる．このとき，電流が時間的に変化すると誘導起電力が発生するが，コイルに流す電流と磁束鎖交数の関係がわかれば，誘導起電力は電流で表すことができる．コイルに流す電流と磁束鎖交数の関係を示す量が**インダクタンス**（inductance）である．

　インダクタンスを用いると，コイルに鎖交する磁束を考えなくても，直接コイルの電流と電圧の関係を得ることができ，回路解析などに便利である．

4.2.1　自己誘導と自己インダクタンス

　図 4.18 に示すようなコイルに電流を流したとすると，コイルに鎖交するように磁束が発生する．このとき，電流が時間的に変化したとすると磁束も時間的に変化するから，電磁誘導によってコイルに起電力が発生する．このような作用を**自己誘導**（self induction）という．

　一般に，コイルの磁束鎖交数 ψ [Wb] はコイルに流れる電流 i [A] に比例

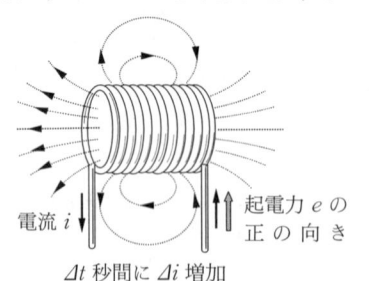

磁束鎖交数 $\psi = Li$
誘導起電力 $e = -L\dfrac{\Delta i}{\Delta t}$

電流 i　　起電力 e の正の向き
Δt 秒間に Δi 増加

図 4.18　自己誘導と自己インダクタンス

するから，比例定数を L とすると

$$\phi = Li \tag{4.8}$$

となる。

いま，図のように Δt〔s〕の間に電流が Δi〔A〕だけ変化したときの磁束鎖交数の変化量を $\Delta\phi$〔Wb〕とすると，式 (4.8) より $\Delta\phi = L\Delta i$ となる。したがって，自己誘導によってコイルに発生する起電力 e は，電磁誘導の法則によって

$$e = -L\frac{\Delta i}{\Delta t} \quad 〔\text{V}〕 \tag{4.9}$$

となる。式 (4.8) における比例定数 L は**自己インダクタンス** (self inductance) と呼ばれており，その単位は〔H〕（ヘンリー）を用いる。なお，式 (4.8) および式 (4.9) から

〔H〕=〔Wb〕/〔A〕=〔V・s/A〕=〔Ω・s〕

の関係があることがわかる。

電気回路で，コイルのもつインダクタンス L は**図 4.19** のような記号が用いられる。いま，図のような向きに電流 i〔A〕を流し，i が Δt〔s〕間に Δi〔A〕だけ増加したとすると，コイルには，図のような向きに式 (4.9) で表される誘導起電力 e が発生する。このとき，外部から加えた電圧 e_0 と e の間には

$$e_0 + e = 0 \quad \text{あるいは} \quad e_0 = -e$$

の関係がある。このことは，インダクタンスに流れる電流を Δt〔s〕間に i か

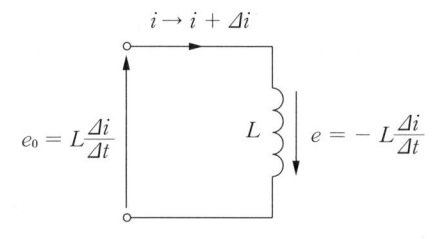

図 4.19 自己インダクタンスの回路記号

ら $i + \Delta i$〔A〕に増加させるためには，外部から誘導起電力と等しい大きさをもつ電圧 e_0〔V〕を加えなければならないことを意味する．結局，コイルに加える電圧 e_0 と流れる電流 i の関係は

$$e_0 = L\frac{\Delta i}{\Delta t} \text{〔V〕} \tag{4.10}$$

となる．このように，インダクタンスを用いるとコイルに加える電圧と電流の関係式が得られる．

なお，電流の時間変化が一定でない場合には，式 (4.10) は微分を用いてつぎのように表される．

$$e_0 = L\frac{di}{dt} \text{〔V〕} \tag{4.11}$$

4.2.2 相互誘導と相互インダクタンス

図 4.20 (a) に示すように，コイル1とコイル2とを接近させておき，コイル1に時間的に変化する電流 i_1〔A〕を流したとすると，自己誘導による誘導起電力 e_{11}〔V〕がコイル1に発生するが，コイル1による磁束はコイル2にも鎖交するから，コイル2にも起電力 e_{21}〔V〕が発生する．このような現象を**相互誘導** (mutual induction) という．

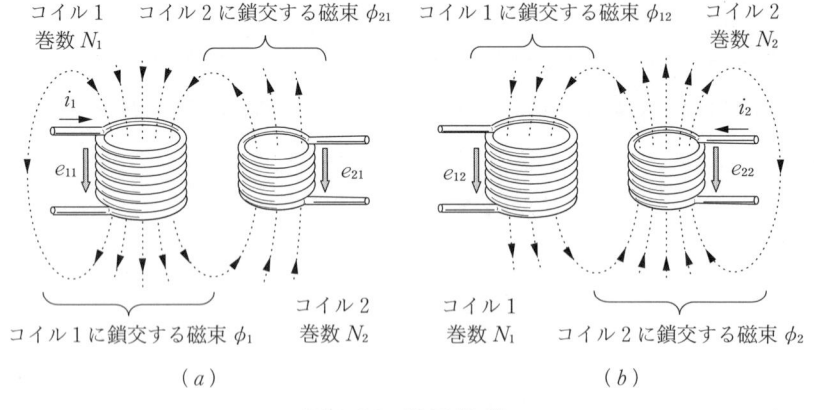

図 4.20 相互誘導

このとき，コイル 2 の磁束鎖交数 ψ_{21} は電流 i_1 に比例するから

$$\psi_{21} = M_{21} i_1 \tag{4.12}$$

と表すことができる。

いま，電流 i_1 が Δt 〔s〕の間に Δi_1 〔A〕だけ変化したとすれば，相互誘導によりコイル 2 に発生する起電力 e_{21} は

$$e_{21} = - M_{21} \frac{\Delta i_1}{\Delta t} \quad \text{〔V〕} \tag{4.13}$$

となる。

逆に，図 (b) のように，コイル 2 に電流 i_2〔A〕を流したとすれば，コイル 1 の磁束鎖交数 ψ_{12} は

$$\psi_{12} = M_{12} i_2 \tag{4.14}$$

と表され，Δt〔s〕の間に i_2 が Δi_2〔A〕変化したときコイル 1 に誘起される起電力 e_{12} は

$$e_{12} = - M_{12} \frac{\Delta i_2}{\Delta t} \quad \text{〔V〕} \tag{4.15}$$

となる。式 (4.12) および式 (4.14) における比例定数 M_{21}, M_{12} は**相互インダクタンス** (mutual inductance) と呼ばれ，その単位は自己インダクタンスと同じく〔H〕である。

一般に，相互インダクタンス M_{21} と M_{12} の値は等しく

$$M_{21} = M_{12} = M \tag{4.16}$$

となる。このような関係を相互インダクタンスの相反性という。

ところで，図 **4.20** (a) および図 (b) に示されているように，コイル 1 に電流 i_1 を流したときのコイル 1 に鎖交する磁束 ϕ_1 はコイル 2 に鎖交する磁束 ϕ_{21} より大きく，逆に，コイル 2 に電流 i_2 を流したときのコイル 2 に鎖交する磁束 ϕ_2 はコイル 1 に鎖交する磁束 ϕ_{12} より大きくなる。したがって，$L_1 L_2$ と M^2 を比較すると

$$L_1 L_2 = \frac{N_1 \phi_1}{i_1} \frac{N_2 \phi_2}{i_2} \geq \frac{N_2 \phi_{21}}{i_1} \frac{N_1 \phi_{12}}{i_2} = M^2$$

となる。ここで，式 (4.17) で定義される**結合係数** (coefficient of coupling, coupling factor) k を考えると，k は $0 \leqq k \leqq 1$ となることがわかる．

$$k = \frac{M}{\sqrt{L_1 L_2}} \tag{4.17}$$

なお，$k=0$ は一方のコイルのつくる磁束がもう一方のコイルとまったく鎖交していないことを示しており，$k=1$ はすべて鎖交していることを表しているから，結合係数 k は二つのコイルの磁気的な結合の程度を表す量であることがわかる．

相互インダクタンス M の回路記号は，図 **4.21** に示す記号が用いられる．図のように，それぞれのコイルに i_1 〔A〕と i_2 〔A〕の電流を流し，これらが $\varDelta t$ 秒間に $\varDelta i_1$ 〔A〕，$\varDelta i_2$ 〔A〕変化したとすると，自己誘導によりそれぞれのコイルに e_{11} 〔V〕，e_{22} 〔V〕の電圧が発生すると同時に，相互誘導によって e_{12} 〔V〕，e_{21} 〔V〕の電圧も生じる．よって，コイルの端子電圧 e_1，e_2 は，それぞれ

$$\begin{cases} e_1 = -(e_{11} + e_{12}) = L_1 \frac{\varDelta i_1}{\varDelta t} + M \frac{\varDelta i_2}{\varDelta t} \\ e_2 = -(e_{21} + e_{22}) = M \frac{\varDelta i_1}{\varDelta t} + L_2 \frac{\varDelta i_2}{\varDelta t} \end{cases} \tag{4.18}$$

となることがわかる．

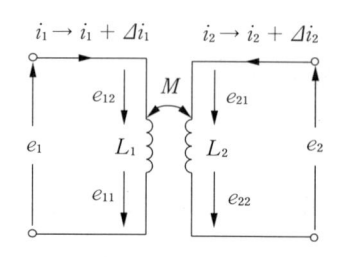

図 **4.21** 相互インダクタンスの回路記号

4.2.3 インダクタンスの計算

自己インダクタンスや相互インダクタンスの値は，コイルの電流を仮定したときの磁束鎖交数を求めることができれば計算によって得ることができる．実際のコイルに対して磁束鎖交数を求めることは難しい場合が多いが，ここでは，いくつかの理想化したコイルに対して，自己インダクタンスや相互インダクタンスを求めてみよう．

〔1〕 無限に長い円筒ソレノイドの自己インダクタンス

3.1.3項で求めたように，単位長さ当りの巻数が N_0〔回/m〕である無限に長い円筒ソレノイドコイルに，電流 I〔A〕が流れたときの磁束密度は，内部の任意の点で大きさが等しく，コイルに平行な方向をもつ一様磁界となる。その大きさ B〔T〕は，式 (3.13) より

$$B = \mu_0 N_0 I \quad \text{〔T〕}$$

で表される。よって，コイルの半径を r〔m〕とすると，単位長さ当りの磁束鎖交数 ψ は

$$\psi = N_0(B\pi r^2) = \mu_0 N_0^2 \pi r^2 I \quad \text{〔Wb/m〕}$$

となる。したがって，単位長さ当りの自己インダクタンス L は

$$L = \frac{\psi}{I} = \mu_0 N_0^2 \pi r^2 \quad \text{〔H/m〕} \tag{4.19}$$

となる。

〔2〕 有限長円筒ソレノイドの自己インダクタンス

円筒ソレノイドコイルの長さが有限である場合には，図 4.22 に示すように，ソレノイドの両端で磁束は広がり，コイルの外側にも磁束が存在するようになり，コイル内部の磁束密度は一様ではなくなる。

コイルの長さを l〔m〕，直径を $2r$〔m〕とすると，l が $2r$ に比べて十分大きいとすれば，無限に長いコイルに近い状態となる。いま，コイルの巻数を

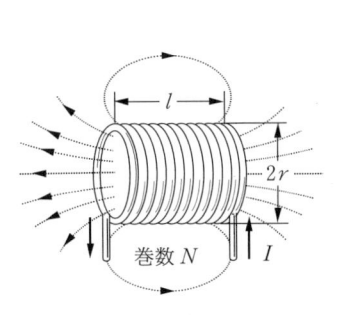

図 4.22 有限長円筒ソレノイドコイル

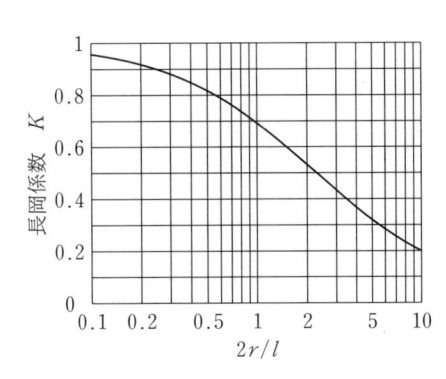

図 4.23 長岡係数

N とすると単位長さ当りの巻数は N/l となるから，自己インダクタンス L は，式 (4.19) より

$$L = \mu_0 \left(\frac{N}{l}\right)^2 \pi r^2 \times l = \frac{\mu_0 N^2 \pi r^2}{l} \quad \text{[H]} \tag{4.20}$$

となる．しかし実際には，図のように磁束がコイルの外側に漏れるから，コイルと鎖交する磁束は少なくなり，自己インダクタンス L は式 (4.20) より小さくなる．どの程度小さくなるかを表す係数を K とすると

$$L = K \frac{\mu_0 N^2 \pi r^2}{l} \quad \text{[H]} \tag{4.21}$$

となる．K は**長岡係数**[†]と呼ばれ，**図 4.23** のように実験的に求められている．図よりコイルの長さと直径との比 $2r/l$ が大きくなると，すなわちコイルが太く短くなるとコイルのインダクタンス L は小さくなることがわかる．

〔3〕 同軸円筒ソレノイドの相互インダクタンス　**図 4.24** に示すような長さ l 〔m〕，直径 $2r$ 〔m〕，巻数 N_1 の細長いコイル 1 の外側に，巻数 N_2 の短いコイル 2 を置いたとき，二つのコイル間の相互インダクタンス M を求める．

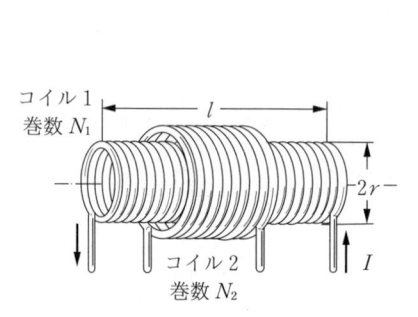

図 4.24　同軸円筒ソレノイドの相互インダクタンス

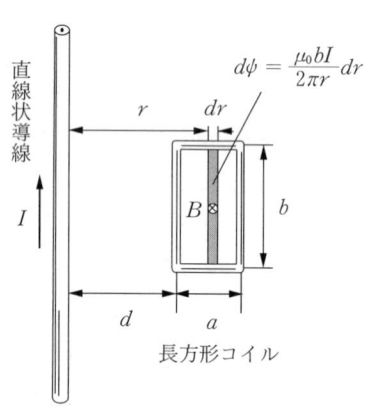

図 4.25　無限長直線状導線と長方形コイル間の相互インダクタンス

[†] 長岡半太郎（1865〜1950）によって実験的に求められた．現代では数値計算によって $(2r/l) \ll 1$ のとき，$K \approx \{1 + 0.45(2r/l) - 0.005(2r/l)^2\}^{-1}$ と求められている．

いま，コイル1にI〔A〕の電流を流したとすると，コイル1による磁束密度B〔T〕は無限に長いソレノイドコイルによる磁束密度の式を用いて

$$B = \frac{\mu_0 N_1 I}{l}$$

となる。このとき，コイル1を貫く磁束はすべてコイル2と鎖交すると考えると，コイル2の磁束鎖交数ψ_{21}は

$$\psi_{21} = N_2(B\pi r^2) = \frac{\mu_0 N_1 N_2 \pi r^2}{l} I$$

である。したがって，相互インダクタンスMは

$$M = \frac{\psi_{21}}{I} = \frac{\mu_0 N_1 N_2 \pi r^2}{l} \quad \text{〔H〕} \tag{4.22}$$

となる。

〔**4**〕 **無限長直線状導線と長方形コイル間の相互インダクタンス**[†] 図**4.25**に示すような，無限長直線状導線と平行に，d〔m〕だけ隔てた位置に，各辺の長さがa〔m〕，b〔m〕の長方形コイルを置いたときの相互インダクタンスを求める。

いま，直線状導線にI〔A〕の電流を流したとすると，直線状導線からr〔m〕離れた点での磁束密度B〔T〕は

$$B = \frac{\mu_0 I}{2\pi r} \quad \text{〔T〕}$$

である。よって，長方形コイル内の幅がdr〔m〕で長さがb〔m〕である微小な面積を貫く磁束$d\psi$〔Wb〕は

$$d\psi = B(bdr) = \frac{\mu_0 b I}{2\pi r} dr$$

となる。したがって，長方形コイル全体と鎖交する磁束ψ〔Wb〕は，$d\psi$を$r = d$から$r = d + a$まで積分すればよく

$$\psi = \int d\psi = \frac{\mu_0 b I}{2\pi} \int_d^{d+a} \frac{dr}{r} = \frac{\mu_0 b I}{2\pi} \log \frac{d+a}{d}$$

[†] 積分を学んでいない読者は，次項に進んでよい。

となる。よって，相互インダクタンス M はつぎのようになる。

$$M = \frac{\phi}{I} = \frac{\mu_0 b}{2\pi} \log \frac{d+a}{d} \quad [\text{H}]$$

4.2.4　インダクタンスに蓄えられるエネルギー

図 **4.26** (a) に示すように，コイルに電流を流した状態からスイッチSを切って電源を切り離した後も，短い時間ではあるが，コイルと電球の回路に点線で示したような電流が流れる。この電流は，電球で光や熱のエネルギーを放出しながら減少していき，やがて0になる。この現象は，コイルがエネルギーを蓄えていたために生じると考えられる。このように，インダクタンスに蓄えられるエネルギーを**電磁エネルギー**（electromagnetic energy）という。

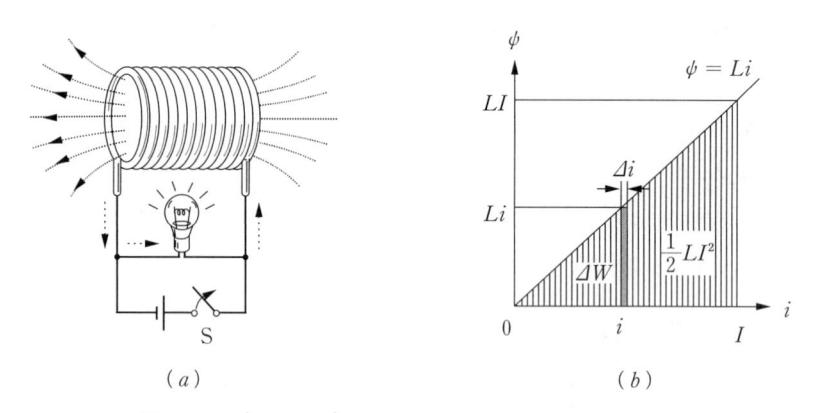

図 **4.26**　自己インダクタンスに蓄えられる電磁エネルギー

自己インダクタンス L [H] をもつコイルに直流電源を接続し，コイルに流れる電流を 0 から I [A] まで徐々に増加させたときにインダクタンスに蓄えられる電磁エネルギーを求めてみる。いま，短い時間 Δt [s] の間に電流を i から $i + \Delta i$ [A] まで増加させたとすると，自己誘導による誘導起電力に逆らって電流を流すために，誘導起電力と等しい大きさをもつ

$$e = L \frac{\Delta i}{\Delta t} \quad [\text{V}]$$

の電圧を加えなければならない。このとき，Δt〔s〕間に電源がする仕事 ΔW〔J〕は，Δt〔s〕間の電力量であるから

$$\Delta W = ei\Delta t = \left(L\frac{\Delta i}{\Delta t}\right)i\Delta t = Li\Delta i \quad \text{〔J〕}$$

となる。この ΔW は，図(b)のように，横軸を電流 i とし，縦軸を磁束鎖交数 ϕ としたとき $\phi = Li$ という関数のグラフの下にとった微小な幅の長方形の面積となる。したがって，電流を 0 から I〔A〕とするためには，ΔW の総和，すなわち図に示した三角形の面積に等しい仕事を電源がしなければならないことになる。よって，自己インダクタンス L に蓄えられる電磁エネルギー W〔J〕は

$$W = \frac{1}{2}LI^2 = \frac{1}{2}\phi I \quad \text{〔J〕} \tag{4.23}$$

となる。

演 習 問 題

【1】 巻数が 100 で，半径 5 cm の円形コイルがある。コイルを貫く磁束の磁束密度が 2 ms の間に 0.1 T から 0.5 T に増加したとき，コイルに発生する誘導起電力の大きさを求めなさい。ただし，磁束密度はコイル面に垂直で，面内で等しい値をもつものとする。

【2】 磁束密度が 0.3 T の一様磁界中に長さが 10 cm の直線導体を磁界と垂直に置き，導体を磁界と垂直方向に 100 m/s の速度を保って運動させた。このとき，導体に生じる起電力を求めなさい。また，導体を磁界と 30° の方向に同じ速さで動かしたときの起電力を求めなさい。

【3】 問図 **4.1** のように，辺の長さが $l = 10$ cm，$D = 10$ cm で巻数 $N = 10$ の正方形コイルを，磁束密度 1.2 T の一様磁界中で 1 分間あたり 1 500 回転で回転させたとき，コイルに発生する交流電圧の最大値を求めなさい。

【4】 コイルに流れる電流が 10 ms に 2 A の一定の割合で増加しているとき，コイルに 5 V の電圧が発生した。コイルの自己インダクタンスを求めなさい。

【5】 二つのコイル間の相互インダクタンスが 5 mH であるとき，一方のコイルに

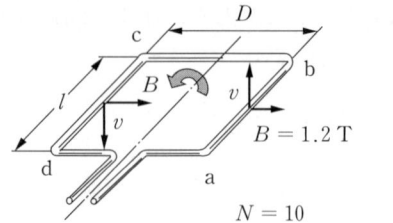

182　4．電磁誘導とインダクタンス

問図 4.1

20 ms に 5 A の一定の割合で増加する電流を流すとき，もう一方のコイルに発生する起電力の大きさを求めなさい．

【6】コイルの半径 $r = 1.5\,\mathrm{cm}$，コイルの長さ $l = 10\,\mathrm{cm}$，巻数が 100 である有限長円筒ソレノイドコイルの自己インダクタンスを計算しなさい．

【7】半径 1 cm，長さ 5 cm，巻数 200 である有限長円筒ソレノイドコイルに電流 0.5 A を流したとき，このコイルの自己インダクタンス，磁束鎖交数をそれぞれ求めなさい．

【8】問図 4.2 のように，単位長さ当りの巻数が N_0〔回/m〕である無限長ソレノイドコイルの内部に，半径 a〔m〕，巻数 N の円形コイルが，それぞれのコイルの中心軸のなす角が θ だけ傾けて置かれているとき，これらのコイルの相互インダクタンスを求めなさい．また，θ を変えたときの相互インダクタンスの最大値および最小値を求めなさい．

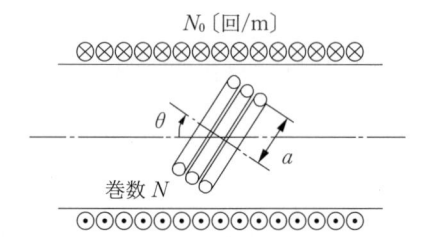

問図 4.2

【9】二つのコイルがあり，それぞれの自己インダクタンスが $L_1 = 10\,\mathrm{mH}$，$L_2 = 20\,\mathrm{mH}$ であり，二つのコイル間の相互インダクタンスが $M = 5\,\mathrm{mH}$ であった．二つのコイルの結合係数を求めなさい．

【10】自己インダクタンスが 1 H のコイルに 10 A の電流が流れている．このコイルに蓄えられている電磁エネルギーを求めなさい．

5

物質中の磁界

5.1 物質中の磁界

　これまで電流による磁気について述べてきたが，歴史的には，磁鉄鉱のような磁気を帯びた物質が鉄などの物質を引き付ける現象のほうが古くから知られていた。しかし，当時は磁気を帯びた物質と電流とは結び付いてはおらず，エルステッド，アンペア，ファラデーらによって磁気の本質が電流であることが次第に明らかになり，物質中にもなんらかの電流が流れていると予想されるようになった。その後，20世紀初頭に確立された量子力学により，このような物質中に流れる電流による磁界は，厳密に扱うことができるようになった。

　本章では，やや厳密さを欠くが，量子力学による扱いを極力避け，物質中の磁界について述べることにする。

5.1.1 磁気モーメントと物質の磁化

　物質を磁界中に置くと，物質が磁界をつくる性質をもつようになり，真空中とは異なる磁界が発生する。このように物質が磁気を帯びた状態になることを**磁化**（magnetize）されたといい，物質が磁化される現象を**磁気誘導**（magnetic induction）という。物質には，図 **5.1**（a）のように，磁気誘導により発生した磁束の物質内部における向きが外部磁界と等しいものと，図（b）のように逆のものとがある。前者を**常磁性体**（paramagnetic substance）といい，空気，酸素，アルミニウムなどがある。後者は**反磁性体**（diamagnetic

5. 物質中の磁界

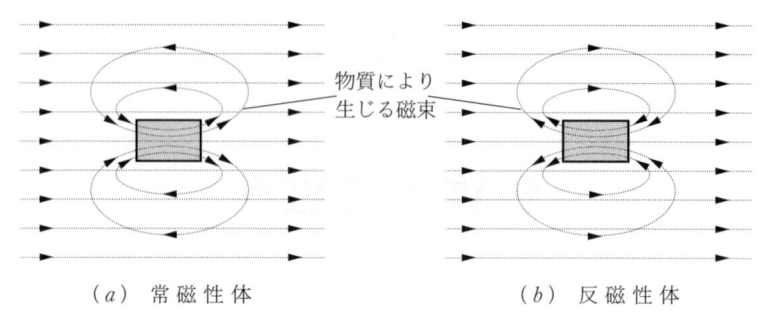

物質により
生じる磁束

(a) 常磁性体　　　　　　(b) 反磁性体

図 5.1　磁気誘導の物質による違い

substance) と呼ばれ，銅，ケイ素，水，ビスマスなどがある。

　鉄は図 (a) のように磁化されるが，非常に強く磁化されるため，常磁性体と区別して**強磁性体** (ferromagnetic substance) と呼ばれる。なお，室温付近で単体の元素からなる物質で強磁性を示すのは，鉄，コバルト，ニッケル，ガドリニウムだけである。

　物質の磁化は，物質を構成している原子の磁気的な性質を反映したものとなる。いま，水素原子を例にとると，図 5.2 のように自転運動（**スピン**：spin という）している電子が原子核の周りを軌道運動していると考えることができる。このような電子のスピンと軌道運動は一種の電流とみなすことができるから，これらの電子の運動により磁界が発生する。

　このような原子サイズの電流ループによる磁気を取り扱うために，**磁気モーメント** (magnetic moment) というものを考える。3.2.2 項で，一様磁界中に置かれた長方形コイルに電流を流すと，外部磁界の方向と長方形コイルのなす角 α が 90° となるような向きにトルクが働くことを述べた。一つの平面上にある任意の形をした電流ループが一様磁界中に置かれた場合に働くトルクも，つぎのようにして求めることができる。図 5.3 のように，図 (a) のループ電流を，図 (b) のようにループに流れる電流と等しい電流が流れる細長い長方形ループに分割してみると，隣接する長方形の重なり合う辺に流れる電流はたがいに打ち消し合い，外周に沿った部分だけが残るから，ループ全体に働くトルク τ は，それぞれの微小な長方形ループに働くトルクの総和となる。す

5.1 物質中の磁界

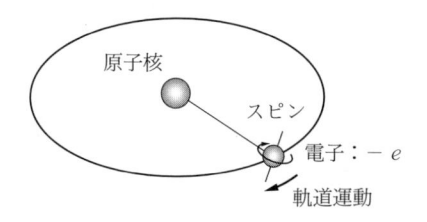

(a) 水素の原子模型

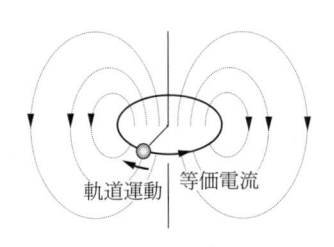

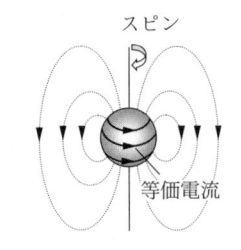

(b) 電子の軌道運動による磁界　　(c) 電子のスピンによる磁界

図 5.2 電子による磁界

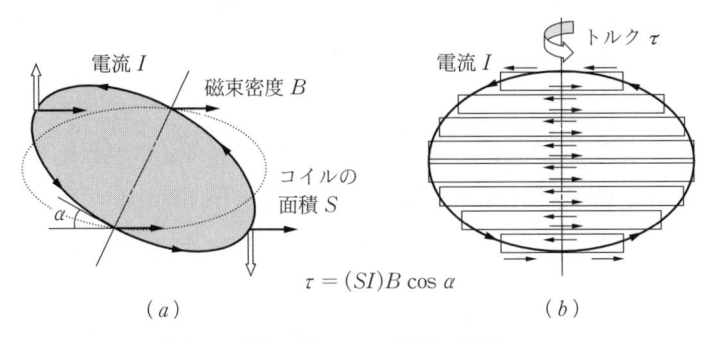

(a)　　(b)

図 5.3 任意の形のループ電流に働くトルク

なわち，電流を I〔A〕，ループの面積を S〔m²〕，外部磁界の磁束密度を B〔T〕，B とループ面のなす角を α とすると，長方形の場合のトルクを求める式 (3.17) と等しくなり，$\tau = (SI)B\cos\alpha$〔N·m〕となる。

この結果をもとに，**図 5.4**(a) のようなループの面積が ΔS〔m²〕である微小電流ループについて，ループの面積と電流の積

$$m = \Delta S I \quad \text{〔A·m²〕} \tag{5.1}$$

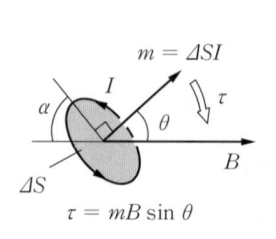

(a) 外部磁界中に置かれた微小電流ループに働くトルク

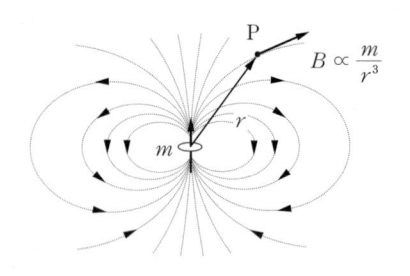

(b) 磁気モーメントによる磁束密度

図 5.4 磁気モーメント

を大きさとし，ループ面に垂直な方向に，電流と右ねじの関係にある向きをもつベクトルを磁気モーメントと定義する．このように，磁気モーメントを定義すると，磁束密度 B 〔T〕の磁界中に置かれた微小ループに働くトルク τ 〔N·m〕は，B と磁気モーメント m のなす角を θ とすると

$$\tau = mB \sin \theta \quad 〔\mathrm{N \cdot m}〕 \tag{5.2}$$

となる．この結果から，微小ループに働くトルク τ は磁気モーメント m と外部磁界 B に比例し，磁気モーメントが磁束密度の向きと一致するように働くことがわかる．

また，微小電流ループは図 (b) のような磁界をつくる．このとき，磁気モーメントが m 〔A·m²〕である微小電流ループから r 〔m〕離れた点 P の磁束密度 B 〔T〕は，m に比例し，r の 3 乗に反比例することが知られている（例題 5.1 参照）．

以上のように，微小電流ループに対して磁気モーメントというものを考えると，外部磁界中に置かれたループに働くトルクや，微小電流ループによる磁束密度などの基本的な物理量を磁気モーメントで表すことができる．

原子内の電子のスピン，および軌道運動による磁気モーメントも同様に定義することができる．量子力学によれば，これらの磁気モーメントの大きさは，$m = 9.28 \times 10^{-24}$ A·m² の整数倍の値をもつことが知られている．このような電子を複数有する原子は，すべて磁気モーメントをもつように思われるが，

電子は2個ずつ対をつくって安定になる性質があり，対となった電子のスピンおよび軌道運動による磁気モーメントの総和は0となるため，磁気モーメントを有する原子あるいは分子は限られたものだけになる。

不対電子を有する遷移元素や希土類元素を含む物質は，これらの原子が初めから磁気モーメント（永久磁気モーメントという）をもっている。通常は**図5.5(a)**のように，熱エネルギーのために，それらの永久磁気モーメントはランダムな方向を向いているが，外部磁界が加わると外部磁界の方向にトルクが働き，わずかながら外部磁界の方向に磁気モーメントがそろうようになり，物質は磁化される。このような物質が常磁性体である。また，アルミニウムやアルカリ金属のように，自由電子のスピンによる磁気モーメントが外部磁界の方向を向くことにより常磁性を示す物質もある。

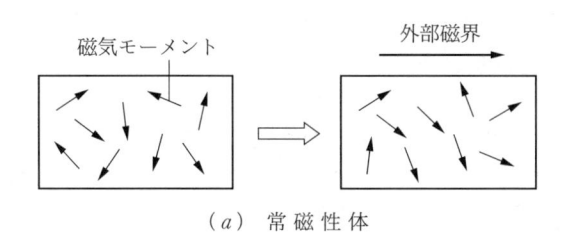

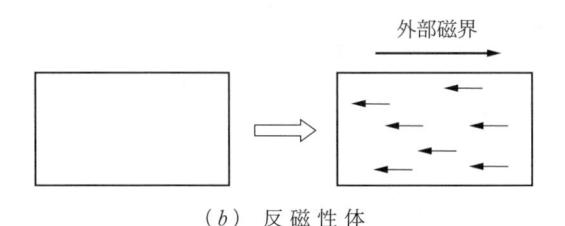

(a) 常磁性体

(b) 反磁性体

図 5.5 常磁性体と反磁性体の磁化

反磁性体は，電子が対をなしているため，通常は磁気モーメントをもたないが，外部磁界の作用により，電子の軌道運動やスピンの運動状態が変化し，図(b)のように外部磁界と反対向きの新たな磁気モーメントが生じる物質である。また，ビスマスのように，自由電子が外部磁界によるローレンツ力を受け

て図 3.32 のような円運動をすることにより，反磁性を示す物質もある。

強磁性体では，原子や分子中の電子スピンに，交換力あるいは交換相互作用という量子力学的な作用が働き，**磁区**（magnetic domain）と呼ばれる 10^{-5}〜10^{-4} m ほどの領域で磁気モーメントがそろっている。なお，磁区どうしの境界は**磁壁**（domain wall）と呼ばれている。強磁性体は，外部からの磁界がない場合は，図 5.6 (a) のように，各磁区の磁気モーメントの方向は任意の方向を向いているため，磁気モーメントの総和は 0 となっているが，外部磁界が加わると外部磁界に近い方向と向きの磁気モーメントをもつ磁区の領域が拡大していくことにより（図(b)：磁壁の移動という），大きな磁化を示すようになる。外部磁界をさらに強くすると，図(c)のように，物質全体が一つの磁区となってしまい，磁気モーメントの方向が外部磁界の方向にそろっていくと，それ以上は磁化されなくなる。このような現象を**磁気飽和**（magnetic saturation）という。

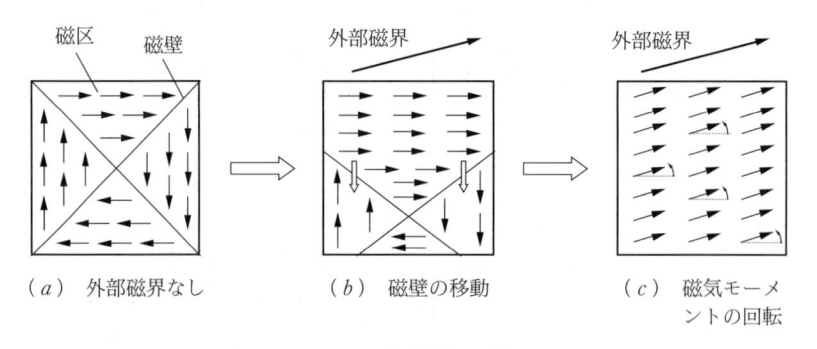

(a) 外部磁界なし　　(b) 磁壁の移動　　(c) 磁気モーメントの回転

図 5.6　強磁性体の磁化

例題 5.1　図 5.7 のような，半径が a [m] である微小な円形ループの中心軸上に r [m] 離れた位置での磁束密度 B [T] を求め，B が磁気モーメント

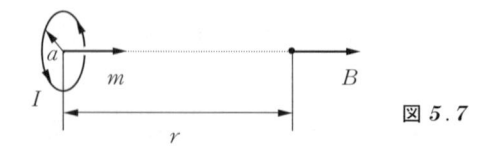

図 5.7

m に比例し，r の 3 乗に反比例することを確かめなさい．

【解】 3.1.2 項で求めたように，円形コイルの中心軸上の磁束密度 B は式 (3.5) で求めることができる．いま，ループに流れる電流を I〔A〕とすると，B は

$$B = \frac{\mu_0 I}{2} \frac{a^2}{(a^2 + r^2)\sqrt{a^2 + r^2}}$$

となる．このとき，$a \ll r$ であるから，分母の a は無視することができ

$$B \approx \frac{\mu_0 I}{2} \frac{a^2}{r^3} = \frac{\mu_0}{2\pi} \frac{\pi a^2 I}{r^3} = \frac{\mu_0}{2\pi} \frac{m}{r^3} \text{〔T〕}$$

となり，B は m に比例し，r の 3 乗に反比例することがわかる． ◇

例題 5.2 水素原子中の電子は，半径が $a = 5.29 \times 10^{-11}$ m の円周上を，速さ $v = 2.19 \times 10^6$ m/s で円運動しているとして，電子の軌道運動による磁気モーメントを求めなさい．

【解】 まず，電子の円運動による電流 I を求める．電流は電子の軌道上のある点を 1 秒間に通過する電気量である．電子は 1 秒間に $v/2\pi a$ だけ回転するから，求める電流 I は $I = ev/2\pi a$ となる．よって，電子の電気量を $e = 1.602 \times 10^{-19}$ C とすると，$I = 1.056 \times 10^{-3}$ A となる．したがって，電子の円運動による磁気モーメント m は，$\pi a^2 \times I$ に数値を代入して $m = 9.28 \times 10^{-24}$ A·m² となる．

5.1.2 磁界の強さと透磁率

〔1〕磁化の強さ 図 5.8 に示すように，微小な体積 ΔV〔m³〕を考えて，ΔV 中にある磁気モーメント m_i〔A·m²〕のベクトル的な総和を体積 ΔV で割ったものを，**磁化の強さ** (intensity of magnetization) あるいは **磁化** M

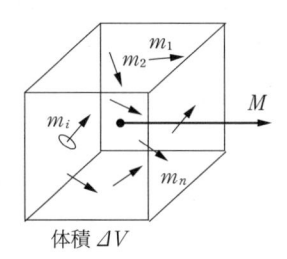

図 5.8 磁化の強さ

という。磁化の強さの方向は，体積 ΔV の中にある磁気モーメントのベクトル的な和をとった方向であり，磁化の強さの単位は，定義からわかるように〔A/m〕である。

いま，図 $5.9(a)$ のような，断面積が S〔m²〕であり，任意の場所の磁化の強さが M〔A/m〕である一様に磁化された物質を考えてみる。このような物質中に，図 (a) に示すような，物質の断面に微小な幅 Δl〔m〕をもつ微小領域を仮定すると，微小領域内の磁気モーメントのベクトル的な総和の大きさは $M(S\Delta l)$〔A・m²〕となる。

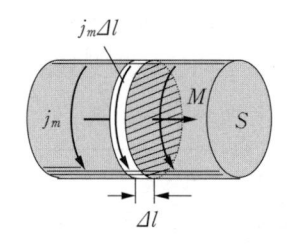

(a) 一様に磁化された物質　　　　(b) 表面磁化電流

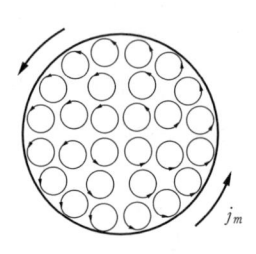

図 5.9　磁化の強さと表面磁化電流

一方，図 (b) のように，断面内に微小電流ループを仮定し，それぞれのループによる磁気モーメントを考えると，断面のいたるところで磁化の強さが等しいから，それぞれのループに流れる電流の大きさは等しくなる。このとき，物質内部では隣どうしの電流は図のように打ち消し合うが，物質表面では打ち消し合う相手がないため，図のような表面を流れる電流が残ることになる。いま，電流の大きさを単位長さ当り j_m〔A/m〕とすると，微小電流ループによる磁気モーメントのベクトル的な総和の大きさは $(j_m \Delta l)S$ である。そこで，$M(S\Delta l) = j_m(S\Delta l)$ とおくと，磁化の強さ M は

$$j_m = M \quad \text{〔A/m〕} \tag{5.3}$$

の関係にある電流 j_m で表すことができる。このような電流を**表面磁化電流**という。

〔2〕**磁界の強さ**　　図 5.10 に示すような，断面が円であるドーナツ形

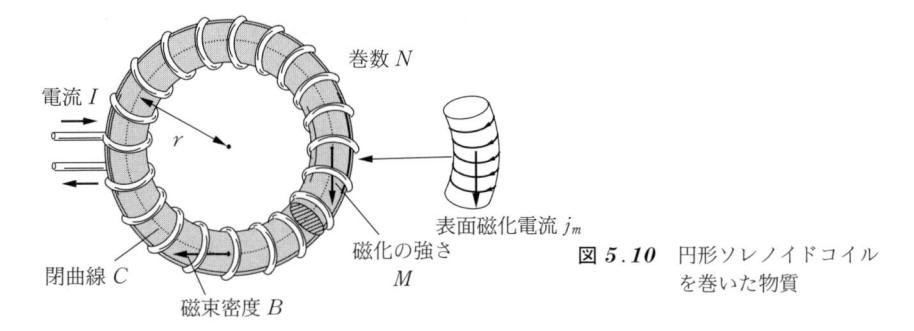

図 5.10 円形ソレノイドコイルを巻いた物質

電流 I
巻数 N
表面磁化電流 j_m
磁化の強さ M
閉曲線 C
磁束密度 B

の物質に N 回巻きのコイルを巻いた円形ソレノイドコイルを考える。コイルに電流 I [A] を流すと，I によって生じる磁界によって物質は磁化される。このとき，コイルの対称性から，断面の中心を通る閉曲線 C 上では磁化の強さは等しい大きさ M [A/m] をもち，C に沿った方向となる。

いま，閉曲線 C についてアンペアの周回積分の法則を適用することを考えると，C と鎖交する電流は，外部からの電流 NI の他に，図のような表面磁化電流 j_m [A/m] も考慮しなければならない。C と鎖交する表面磁化電流の総和は，図のようにコイル断面の中心の半径を r [m] とすると，$j_m 2\pi r = M 2\pi r$ となる。ここで，閉曲線 C を n 個の微小な長さ Δl_1, Δl_2, $\cdots$, Δl_i, $\cdots$, Δl_n [m] に分割すると，磁束密度も C 上で等しい大きさ B [T] をもち，C に沿った方向と向きになるから，C に沿った磁束密度 B の接線成分と微小な長さ Δl_i の積の総和は

$$\sum_{i=1}^{n} B \Delta l_i$$

と表される。よって，アンペアの周回積分の法則より

$$\sum_{i=1}^{n} B \Delta l_i = \mu_0 (NI + M 2\pi r)$$

となる。また，円周の長さを微小な長さの和で表すと

$$2\pi r = \sum_{i=1}^{n} \Delta l_i$$

となるから，アンペアの周回積分の法則は

$$\sum_{i=1}^{n} B \varDelta l_i = \mu_0 NI + \mu_0 M(\sum_{i=1}^{n} \varDelta l_i) = \mu_0 NI + \mu_0 (\sum_{i=1}^{n} M \varDelta l_i)$$

$$\sum_{i=1}^{n} \left(\frac{1}{\mu_0} B - M\right) \varDelta l_i = NI$$

と変形される。ここで

$$H = \frac{1}{\mu_0} B - M \tag{5.4}$$

という量を定義する。このような大きさ H をもつベクトル量は**磁界の強さ** (intensity of magnetic field) あるいは単に**磁界**と呼ばれ，単位は磁化の強さ M と同じ〔A/m〕である。磁界の強さ H を用いるとアンペアの周回積分の法則は

$$\sum_{i=1}^{n} H \varDelta l_i = NI \tag{5.5}$$

となり，右辺は，閉曲線 C と鎖交する外部から流す電流だけとなる。

　式 (5.5) は円形ソレノイドだけでなく，物質を含む任意の閉曲線 C について成立するため，一般に，物質を含む場合のアンペアの周回積分の法則は，磁界の強さ H を用いてつぎのように表される。

　「任意の閉曲線 C を考え，C を微小な長さ $\varDelta l_1$，$\varDelta l_2$，…，$\varDelta l_i$，…，$\varDelta l_n$ に分割し，それぞれの位置での磁界の強さを H_1，H_2，…，H_i，…，H_n とし，また，C の接線と磁界の強さのなす角をそれぞれ θ_1，θ_2，…，θ_i，…，θ_n とすると

$$\sum_{i=1}^{n} H_i \cos \theta_i \, \varDelta l_i = \sum_{j} I_j \;(C \text{ に鎖交する電流の代数和}) \tag{5.6}$$

が成立する。」

　また，ビオ・サバールの法則も磁界の強さを用いてつぎのように表される。

　「電流 I〔A〕が流れる導線上の任意の点にとった微小な長さ $\varDelta l$〔m〕から r〔m〕だけ離れた点での微小な磁界の強さ $\varDelta H$ は，$\varDelta l$ と r のなす角を θ とすると

$$\varDelta H = \frac{1}{4\pi} \frac{I \varDelta l \sin \theta}{r^2} \quad \text{〔A/m〕} \tag{5.7}$$

である。」

〔3〕 **磁化率と透磁率** 式 (5.4) は，磁性体中の磁界の強さ H，磁化の強さ M，磁束密度 B の関係を示す式である。B について変形すると

$$B = \mu_0(H + M) \tag{5.8}$$

となる。いま，磁化の強さ M が磁界の強さ H に比例するとすれば，比例定数を χ_m とおいて

$$M = \chi_m H \tag{5.9}$$

と表される。比例定数 χ_m は物質の**磁化率**（magnetic susceptibility）と呼ばれ，物質の磁化のされやすさを表す定数である。なお，磁化率の単位はなく無次元の数である。

式 (5.9) を式 (5.8) に代入すると

$$B = \mu_0(1 + \chi_m)H \tag{5.10}$$

となる。ここで

$$\mu_r = 1 + \chi_m, \quad \mu = \mu_0 \mu_r = \mu_0(1 + \chi_m) \tag{5.11}$$

とおくと，磁界の強さ H と磁束密度 B の関係は

$$B = \mu H \tag{5.12}$$

となる。μ は物質の**透磁率**（permeability）と呼ばれ，単位は μ_0 と同じく〔H/m〕である。また，μ_r は**比透磁率**（relative permeability）と呼ばれ，単位は χ_m と同様に無次元数である。

いくつかの物質の室温における磁化率を**表 5.1** に示す。表において，常磁性体は磁界の向きに磁化されるから，$\chi_m > 0$ となり，反磁性体では磁化の向きが逆であるから $\chi_m < 0$ となっている。また，表からわかるように，常磁性体や反磁性体では，磁化率が 1 に比べて無視できるほど小さいから，$\mu_r \fallingdotseq 1$ としてよく，物質の透磁率 μ は真空の透磁率 μ_0 とほぼ等しくなる。したがって，常磁性体および反磁性体中での磁界は真空中とほぼ等しいものとなる。

それに対し，強磁性体では磁化率が数百から数千，あるいはそれ以上のものもある。このため，実用上は磁性体といえば強磁性体を指すことが多い。なお，**5.2.2** 項で述べるように，強磁性体の磁化の強さ M は外部磁界の強さ

表 5.1 物質の磁化率 (20°C)

	物質名	磁化率 χ_m		物質名	磁化率 χ_m
常磁性体	空気（1気圧）	3.6×10^{-7}	反磁性体	銅 Cu	-9.7×10^{-6}
	酸素（1気圧） O_2	1.8×10^{-6}		ケイ素 Si	-3.3×10^{-6}
	アルミニウム Al	2.1×10^{-5}		水 H_2O	-9.05×10^{-6}
	酸化第一鉄† FeO	7.2×10^{-3}		ビスマス Bi	-1.7×10^{-4}

H に比例しないため，磁化率 χ_m の値は一定ではない。

つぎに，**図 5.11** に示すように，一様磁界中に強磁性体を置いた場合の磁束分布を考えてみる。

（a） 一様磁界中に置かれた強磁性体のつくる磁束

（b） 磁束は透磁率の大きい部分を通る

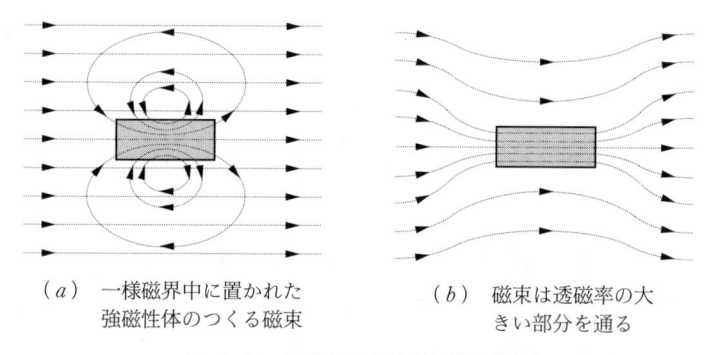

図 5.11 磁性体の透磁率と磁束分布

磁界中に強磁性体を置くと強磁性体は磁化され，図（a）のような磁束を生じる。その結果，磁束分布は図（b）のようになり，磁束線は透磁率の大きな磁性体に集中していることがわかる。このことは，透磁率が大きい部分は磁束が通りやすいため，磁束線が集中すると考えることができる。すなわち，透磁率はその名が示すとおり，磁束の通りやすさを表しているのである。

図 5.12 に示すように，強磁性体で囲まれた中空の部分は，磁束の大部分

---

† FeO は室温では常磁性を示すが，低温では隣り合う原子の磁気モーメントがたがいに逆向きに整列する反強磁性（本章コーヒーブレイク参照）を示す。

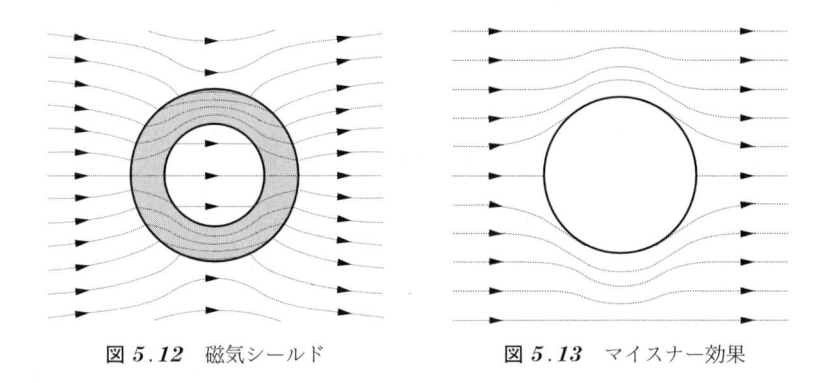

図 5.12 磁気シールド　　　**図 5.13** マイスナー効果

が透磁率の大きな強磁性体中を通るため，外部磁界の影響を小さくすることができる。このように，強磁性体で周りを囲んで外部磁界の影響を少なくすることを**磁気シールド** (magnetic shielding)，あるいは**磁気しゃへい**という。可動コイル形計器などの計測器は，駆動部分を磁気シールドすることによって，外部磁界による誤差を少なくするようにしている。また，磁気を利用した各種機器も，磁気シールドを利用して，機器で発生する磁気の影響が外部に及ばないようにしている。

温度，電流および外部磁界がある値以下になると，いくつかの物質は電気抵抗がゼロとなる。このような状態を**超伝導** (super conductivity) というが，超伝導を示す状態では図 5.13 のように，磁束が物質中を通らなくなる。このような現象を**マイスナー効果** (Meissner effect) という。なお，物質内の磁束密度の大きさはゼロとなるから，物質内の透磁率は $\mu = 0$ である。このとき，$\chi_m = -1$ であるから，超伝導状態にある物質は完全反磁性を示すという。

例題 5.3 図 5.14 のような，空気中に置かれた無限に長い銅製の円柱導体に一様な電流 I 〔A〕が流れているとしたときの導体内外の磁界の強さ，磁束密度，および磁化の強さをそれぞれ求めなさい。ただし，導体の半径を a〔m〕とし，銅および空気の比透磁率をそれぞれ μ_{Cu}（反磁性体），μ_{air}（常磁性体）とする。

196   5. 物質中の磁界

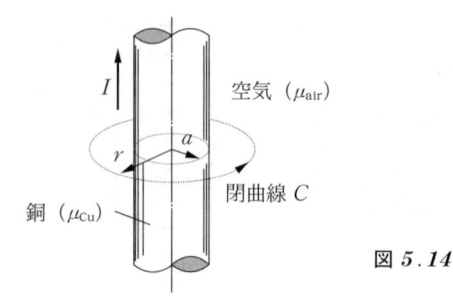

図 5.14

【解】 3.1.3項で真空中で求めたときと同様に，図のような導体と垂直な平面上に導体と同心となる半径 r〔m〕の円を閉曲線 C とする。このとき，C 上の任意の点での磁界の強さ H は等しく，C に沿った方向と向きをもつ。また，導体外で C に鎖交する電流は I であり，導体内では $(r^2/a^2)I$ であるから，アンペアの周回積分の法則より，導体の内外ではつぎの関係式が成立する。

導体内 $(0 < r \leqq a)$

$$H \times 2\pi r = \frac{r^2}{a^2}I$$

導体外 $(a < r)$

$$H \times 2\pi r = I$$

したがって，導体内外の磁界の強さはそれぞれ

$$H = \frac{1}{2\pi}\frac{r}{a^2}I \quad 〔\text{A/m}〕 \quad (導体内)$$

$$H = \frac{1}{2\pi}\frac{1}{r}I \quad 〔\text{A/m}〕 \quad (導体外)$$

となる。また，磁束密度は $B = \mu_0\mu_r H$ を用いて

$$B = \frac{\mu_0\mu_{Cu}}{2\pi}\frac{r}{a^2}I \quad 〔\text{T}〕 \quad (導体内)$$

$$B = \frac{\mu_0\mu_{air}}{2\pi}\frac{1}{r}I \quad 〔\text{T}〕 \quad (導体外)$$

となる。磁化の強さ M を磁界の強さ H と比透磁率 μ_r で表すと

$$M = \frac{B}{\mu_0} - H = \frac{\mu_0\mu_r H}{\mu_0} - H = (\mu_r - 1)H$$

となるので

$$M = \frac{1 - \mu_{Cu}}{2\pi}\frac{r}{a^2}I \quad 〔\text{A/m}〕 \quad (C と逆向き，導体内)$$

$$M = \frac{\mu_{air} - 1}{2\pi}\frac{1}{r}I \quad 〔\text{A/m}〕 \quad (C と同じ向き，導体外)$$

コーヒーブレイク

鉄の不思議

　天然の磁石として古くから知られていた磁鉄鉱（マグネタイト）は，鉄の酸化物（Fe_3O_4）を主成分とする鉱物である。マグネタイトというとあまり馴染みがないように思われるが，高温で鉄を酸化させたときに生じる黒さびや砂鉄の主成分はマグネタイトと同じく Fe_3O_4 であり，身近に存在する。鉄の酸化物としては，Fe_3O_4 の他に赤さびの主成分である $\alpha\text{-}Fe_2O_3$ や磁気テープなどに利用されている $\gamma\text{-}Fe_2O_3$，そして FeO がある。これら鉄の酸化物は，鉄原子が磁気モーメントをもっているため強い磁性を示すと思われるが，$\alpha\text{-}Fe_2O_3$ や FeO はほとんど磁化されない。また，スプーンなどの食器として用いられている SUS 304 という鉄とクロム，ニッケルの合金であるステンレス鋼も強い磁性を示さない。このように，鉄をおもな成分としても鉄の化合物や合金などは，その磁気的な性質がまったく異なっている。

　図 4 (a) のように，鉄などの強磁性体が任意の磁区内で同じ大きさの磁気モーメントが同じ方向を向いているのに対して，FeO や $\alpha\text{-}Fe_2O_3$，SUS 304 の磁気モーメントは，図 (b) のように，同じ大きさのものが交互に逆転して整列しており，たがいに磁気モーメントを打ち消し合っているため，ほとんど磁化されない。このような物質を**反強磁性体**（anti-ferromagnetic substance）という。ただし，FeO と SUS 304 は，低温では反強磁性を示すが，室温では熱エネルギーのために磁気モーメントが任意の方向を向くようになり，常磁性を示す。

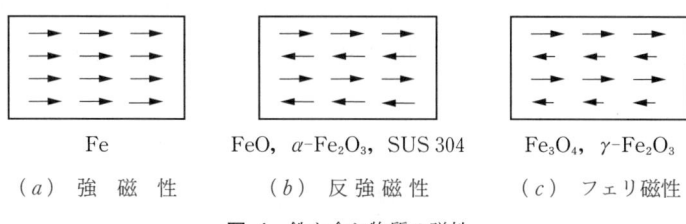

```
       Fe                FeO, α-Fe₂O₃, SUS 304         Fe₃O₄, γ-Fe₂O₃
   ( a ) 強 磁 性          ( b ) 反強磁性                ( c ) フェリ磁性
```

図 4　鉄を含む物質の磁性

　これに対して Fe_3O_4 や $\gamma\text{-}Fe_2O_3$ は，図 (c) のように，反強磁性体と同じく交互に逆向きの磁気モーメントが整列しているが，その大きさが異なるために，全体としてその差の磁気モーメントが存在する。このような物質を**フェリ磁性体**（ferrimagnetic substance）という。なお，現在，永久磁石として広く用いられているフェライト磁石は鉄を主成分とするフェリ磁性体である。

　以上のように，鉄はその状態によって磁気的な性質がさまざまに変化し，現代でも磁性材料の中心的な役割を演じている。

となる。　　　　　　　　　　　　　　　　　　　　　　　　◇

5.2　磁気回路と永久磁石

　電気回路において，電源の一つの端子から出た電流は，回路を巡って必ず電源のもう一方の端子に戻ってくる。すなわち電流は閉じた曲線となっている。磁束も必ず閉じた曲線となることから，磁束を電流に対応させれば，電気回路と同様に扱うことができる。このように電気回路と対応させたものを**磁気回路**（magnetic circuit）という。特に，鉄などの強磁性体にコイルを巻き，電流を流したときに生じる磁束は，ほぼ強磁性体内を通るから，扱いが簡単になる。強磁性体にコイルを巻き，電流により磁束を発生させる構造は，モータや発電機などの磁気を利用した電気機器の基本的な構造であるから，これらの機器の解析や設計には磁気回路の考え方が有効となる。

5.2.1　磁気回路

　図 5.15 のような，ドーナツ形をした強磁性体にコイルを巻いた円形ソレノイドコイルを考える。いま，図のような長さが l〔m〕の閉曲線 C を仮定すると，C 上での磁界の強さ H〔A/m〕および磁束密度 B〔T〕はどこでも等しく，これらは C に沿った方向と向きをもつ。したがって，コイルに流す電流を I〔A〕とすれば，アンペアの周回積分の法則により

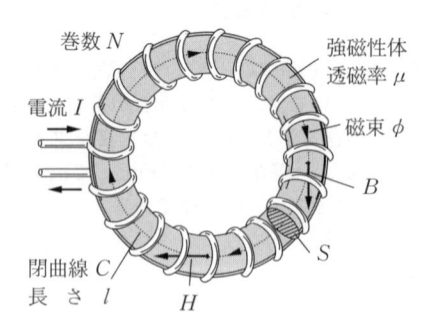

図 5.15　磁気回路

$$H \times l = NI$$

となる。

一方，磁性体の断面積を S 〔m²〕とし，断面上では磁束密度の大きさが等しいとすると，断面を通る磁束 ϕ は

$$\phi = SB = S\mu H \quad \text{〔Wb〕}$$

となる。これらの式から H を消去すると

$$NI = \frac{l}{\mu S} \phi \tag{5.13}$$

と変形できる。ここで

$$R_m = \frac{l}{\mu S} \tag{5.14}$$

とおくと

$$NI = R_m \phi \tag{5.15}$$

と整理することができる。式 (5.15) は C と鎖交する電流 NI と磁束 ϕ が比例関係にあることを表している。また，式 (5.14) から，NI と ϕ の比例定数 R_m は，磁束が通る部分の長さ l に比例し，磁束の通りやすさを示す μ と断面積 S とに反比例することを示している。この関係は，μ を導電率 σ に置き換えれば，**2.1.8** 項で学んだ電気抵抗と同じ関係となっていることがわかる。式 (5.15) は**磁気回路におけるオームの法則**と呼ばれ，式 (5.14) で定義される R_m は，**磁気抵抗**（magnetic resistance）あるいは**リラクタンス**（reluctance）と呼ばれている。磁気抵抗の単位は 〔H⁻¹〕あるいは〔A/Wb〕を用いる。また，磁束を生じさせている原因となっている NI は**起磁力**（magnetomotive force）といい，単位は〔A〕である。なお，磁束が通る閉路は**磁路**（magnetic path）と呼ぶことが多い。

以上のことをまとめると，磁気回路と電気回路は**表 5.2** のような対応関係にあることがわかる。

つぎに，図 **5.16**（a）に示すような，強磁性体の一部が途切れている磁気回路を考える。途切れた部分を**空隙**（air gap）あるいは**ギャップ**という。一

表 5.2　磁気回路と電気回路の対応

磁気回路		電気回路	
起磁力	NI 〔A〕	起電力	E 〔V〕
磁束	ϕ 〔Wb〕	電流	I 〔A〕
磁気抵抗	$R_m = \dfrac{1}{\mu}\dfrac{l}{S}$ 〔H^{-1}〕	電気抵抗	$R = \dfrac{1}{\sigma}\dfrac{l}{S}$ 〔Ω〕
透磁率	μ 〔H/m〕	導電率	σ 〔S/m〕

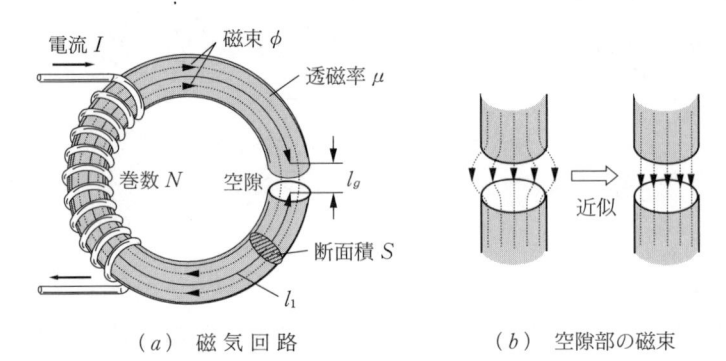

（a）磁気回路　　　　　　　　（b）空隙部の磁束

図 5.16　空隙をもつ磁気回路

一般に，空隙では，図(b)のように磁束は広がろうとする。しかし，空隙が十分狭いとすると，磁束は強磁性体の断面積とほぼ同じ面積を通ると近似することができる。

空気の透磁率は強磁性体の透磁率 μ に比べて十分小さいため，空気の透磁率を μ_0〔H/m〕として磁束 ϕ を求めてみる。強磁性体および空隙の長さをそれぞれ l_1, l_g〔m〕とし，断面積を S〔m^2〕とすると，それぞれの部分の磁気抵抗 R_{m1}, R_{mg} は

$$R_{m1} = \frac{l_1}{\mu S}, \quad R_{mg} = \frac{l_g}{\mu_0 S} \quad 〔\mathrm{H}^{-1}〕 \tag{5.16}$$

となる。R_{m1}, R_{mg} を用いると，電気回路との類推により，図 5.16 の磁気回路は図 5.17 のような等価回路で表すことができる。

等価回路から磁束 ϕ は

$$\phi = \frac{NI}{R_{m1} + R_{mg}} \quad 〔\mathrm{Wb}〕 \tag{5.17}$$

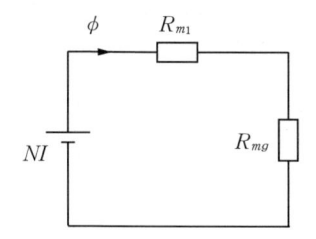

図 5.17 空隙をもつ磁気回路の等価回路

と求めることができる。さらに，式 (5.17) に式 (5.16) を代入すると，ϕ はつぎのようになる。

$$\phi = \frac{NIS}{\dfrac{l_1}{\mu} + \dfrac{l_g}{\mu_0}} \quad [\mathrm{Wb}] \tag{5.18}$$

また，磁性体および空隙部の磁界の強さをそれぞれ，H_1, H_g とすると

$$H_1 = \frac{1}{\mu}\frac{\phi}{S} = \frac{\mu_0 NI}{\mu_0 l_1 + \mu l_g} \quad [\mathrm{A/m}]$$
$$H_g = \frac{1}{\mu_0}\frac{\phi}{S} = \frac{\mu NI}{\mu_0 l_1 + \mu l_g} \quad [\mathrm{A/m}] \tag{5.19}$$

となる。

いま，強磁性体の比透磁率を μ_r とすると，式 (5.19) より $H_g = \mu_r H_1$ となるから，空隙部分の磁界の大きさは，磁性体中に比べて μ_r 倍となり，非常に大きくなる。

以上のように，磁気回路と電気回路には類似した点が多いが，いくつかの相違点もある。まず，電気回路では電流を流す導体と空気との導電率には 10^{20} 倍以上の違いがあるのに対して，磁気回路では 10^4 倍程度である。このため，一部の磁束は，強磁性体以外の部分を漏れて通ってしまう。特に，磁気抵抗の大きな空隙が直列に存在する場合には著しい。また，**5.2.2** 項で述べるように，強磁性体の透磁率は一定の値ではなく，磁界の強さによって変化するため，磁束は起磁力に比例しない。

以上のように，磁気回路による解析は電気回路のように正確なものとはならないことを考慮して，設計などを行う必要がある。

例題 5.4 図 5.18 (a) のような磁気回路の各部を通る磁束を求めなさい。ただし，磁性体の透磁率は μ [H/m] であり，磁性体の断面積はどの部分でも等しく S [m²] とし，強磁性体から磁束は漏れないものとする。

(a)

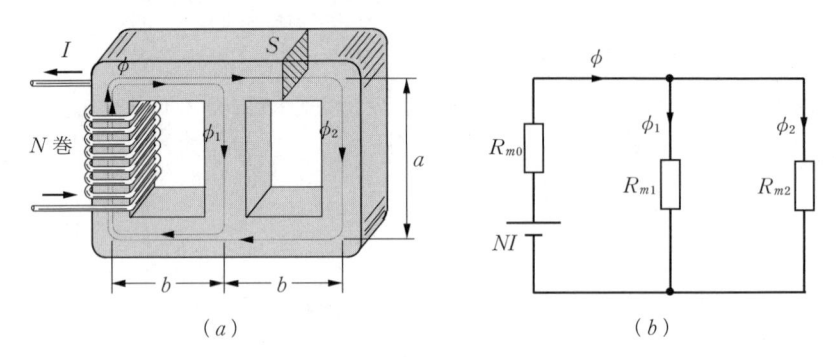

(b)

図 5.18

【解】 コイルが巻かれている部分から出た磁束は，中心と右側の磁路に分かれるから，それぞれの部分を通る磁束を ϕ, ϕ_1, ϕ_2 [Wb] とすると，等価回路は図 (b) のようになる。このとき，各部分の磁気抵抗はそれぞれ

$$R_{m0} = \frac{a+2b}{\mu S}, \quad R_{m1} = \frac{a}{\mu S}, \quad R_{m2} = \frac{a+2b}{\mu S} \quad [\mathrm{H}^{-1}]$$

である。図 (b) の回路を解くと，磁束はそれぞれ

$$\phi = \frac{NI}{R_{m0} + \dfrac{R_{m1}R_{m2}}{R_{m1}+R_{m2}}} = \frac{R_{m1}+R_{m2}}{R_{m0}(R_{m1}+R_{m2})+R_{m1}R_{m2}} NI$$

$$\phi_1 = \frac{R_{m2}}{R_{m1}+R_{m2}}\phi = \frac{R_{m2}}{R_{m0}(R_{m1}+R_{m2})+R_{m1}R_{m2}} NI$$

$$\phi_2 = \frac{R_{m1}}{R_{m1}+R_{m2}}\phi = \frac{R_{m1}}{R_{m0}(R_{m1}+R_{m2})+R_{m1}R_{m2}} NI$$

となる。磁気抵抗を代入して整理すると

$$\phi = \frac{2\mu S(a+b)}{(a+2b)(3a+2b)} NI \quad [\mathrm{Wb}]$$

$$\phi_1 = \frac{\mu S(a+2b)}{(a+2b)(3a+2b)} NI \quad [\mathrm{Wb}]$$

$$\phi_2 = \frac{\mu Sa}{(a+2b)(3a+2b)} NI \quad [\mathrm{Wb}]$$

と求めることができる。 ◇

5.2.2 強磁性体の磁化

〔1〕磁化曲線　鉄などの強磁性体が常磁性体や反磁性体と大きく異なる点は，外部磁界の大きさを変化させたとき，磁化の強さや磁束密度が簡単な比例関係とならずに，複雑な変化を見せることである。

磁化していない強磁性を示す物質に外部から磁界を加えていくと，加えた磁界の強さ H に対して磁化の強さ M は，**図 5.19** のように変化する。このような特性を**磁化曲線**（magnetization curve）という。図に示されていように，外部磁界がない場合には，磁性体の各磁区の磁気モーメントの総和は 0 であり，磁化されていない。H を徐々に大きくしていくと，**5.1.1** 項で述べたように，磁気モーメントの方向と向きが外部磁界に近い磁区の領域が拡大していくから，M は急激に大きくなっていく。H をさらに大きくすると，物質全体が一つの磁区となってしまい，M の増加の割合は減少する。さらに H を大きくしていくと，今度は磁気モーメントが外部磁界の方向を向くことで M が大きくなっていくが，M の増加率はわずかであり，すべての磁気モーメントが外部磁界の方向を向くと M の値はそれ以上増加しなくなる。このように，外部磁界の大きさ H を大きくしたときに磁化の強さ M は飽和することから，磁化曲線は**飽和曲線**（stauration curve）とも呼ばれる。

また**図 5.20** のように，H に対する B の変化を描いた曲線は **B-H 曲線**

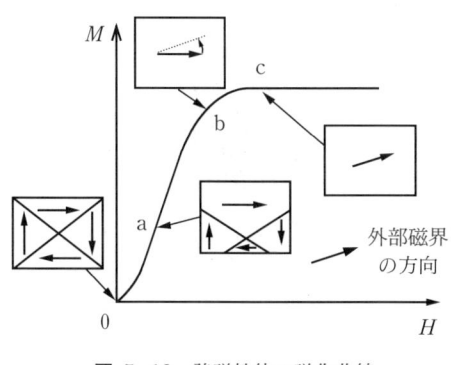

図 5.19　強磁性体の磁化曲線

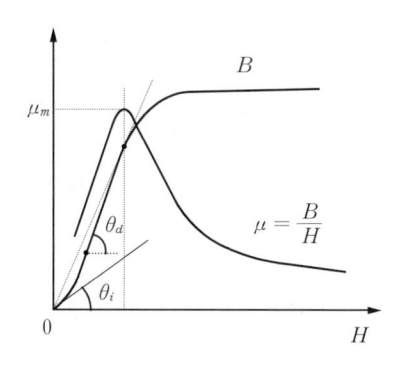

図 5.20　強磁性体の透磁率

(B-H curve),あるいは磁化曲線と呼ばれている.このとき,透磁率は $\mu = B/H$ で定義されるから,図のように,μ はある H で最大値 μ_m をとる.μ_m を**最大透磁率**という.透磁率としては,図のような $H = 0$ での B-H 曲線の接線の傾きである**初期透磁率** ($\mu_i = \tan \theta_i$) や,任意の点での接線の傾きである**微分透磁率** ($\mu_d = dB/dH = \tan \theta_d$) が用いられることもある.

ある磁界まで磁化させたのちに,磁界の強さ H を小さくしたとすると,一端移動した磁壁は物質内の不純物などの影響によりもとの状態には戻らないため,H を増加したときと B は異なる値をとる.このように,磁束密度あるいは磁化の強さが,それまで受けた磁化の過程(履歴)によって異なることを**ヒステリシス** (hysteresis) といい,変化の仕方を**ヒステリシス特性**と呼ぶ.

図 **5.21** (a) にヒステリシス特性の一例を示す.磁化されていない物質に外部磁界 H を加え,大きくしていくと,磁束密度 B は曲線 0-a-b に沿って増加していき,磁気飽和が起こる.図のように磁界の強さを H_m (点 b) としたのち今度は H を減少させていくと,ヒステリシスのために B は曲線 b-a を通らず,曲線 b-c に沿って減少していく.このとき,$H = 0$ になっても $B = 0$ にはならず,ある値 B_r を示す.このように,外部磁界を取り去ったのちに存在する磁束密度 B_r を**残留磁気** (residual magnetism または remanence) と

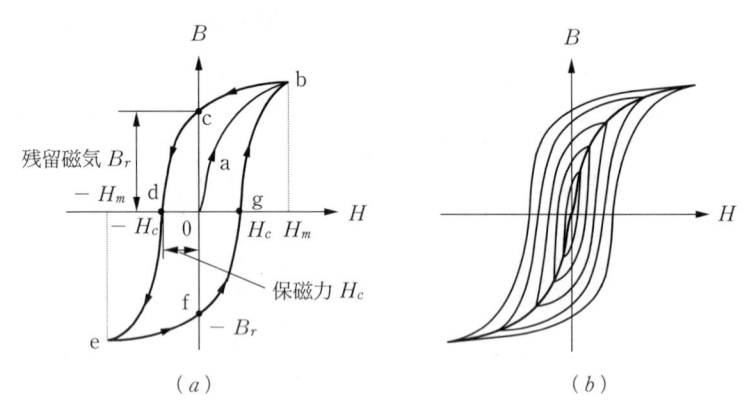

図 **5.21** 強磁性体のヒステリシス特性

いう．つぎに，外部磁界を反対向き（負）とし，H の絶対値を増加させていくと，B は曲線 c-d に沿って減少していき，$H = -H_c$ で $B = 0$ になる．H_c を**保磁力**（coercive force）と呼ぶ．さらに，H の絶対値を H_m まで増加させていくと，B は曲線 d-e に沿って変化し，反対向きで飽和していく．この状態から，H を負から正の H_m まで増加させると，B は曲線 e-f-g-b のように変化し，点 b に戻すことができる．

以上のように，磁界の強さ H を $\pm H_m$ の範囲で一巡させると，B-H 曲線は図のようなループ状の閉曲線となることから，ヒステリシス特性は，**ヒステリシスループ**とも呼ばれる．なお，H の最大値 H_m を順次大きくしたときのヒステリシスループは図 (b) のようになり，H_m がある程度大きくなると磁気飽和のためにヒステリシスループはとがった形を描くようになる．

また，磁界の強さ H をゼロとする前に増加に転じると，ヒステリシスループは図 5.22 のような非対称な曲線となる．このような曲線を**マイナー・ヒステリシスループ**（minor hysteresis loop）という．この曲線は，一定の大きさと向きをもつ磁界に向きが交番する磁界を重畳して加えるときに現れる．いま，H をある値を中心に ΔH だけ変化させたとき，B が ΔB だけ変化したとすると，その比 $\Delta B/\Delta H$ は**増分透磁率**（incremental permeability）と呼ばれている．増分透磁率は，図のように一定磁界の大きさ H_1，H_2 と磁界の変化の範囲 ΔH_1，ΔH_2 によって変化する．

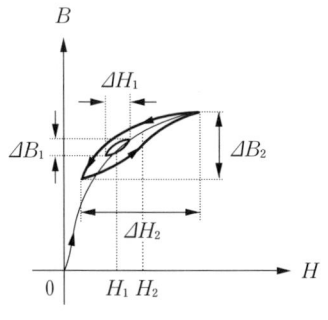

図 5.22 マイナー・ヒステリシスループ

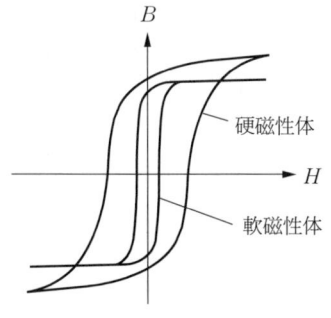

図 5.23 磁性体によるヒステリシス曲線の違い

ところで，**図 5.23** のような保磁力が異なる物質を比較してみると，保磁力の大きな磁性体は，逆向きの大きな磁界を加えないと磁化がなくならない，すなわち外部磁界によって磁化の強さが容易には変化しないことから，**硬磁性体**（hard magnetic material）という。**5.2.3** 項で述べるように，硬磁性体は永久磁石に適している。反対に保磁力が小さな磁性体は，**軟磁性体**（soft magnetic material）と呼ばれ，変圧器などの電気機器に用いられている。

〔2〕 **ヒステリシス損**　　**図 5.24** のような強磁性体にコイルを巻き，コイルに正弦波交流電圧 $e = E_m \sin \omega t$ 〔V〕を加えたとすると，交流電流 i〔A〕が流れて磁性体中に大きさと向きが時間的に変化する磁束 ϕ〔Wb〕が発生する。このように，磁束を生じさせる電流を**励磁電流**（exciting current）と呼ぶ。このとき，電磁誘導の法則により，電圧がコイルに発生して電源電圧と釣り合う。いま，コイルの巻数を N とすると，磁束はほぼ磁性体中を通るから

$$e = N\frac{d\phi}{dt}$$

となる。したがって，磁束 ϕ は両辺を積分することにより

$$\phi = \frac{1}{N}\int e\,dt = \frac{1}{N}\int E_m \sin \omega t\,dt = -\frac{E_m}{N\omega}\cos \omega t \tag{5.20}$$

と求めることができる。

一方，磁性体中の磁界の強さを H〔A/m〕，磁束密度を B〔T〕とすると，これらと励磁電流 i，磁束 ϕ の関係はつぎのようになる。

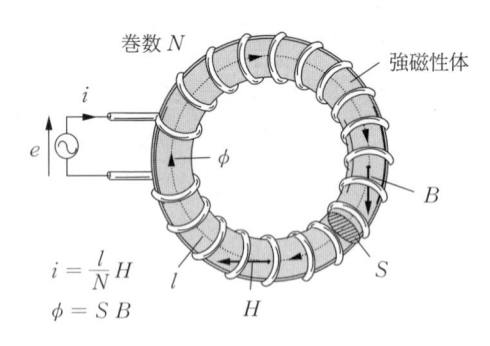

図 5.24　強磁性体に巻いたコイルの励磁電流と磁束

$$i = \frac{l}{N}H \qquad (5.21)$$
$$\phi = SB$$

ただし，l は平均的な磁路の長さであり，S は磁性体の断面積である．式 (5.21) は励磁電流 i が磁界の強さ H に比例し，磁束 ϕ が磁束密度 B に比例することを示している．ところで，B と H は**図 5.21** のような B-H 曲線で結ばれているから，ϕ と i の関係は，**図 5.25** (a) のような B-H 曲線と似た曲線となる．

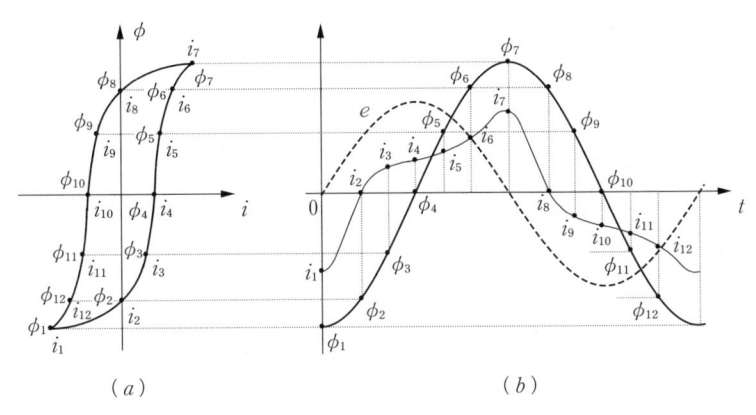

図 5.25 励磁電流波形

以上のことから，図 (b) のように，交流電圧 e と式 (5.20) から求められる磁束 ϕ の波形を描くと，図 (a) の ϕ-i 曲線から励磁電流 i の波形を描くことができる．図 (b) のように，強磁性体に巻いたコイルに流れる励磁電流は，一般に正弦波とはならないのが特徴である．

電源電圧 e と励磁電流 i の波形から各時刻における電力 $p = ei$ を計算すると，**図 5.26** (a) のようになり，その平均値 P_h はゼロにはならないことがわかる．すなわち，なんらかの電力を消費していることになる．そこで，周期 T〔s〕の間に電源から供給される電力量 W〔J〕を計算してみる．W は，図 (a) のように任意の時刻 t における微小な時間 $\varDelta t$〔s〕の間に電源から供給される電力量 $\varDelta W$〔J〕の総和であるから，図 (a) の斜線で示した面積に等し

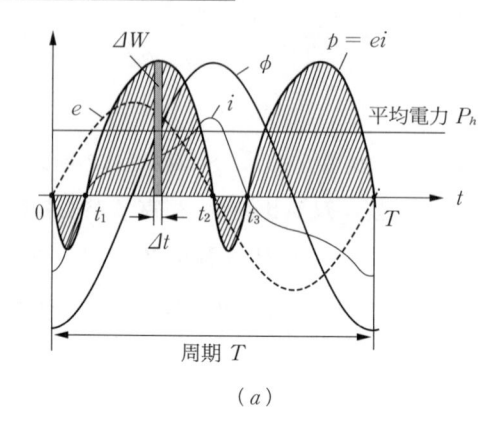

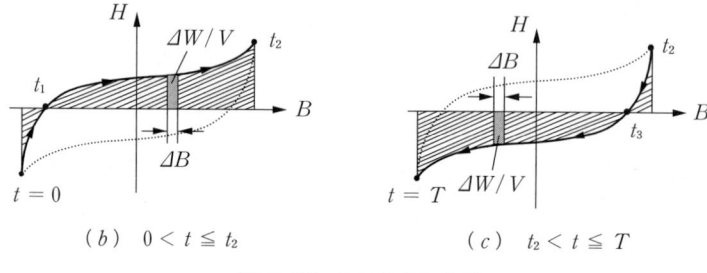

図 5.26 ヒステリシス損

い。一方，時刻 t において Δt 〔s〕間に磁束 ϕ が $\Delta \phi$ 〔Wb〕だけ変化したとすると，電磁誘導の法則より

$$e = N\frac{\Delta \phi}{\Delta t}$$

であるから，ΔW は

$$\Delta W = (ei)\Delta t = \left(N\frac{\Delta \phi}{\Delta t}\right)i\Delta t = Ni\Delta \phi \quad 〔\mathrm{J}〕 \tag{5.22}$$

と変形される。いま，時刻 t における磁界の強さを H〔A/m〕，Δt〔s〕間の磁束密度の変化量を ΔB〔T〕とすると，式 (5.21) より式 (5.22) は

$$\Delta W = N\left(\frac{l}{N}H\right)S\Delta B = (lS)H\Delta B \quad 〔\mathrm{J}〕 \tag{5.23}$$

となる。lS は磁性体の体積であるから，それを V〔m³〕とすると，Δt〔s〕間

に単位体積当りに磁性体が消費する電力量 $\varDelta W_h$ は，つぎのようになる．

$$\varDelta W_h = \frac{\varDelta W}{V} = H\varDelta B \quad [\text{J/m}^3] \tag{5.24}$$

式 (5.24) は，図 (b) および図 (c) のような B に対する H の変化を示す曲線，すなわち B-H 曲線から W を求めることができることを示している．$t=0$ から $t=t_2$ までの $\varDelta W_h$ の総和は，図 (b) の斜線で示した部分の面積に等しく，$t=t_2$ から $t=T$ までの $\varDelta W_h$ の総和は，図 (c) の面積に等しい．また，図 (a) より $0<t<t_1$ と $t_2<t<t_3$ の間は $\varDelta W$ は負になるから，求める W は B-H 曲線で囲まれた部分の面積を V 倍したものになることがわかる．よって，周期 T [s] の間に磁性体が消費する電力量 W は

$$W = (\text{磁性体の体積 } V) \times (B\text{-}H \text{ 曲線で囲まれた部分の面積}) \quad [\text{J}]$$

となる．

このように，磁性体にヒステリシスがあるために消費する電力は**ヒステリシス損**（hysteresis loss）と呼ばれる．ヒステリシス損は，磁壁の移動にエネルギーが必要なために生じ，熱を発生する．変圧器などの電気機器では，ヒステリシス損を小さくするために，ケイ素鋼などの B-H 曲線で囲まれた部分の面積の小さい，すなわち軟磁性材料を用いている．

5.2.3 永久磁石による磁界

〔1〕 **永久磁石**　図 5.27 (a) のような空隙をもつ磁性体に N 巻のコイルを巻き，電流 I [A] を流したとする．空隙の幅 l_g [m] が鉄心の磁路の長さ l [m] に比べて十分に狭く，磁性体から磁束が漏れないとすると，アンペアの周回積分の法則より，次式が成立する．

$$\frac{B}{\mu_0}l_g + Hl = NI \tag{5.25}$$

ただし，B は磁性体および空隙の磁束密度であり，H は磁性体中の磁界の強さである．いま，鉄心の磁化曲線が図 (b) のようであるとすると，式 (5.25) で表される直線と磁化曲線の交点が，電流が流れているときの磁性体中

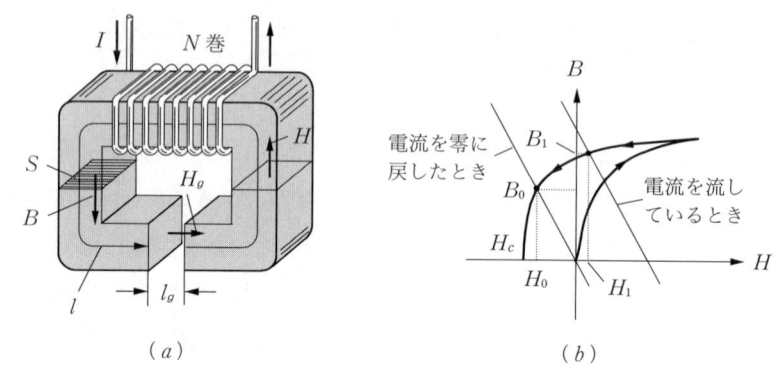

図 5.27 永久磁石

の磁束密度 B_1 および磁界の強さ H_1 となる．この状態から電流を0Aまで減少させたとすると，式 (5.25) において $I = 0$ とおいた直線と磁化曲線の交点に当たる磁束密度 B_0 および磁界の強さ H_0 は共にゼロにはならないから，電流を流さなくても磁性体の磁化による磁界が残り，**永久磁石** (permanent magnet) となる．

図 (b) から，永久磁石となった磁性体内の磁界の強さ H_0 の向きは磁束密度 B_0 と逆向きとなっていることがわかる．この逆向きの磁界は，磁性体の磁気モーメントを逆向きに回転させようとし，磁化を小さくしようと作用するため，**自己減磁力** (self-demagnetizing force) あるいは**減磁力** (demagnetizing force) という．したがって，永久磁石の材料としては磁化が変化しにくい，すなわち保磁力の大きな硬磁性体が用いられる．永久磁石としては，酸化鉄にバリウムやストロンチウムなどを加えたフェライト磁石[†]や，ネオジウム・鉄・ボロン磁石やサマリウム・コバルト磁石のような希土類を用いた希土類磁石などがある．なお，天然の磁石として古くから用いられてきた磁鉄鉱（マグネタイト：Fe_3O_4）は，構造的にフェライトの一種である．

〔2〕 **磁石による磁界**　図 5.28 のような棒状の永久磁石を考えると，

[†] フェライト磁石の磁気モーメントの状態は強磁性体とは異なることから，フェリ磁性体という（本章コーヒーブレイク参照）．

(a) 磁 束 線 　　　　　　　　(b) 磁 力 線

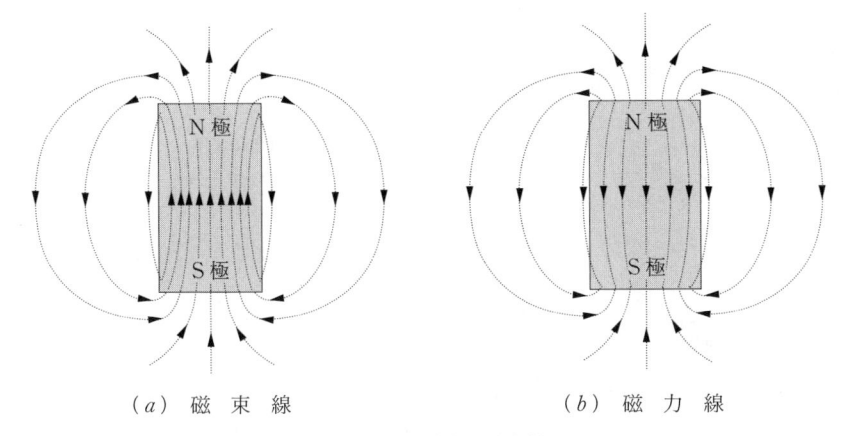

図 5.28　磁束線と磁力線

磁束線は必ず閉じた線になるから，図 (a) のようになる。〔1〕で述べたように，永久磁石となった強磁性体内部の磁界の向きは，磁束密度と逆向きとなる。また，磁性体の外部では $H = B/\mu_0$ であるから，磁界の方向と向きは磁束密度と同じとなる。以上のことを考慮しながら，磁束線と同様な考え方で，ベクトル量である磁界の強さ H を表す仮想的な線を定義すると，図 (b) のようになる。このような H の状態を表す線を**磁力線** (line of magnetic force) という。

図 (b) から，磁力線は磁性体の上面から始まり下面に終わっていることがわかる。このように磁力線が始まる，あるいは終わる部分は，**磁極** (magnetic pole) と呼ばれ，磁力線が始まるところを N 極，磁力線が終わるところを S 極という。電荷による静電界と同様に，磁極を含む閉曲面から出る磁力線数に真空の透磁率 μ_0 を掛けた値を磁極の強さと定義する。このとき磁極の強さの単位は磁束と同じ〔Wb〕である。なお，磁力線が出ていく N 極の磁極の強さを正とすると，磁力線が入っていく S 極の磁極の強さは負となる。

このように磁極の強さを定義すると，**図 5.29** に示すような，真空中に置かれた磁極の強さが q_m〔Wb〕である点磁極から r〔m〕だけ離れた点 P での磁界の強さ H は，点電荷による電界と同様に，次式のようになることが知られ

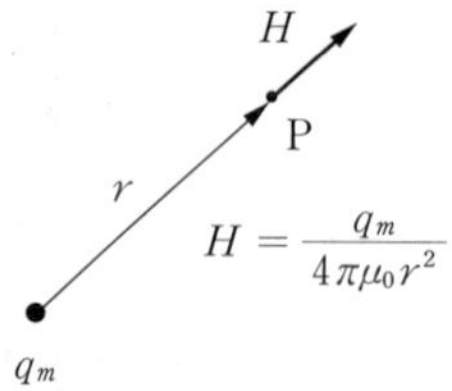

212   5. 物質中の磁界

図 5.29 点磁極による磁界の強さ

ている。

$$H = \frac{q_m}{4\pi\mu_0 r^2} \text{ (A/m)} \tag{5.26}$$

H の正の向きは図のように点磁極から点 P に向かう向きとする。また，真空中に，二つの点磁極 q_{m1}，q_{m2} 〔Wb〕が r 〔m〕だけ離れて置かれているとき，磁極間に次式で表される力 F が働くことも静電界と同様である。

$$F = \frac{|q_{m1} q_{m2}|}{4\pi\mu_0 r^2} \text{ (N)} \tag{5.27}$$

式 (5.27) を**磁界に関するクーロンの法則**という。

　以上のように，磁極による磁界は電荷による静電界と同様に扱うことができるが，磁気の根源は電流であるから，N 極あるいは S 極が単独で存在することはなく，必ず対となって存在することに注意する必要がある。

演 習 問 題

【1】金属中を運動している自由電子に速度と垂直に磁界が加えられたとき，電子がローレンツ力を受けて円運動したとする。このような運動によって，反磁性を示す磁気モーメントが生じることを説明しなさい。

【2】比透磁率 500，磁路の長さが 50 cm，断面積が 5 cm² の鉄心に 1 mm の空隙をつくり，1 000 回の巻線を巻いて円形ソレノイドコイルとした。空隙で磁束は広がらず，鉄心から磁束は漏れないとして，つぎの問に答えなさい。
　（1）鉄心および空隙の磁気抵抗を求めなさい。
　（2）空隙に 5×10^{-4} 〔Wb〕の磁束を通すためには，コイルに何アンペアの電流を流せばよいか求めなさい。

（3）空隙に 5×10^{-4} [Wb] の磁束が通っているとき，鉄心中と空隙の磁束密度および磁界の強さをそれぞれ求めなさい。また，鉄心中の磁化の強さを求めなさい。

【3】問図 5.1 のような磁気回路の空隙部分を通る磁束を求めなさい。ただし，磁性体の比透磁率を μ_r とし，磁束は磁性体から漏れず，また空隙において磁束は広がらないものとする。

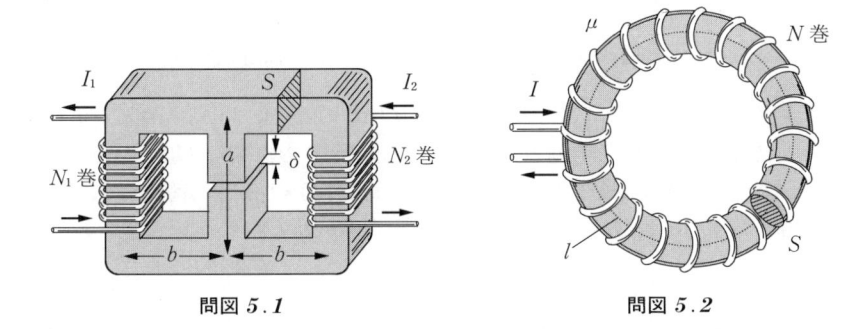

問図 5.1

問図 5.2

【4】問図 5.2 のような，透磁率が μ [H/m] である磁性体に N 巻のコイルを巻いた円形ソレノイドコイルの自己インダクタンス L [H] を求めなさい。ただし，磁束は磁性体から漏れないものとする。また，図のようにコイルに I [A] の電流を流したとき，コイルに蓄えられる電磁エネルギー W [J] を求めなさい。このとき，単位体積当りに蓄えられる電磁エネルギー W_0 は，磁性体中の磁界の強さを H [A/m]，磁束密度を B [T] とするとき，$W_0 = HB/2$ [J/m³] となることを確かめなさい。

【5】問図 5.3 のような透磁率が μ [H/m] である磁性体に，巻数がそれぞれ N_1，N_2 のコイルを巻いた。磁束は磁性体から漏れないものとして，それぞれのコイルの自己インダクタンス L_1，L_2 [H]，およびコイル間の相互インダクタンス M [H] を求めなさい。また，コイル間の結合係数 k を求めなさい。

【6】問図 5.4 のように，長さ l [m]，磁極の強さ $\pm q_m$ [Wb] の細長い棒磁石がある。磁石の中心から d [m] 離れた点 P の磁界の強さを求めなさい。

問図 5.3

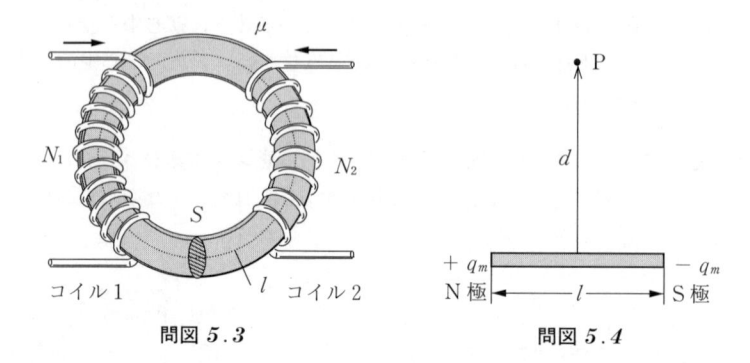

問図 5.4

【7】 問図 5.5 に示すように，微小な長さ Δl [m] の導線に I [A] の電流が流れているとき，r [m] だけ離れた点 P に $+q_m$ [Wb] の点磁極を置いたとする。このとき，磁極に働く力を求めなさい。また作用・反作用の関係から，Δl に働く電磁力が $IB\Delta l \sin \theta$ [N] となることを確かめなさい。

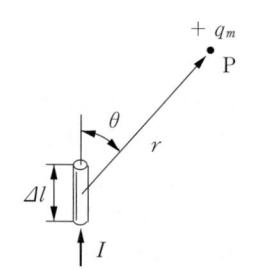

問図 5.5

引用・参考文献

1) 大石豊二郎：直流回路，オーム社（1993）
2) 竹山説三：電磁氣學現象理論（増補版），丸善（1944）
3) 長岡洋介：電磁気学Ⅰ, Ⅱ，岩波書店（1982）
4) 長岡洋介，丹慶勝市：例解電磁気学演習，岩波書店（1990）
5) 安達三郎，大貫繁雄：電気磁気学，森北出版（1988）
6) 平井紀光：入門電気磁気学，ムイスリ出版（1985）
7) 福田　務：絵とき電気磁気，オーム社（1987）
8) 田中謙一郎：解説電気磁気の考え方・解き方，東京電機大学出版局（1981）
9) 香月和男：初歩の電気物理読本，オーム社（1981）
10) ファインマン ほか：ファインマン物理学(電磁気学)，岩波書店（1969）
11) 電気学会 編：電子物性基礎，電気学会大学講座（1990）
12) 吉岡安之：マグネットワールド，日刊工業新聞社（1998）
13) 山崎俊雄，大木忠昭：新版電気の技術史，オーム社（1992）
14) 多田泰芳，柴田尚志：電磁気学，コロナ社（2005）

演習問題解答

1章

【1】
$$F = \frac{1}{4\pi\varepsilon_0}\frac{|q_1 q_2|}{d^2} = \frac{1 \times (5 \times 10^{-6})(2 \times 10^{-6})}{4\pi \times (8.85 \times 10^{-12}) \times (0.3)^2} = 1.00 \text{ N}$$

力の方向は二つの電荷を結ぶ直線上にあり,吸引力である。

【2】 電荷 q_1 に働く力の大きさは,右向きの力を正とすると
$$F_1 = \frac{1}{4\pi\varepsilon_0}\frac{|q_1 q_2|}{r_1^2} - \frac{1}{4\pi\varepsilon_0}\frac{|q_1 q_3|}{(r_1 + r_2)^2} = 0.342 \text{ N}$$

となる。力の方向は電荷のある直線上にあり,向きは右向きである。同様に,電荷 q_2 に働く力の大きさは $F_2 = 0.150$ N,向きは右向きである。電荷 q_3 に働く力の大きさは $F_3 = 0.492$ N,向きは左向きである。

【3】 点 P の電界の強さおよび電位はそれぞれつぎのようになる。
$$E = \frac{1}{4\pi\varepsilon_0}\frac{q}{r^2} = 1.00 \times 10^8 \text{ V/m}$$

$$V = \frac{1}{4\pi\varepsilon_0}\frac{q}{r} = 3.00 \times 10^6 \text{ V} = 3\,000 \text{ kV}$$

【4】 $r_1 = \sqrt{3}$ cm,$r_2 = 1$ cm であるので,電荷 q_1 のつくる電界の強さ E_1 は
$$E_1 = \frac{1}{4\pi\varepsilon_0}\frac{q_1}{r_1^2} = 8.99 \times 10^7 \text{ V/m}$$

である。同様に,電荷 q_2 のつくる電界の強さ E_2 は $E_2 = 8.99 \times 10^7$ V/m である。E_1,E_2 の向きは**解図 1.1** に示したとおりである。

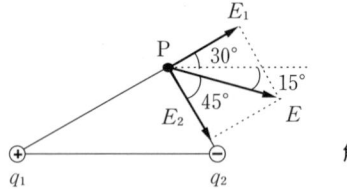

解図 1.1

したがって,点 P における電界の強さ E は,二つの電荷のつくる電界のベクトル和で
$$E = E_1 \cos 45° + E_2 \cos 45° = 1.27 \times 10^8 \text{ V/m}$$

となる。点 P における電界の方向は,電荷 q_1 と電荷 q_2 を結ぶ直線から 15°

傾いており，向きは図に示したとおりである。

二つの電荷が点 P につくる電位は，それぞれの電荷が点 P につくる電位の和となり，つぎのようになる。

$$V = \frac{1}{4\pi\varepsilon_0}\frac{q_1}{r_1} + \frac{1}{4\pi\varepsilon_0}\frac{q_2}{r_2} = 6.58 \times 10^5 \text{ V} = 658 \text{ kV}$$

【5】 電界の強さは電位の傾きで表されるので

$$E = \frac{V}{d} = \frac{30}{3 \times 10^{-2}} = 1 \times 10^3 \text{ V/m}$$

また，電束密度は $D = \varepsilon_0 E = 8.85 \times 10^{-12} \times 1 \times 10^3 = 8.85 \times 10^{-9} \text{ C/m}^2$ となる。

【6】 ガウスの法則より

$$N = \frac{Q}{\varepsilon_0} = \frac{30 \times 10^{-6}}{8.85 \times 10^{-12}} = 3.39 \times 10^6 \text{ 本}$$

となる。また，電荷 Q から出る電束は $30\,\mu\text{C}$ である。

【7】 解図 1.2 のように点 A′ をとると，点 A と点 A′ は等電位であり，A′B 間の距離は $l = \sqrt{2}$ cm である。したがって，AB 間の電位差は，A′B 間の電位差に等しく，$V_{AB} = V_{A'B} = El = 30 \times 10^3 \times \sqrt{2} \times 10^{-2} = 424$ V となる。

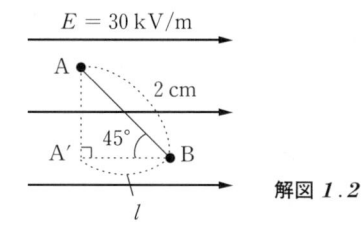

解図 1.2

【8】 コンデンサの電極間の電圧 V およびコンデンサに蓄えられるエネルギー W はつぎのようになる。

$$V = \frac{Q}{C} = 10 \text{ V}, \quad W = \frac{Q^2}{2C} = 1 \times 10^{-4} \text{ J} = 0.1 \text{ mJ}$$

【9】 電極間に $\varepsilon_r = 10$ の媒質を満たしても，電極に蓄積されている電荷は $Q' = Q = CV$ のままで変化しないが，静電容量は $C' = \varepsilon_r C$ と変化する。したがって，電極間の電圧は

$$V' = \frac{Q'}{C'} = \frac{CV}{\varepsilon_r C} = \frac{V}{\varepsilon_r} = 1 \text{ V}$$

【10】 コンデンサの電極間隔を 1/3 にすると，電極に蓄積されている電荷は $Q' = Q = CV$ のままで変化しないが，静電容量は $C' = 3C$ と変化する。したがっ

て，電極間の電圧は

$$V' = \frac{Q'}{C'} = \frac{Q}{3C} = \frac{V}{3}$$

となり，初めの 1/3 倍となる。よって，コンデンサに蓄えられるエネルギーは

$$W' = \frac{Q'^2}{2C'} = \frac{Q^2}{6C} = \frac{W}{3}$$

となり，初めの 1/3 倍となる。

【11】 問図 1.4 の平行平板コンデンサは，誘電体の界面が等電位面になっている。これは，**解図 1.3** のような三つの平行平板コンデンサを直列に接続したものと等価であり，三つのコンデンサの静電容量は，それぞれ $C_1 = \varepsilon_0\varepsilon_{r1}S/d_1 = 44.3\,\text{pF}$，$C_2 = \varepsilon_0\varepsilon_{r2}S/d_2 = 177\,\text{pF}$，$C_3 = \varepsilon_0\varepsilon_{r3}S/d_3 = 88.5\,\text{pF}$ となる。したがって，合成静電容量は，$1/C = 1/C_1 + 1/C_2 + 1/C_3$ より，$C = 25.3\,\text{pF}$ となる。

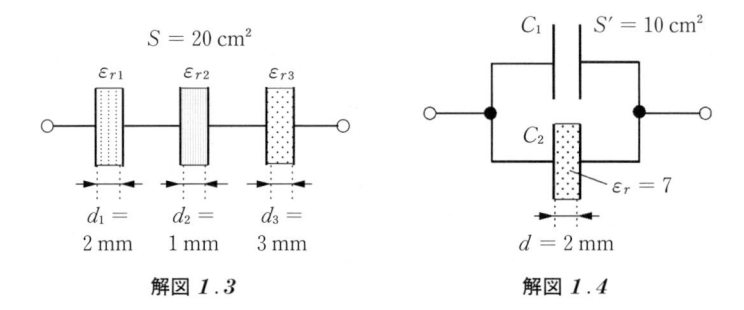

解図 1.3

解図 1.4

【12】 問図 1.5 の平行平板コンデンサは，**解図 1.4** のような二つの平行平板コンデンサを並列に接続したものと等価である。図の二つのコンデンサの静電容量は $C_1 = \varepsilon_0 S'/d = 4.43\,\text{pF}$，$C_2 = \varepsilon_0\varepsilon_r S'/d = 31.0\,\text{pF}$ である。したがって，合成静電容量は $C_0 = C_1 + C_2 = 35.4\,\text{pF}$ となる。

【13】 （a） $3\,\mu\text{F}$ と $2\,\mu\text{F}$ の二つのコンデンサが並列に接続されている部分の合成静電容量は $3\,\mu\text{F} + 2\,\mu\text{F} = 5\,\mu\text{F}$ である。ab 間は $5\,\mu\text{F}$ の二つのコンデンサが直列に接続されていることと同じなので，合成静電容量は $2.5\,\mu\text{F}$ となる。

（b） $2\,\mu\text{F}$ と $4\,\mu\text{F}$ の二つのコンデンサが直列に接続されている部分の合成静電容量は $1.33\,\mu\text{F}$ であり，$3\,\mu\text{F}$ と $5\,\mu\text{F}$ の二つのコンデンサが直列に接続されている部分の合成静電容量は $1.88\,\mu\text{F}$ である。ab 間は，$1.33\,\mu\text{F}$ と $1.88\,\mu\text{F}$ の二つのコンデンサが並列に接続されているのと同じなので，合成静電容量は $1.33\,\mu\text{F} + 1.88\,\mu\text{F} = 3.21\,\mu\text{F}$ となる。

(c) 解図 $1.5(a)$ において，三つの $9\,\mu\mathrm{F}$ のコンデンサが直列に接続されている部分の合成静電容量は $3\,\mu\mathrm{F}$ である．したがって，解図 (a) の回路は解図 (b) と等価である．この図において，二つの $3\,\mu\mathrm{F}$ のコンデンサが並列に接続されている部分の合成静電容量は $6\,\mu\mathrm{F}$ となる．このように順次考えていけばよい．こうして，ab 間の合成静電容量は，$4\,\mu\mathrm{F}$ となる．

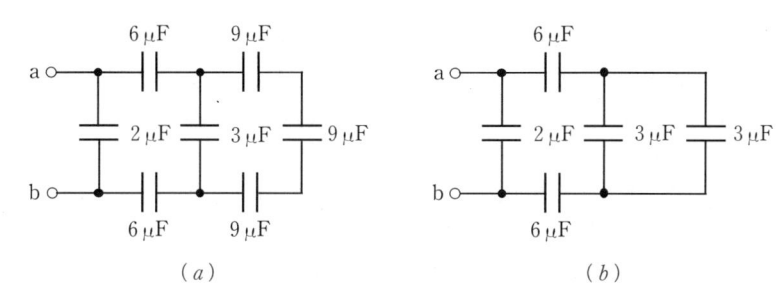

解図 1.5

【14】 二つのコンデンサが直列に接続されているので，$C_0^{-1} = C_1^{-1} + C_2^{-1}$ より
$$C_2 = \frac{C_0 C_1}{C_1 - C_0} = \frac{1\times 10^{-6} \times 3 \times 10^{-6}}{3\times 10^{-6} - 1\times 10^{-6}} = 1.5\,\mu\mathrm{F}$$
が得られる．

【15】 各コンデンサにかかる電圧は $V_1 = q/C_1$，$V_2 = q/C_2$，$V_3 = q/C_3$ である．また，ab 間にかかる電圧を $V\,(=11\,\mathrm{V})$ とすると
$$V = V_1 + V_2 + V_3 = q\left(\frac{1}{C_1} + \frac{1}{C_2} + \frac{1}{C_3}\right) = \frac{q}{0.545 \times 10^{-6}}$$
が成立する．これより，各コンデンサに蓄えられる電荷 q は $q = 6\,\mu\mathrm{C}$ であり，各コンデンサにかかる電圧は，$V_1 = 6\,\mathrm{V}$，$V_2 = 3\,\mathrm{V}$，$V_3 = 2\,\mathrm{V}$ となる．

【16】 コンデンサ C_2 と C_3 の合成静電容量は $C_{23} = 5\,\mu\mathrm{F}$ である．したがって，ab 間の電圧 $V\,(=6\,\mathrm{V})$ は $1/C_1 : 1/C_{23}$ に分割されるので，$V_1 = 5\,\mathrm{V}$，$V_2 = 1\,\mathrm{V}$ と求められる．また，それぞれのコンデンサに蓄えられる電荷は，$q_1 = C_1 V_1 = 5\,\mu\mathrm{C}$，$q_2 = C_2 V_2 = 2\,\mu\mathrm{C}$，$q_3 = C_3 V_3 = 3\,\mu\mathrm{C}$ となる．

【17】 C_1，C_2 を直列に接続したとき，電圧は $V_1 : V_2 = 1/C_1 : 1/C_2 = 3 : 2$ に分割される．各コンデンサにかけることのできる最大電圧は $120\,\mathrm{V}$ なので，回路に最大電圧をかけた場合，$V_1 = 120\,\mathrm{V}$，$V_2 = 80\,\mathrm{V}$ となり，回路にかけることのできる最大電圧は $V_1 + V_2 = 200\,\mathrm{V}$ となる．

【18】各コンデンサに蓄えられている電荷は，$Q_1 = C_1 V_1 = 1\,\mu\text{C}$, $Q_2 = C_2 V_2 = 4\,\mu\text{C}$ である．スイッチ S を閉じると，$Q_1 + Q_2 = 5\,\mu\text{C}$ の電荷が $C_1 : C_2 = 1 : 2$ に分割される．したがって，スイッチ S を閉じた後のそれぞれのコンデンサに蓄えられる電荷は，$Q'_1 = 1.67\,\mu\text{C}$, $Q'_2 = 3.33\,\mu\text{C}$ となる．それぞれのコンデンサに蓄えられるエネルギーは

$$W_1 = \frac{Q'^2_1}{2C_1} = 1.39\,\mu\text{J}, \quad W_2 = \frac{Q'^2_2}{2C_2} = 2.77\,\mu\text{J}$$

【19】(1) スイッチ S_3 を閉じたとき，直列に接続された二つのコンデンサにかけた電圧は $1/C_1 : 1/C_3$ に分割される．したがって，コンデンサ C_3 の両端の電圧は 4 V であり，コンデンサ C_1 の両端の電圧は $V_{AB} = 12\,\text{V}$ となる．

(2) コンデンサ C_1 に蓄積されている電荷は $12\,\mu\text{C}$ である．スイッチ S_2 を閉じることにより，電荷は $C_1 : C_2$ に分割される．したがって，コンデンサ C_1 に蓄えられる電荷は $4\,\mu\text{C}$ であり，コンデンサ C_2 に蓄えられる電荷は $8\,\mu\text{C}$ である．このとき，コンデンサ C_1 の両端の電圧は $V_{AB} = 4\,\text{V}$ となる．

(3) スイッチ S_3 を閉じる前の状態を**解図 1.6** (a) に示す．それぞれのコンデンサに蓄積されている電荷は，$Q_1 = 4\,\mu\text{C}$, $Q_3 = 12\,\mu\text{C}$ である．スイッチ S_3 を閉じた後にそれぞれのコンデンサに蓄積される電荷を Q'_1, Q'_3 とすると，スイッチ S_3 を閉じる前後で電荷は保存されるので

$$-Q'_1 + Q'_3 = -Q_1 + Q_3 = 8\,\mu\text{C}$$

が成立する．また，それぞれのコンデンサにかかる電圧を考えると

$$\frac{Q'_1}{C_1} + \frac{Q'_3}{C_3} = 16\,\text{V}$$

が成立する．連立方程式を解けば，$Q'_1 = 10\,\mu\text{C}$ が得られる．コンデンサ C_1 の両端の電圧は $V_{AB} = 10\,\text{V}$ となる．

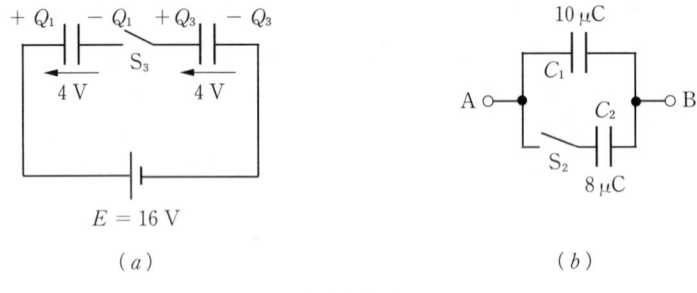

解図 1.6

（4）スイッチ S_2 を閉じる前の状態を図 (b) に示す。スイッチ S_2 を閉じることにより $10\,\mu\text{C} + 8\,\mu\text{C} = 18\,\mu\text{C}$ の電荷が二つのコンデンサに再配分されることになる。配分比は $C_1 : C_2$ であるので，コンデンサ C_1 には 6 μC が蓄積される。このとき，コンデンサ C_1 の両端の電圧は $V_{AB} = 6$ V となる。

2 章

【1】 $I = \dfrac{0.6}{2} = 0.3$ A

【2】 $Q = 1.6 \times 10^{-19} \times 25 \times 10^{18} = 4$ C, $I = \dfrac{4}{10} = 0.4$ A

【3】 6 Ω と 3 Ω の並列部の抵抗は 2 Ω であるので
$$\dfrac{1}{5} = \dfrac{1}{10} + \dfrac{1}{R+2}$$
より，$R = 8$ Ω となる。

【4】 6 Ω の抵抗には 1 A の電流が，R_2 の抵抗には $6/R_2$ [A] の電流が流れる。また，R_1 にかかる電圧は 27−6=21 V であるので，この抵抗には $I = 21/R_1$ [A] が流れている。したがって，$21/R_1 = 6/R_2 + 1$ の関係が成り立つ。これと $R_1 + R_2 = 10$ Ω の関係より $R_1 = 7$ Ω, $R_2 = 3$ Ω を得る。また，$I = 3$ A となる。

【5】 回路の合成抵抗は $R = \dfrac{18}{2+9} + \dfrac{18}{6+3} = \dfrac{40}{11}$ Ω。また，全電流 I は $I = \dfrac{15}{R} = \dfrac{33}{8}$ A となる。2 Ω に流れる電流は $I_1 = \dfrac{9}{11} \times I = \dfrac{27}{8}$ A, 6 Ω に流れる電流は $I_2 = \dfrac{3}{9} \times I = \dfrac{11}{8}$ A。よって $I_0 = I_1 - I_2 = 2$ A となる。

【6】 2 Ω の抵抗に流れる電流は $0.5/2 = 0.25$ A。したがって bc 間の電圧は $V_{bc} = 2.5$ V。この電圧は 4 Ω の抵抗にも加わっているので $I = 2.5/4 = 0.625$ A。3 Ω の抵抗には，$0.25 + 0.625 = 0.875$ A に電流が流れているので $V_{ab} = 0.875 \times 3 = 2.625$ V。$V_{ac} = V_{bc} + V_{ab} = 5.125$ V

【7】 4 Ω, 8 Ω, 8 Ω の並列部の電圧は $4 \times 0.5 = 2$ V なので，8 Ω の抵抗には $2/8 = 0.25$ A が流れる。よって，13 Ω には $0.5 + 0.25 + 0.25 = 1$ A が流れるので，$E = 2 + 13 \times 1 = 15$ V である。6 Ω と 12 Ω の並列抵抗の合成抵抗は 4 Ω。また，この部分の電圧は $4E/(6+4) = 6$ V。よって，12 Ω の抵抗には $6/12 = 0.5$ A の電流が流れている。

【8】 回路の合成抵抗 R_0 は $R_0 = R_1 + RR_2/(R + R_2)$, 全電流は $I = E/R_0$。また R に流れる電流 I_R は

$$I_R = \frac{R_2}{R + R_2}I = \frac{R_2 E}{R_1(R + R_2) + RR_2}$$

となる。条件を代入して，つぎの関係を得る。

$$\frac{6}{90(R + 6) + 6R} = \frac{4}{70(R + 4) + 4R}$$

これを解いて，$R = 8\,\Omega$ となる。

【9】 $1.3 = E - 2r$, $1.2 = E - 3r$ より $r = 0.1\,\Omega$, $E = 1.5\,\text{V}$ となる。

【10】 電池の起電力を E〔V〕，内部抵抗を r〔Ω〕とすると，条件より $10 = E - r \times \dfrac{E}{1 + r}$，$12 = E - r \times \dfrac{E}{2 + r}$ が成り立つ。これらより $E = 15\,\text{V}$，$r = 0.5\,\Omega$ を得る。よって，抵抗を 2 個並列に接続したとき，電池の端子電圧は $V = 15 - 0.5 \times \dfrac{15}{0.5 + 0.5} = 7.5\,\text{V}$ となる。

【11】 $5\,\Omega$ に流れる電流 I は $20 = 5I^2$ より $2\,\text{A}$ となる。この抵抗部の電圧は $5 \times 2 = 10\,\text{V}$。また，$20\,\Omega$ の抵抗には $10/20 = 0.5\,\text{A}$ の電流が流れる。よって，R の両端の電圧は $50 - 10 = 40\,\text{V}$，R に流れる電流は $2 + 0.5 = 2.5\,\text{A}$。これより $R = 40/2.5 = 16\,\Omega$ となる。

【12】 R に流れる電流は $I_R = \dfrac{6}{2 + R}$〔A〕，電力は

$$P = RI_R^2 = \frac{36R}{(2 + R)^2} = \frac{18}{\dfrac{2}{R} + 2 + \dfrac{R}{2}}$$

最大となるのは $2/R = R/2$ のときであるので，これより $R = 2\,\Omega$ となる。
（別解） R を切り離した部分を一つの等価電圧源と考えると，テブナンの定理のところで説明した手法を用いて，この部分は $V_0 = 6\,\text{V}$，$R_0 = 2\,\Omega$ の電源と等価になる。よって，$R = R_0 = 2\,\Omega$ としても得られる。

【13】 $I^2 = P/R = 1/(4 \times 10 \times 10^3) = 10^{-4}/4$, $I = 10^{-2}/2 = 5\,\text{mA}$

【14】 5 等分して束ねると長さは $l/5$ になり，断面積は $5S$ となるので抵抗は

$$R = \rho\frac{l/5}{5S} = \frac{1}{25}\rho\frac{l}{S}$$

となり，1/25 倍となる。

【15】 $\alpha_{30} = \dfrac{1}{234.5 + 30} = 3.78 \times 10^{-3}$

$R_{80} = 2.5\{1 + 3.78 \times 10^{-3} \times (80 - 30)\} = 2.97\,\Omega$

【16】 回路に流れる電流を I とすると

$(R_1 + R_2 + R_3 + 4)I = 50$ \hfill (1)

$(R_2 + R_3 + R_4 + 4)I = 65$ \hfill (2)

$(R_2 + 4)I = 25$ \hfill (3)

$(R_3 + 4)I = 30$ \hfill (4)

$(R_1 + R_2 + R_3 + R_4 + 8)I = 100$ \hfill (5)

が成り立つ。(1)を(5)に,また(2)を(5)に代入して,それぞれ次式を得る。

$(R_4 + 4)I = 50$ \hfill (6)

$(R_1 + 4)I = 35$ \hfill (7)

(3)+(4)+(6)+(7) より

$(R_1 + R_2 + R_3 + R_4 + 16)I = 140$ \hfill (8)

(8)-(5) より

$8I = 40$ ∴ $I = 5\,\text{A}$

これを(3),(4),(6),(7)に代入し

$R_1 = 3\,\Omega$, $R_2 = 1\,\Omega$, $R_3 = 2\,\Omega$, $R_4 = 6\,\Omega$

を得る。

【17】 $V_\text{B} = 10 - 3 \times 2 = 4\,\text{V}$, $V_\text{A} = V_\text{B} + 3 \times 4 - 7 = 9\,\text{V}$

【18】 $2\,\Omega$ と $3\,\Omega$ の抵抗に流れる電流はそれぞれ下向きに $1.8\,\text{A}$, $1.2\,\text{A}$ である。したがって R には上向きに $3\,\text{A}$ の電流が流れている。$V_\text{a} - V_\text{b} = 6 - 3R = 3.6\,\text{V}$ であるので $R = 0.8\,\Omega$ となる。

【19】 回路の合成抵抗 R は $R = 2 + 3 + \dfrac{6 \times 3}{6 + 3} = 7\,\Omega$, 全電流は $I = \dfrac{21}{7} = 3\,\text{A}$。$2\,\Omega$ と $4\,\Omega$ の直列抵抗部に流れる電流 I_1 は $I_1 = \dfrac{3}{6+3}I = 1\,\text{A}$ となる。点 c の電位を V_c とすると,点 b の電位は $V_\text{b} = V_\text{c} + 4 \times I_1 = V_\text{c} + 4$。また点 a の電位は $V_\text{a} = V_\text{c} - 2I = V_\text{c} - 6$ であるので,ab 間の電位差は $V_\text{a} - V_\text{b} = V_\text{c} - 6 - (V_\text{c} + 4) = -10\,\text{V}$。よって ab 間の電圧は $10\,\text{V}$ となる。

【20】 解図 2.1 に示すように,R_1, R_2 に流れる電流は,ただちに $I_1 = E_1/R_1$, $I_2 = E_2/R_2$ となることがわかる。また,R_3 の両端の電位差は $E_1 - E_2$ であるので,図示の向きに $I_3 = (E_1 - E_2)/R_3$ の電流が流れる。よって,二つの電池には

$$I_\text{a} = I_1 + I_3 = \frac{E_1}{R_1} + \frac{E_1 - E_2}{R_3}, \quad I_\text{b} = I_2 - I_3 = \frac{E_2}{R_2} - \frac{E_1 - E_2}{R_3}$$

の電流がそれぞれ流れる。

解図 2.1

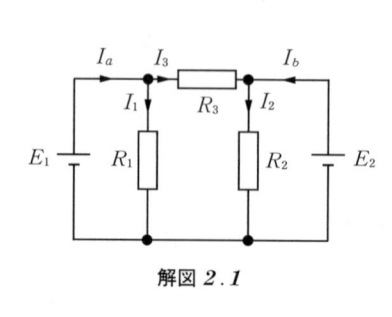

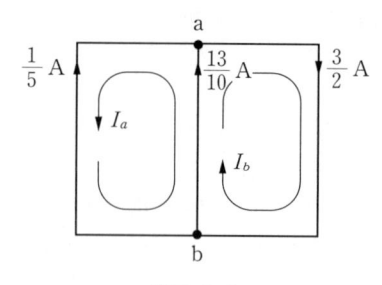

解図 2.2

【21】 S を開いたとき，各抵抗には 3 A の電流が流れている．点 d の電位を V_d とすると，$V_b = V_d + 6 \times 3$，$V_c = V_d + 3 \times 3$ なので $V_{bc} = V_b - V_c = 18 - 9 = 9$ V となる．つぎに，S を閉じたときは，ブリッジの平衡条件が成り立っているので $7 \times \dfrac{6R}{6+R} = 4 \times 3$ より $R = 2.4\,\Omega$ となる．

【22】 解図 2.2 のようにループ電流 I_a，I_b を仮定してキルヒホッフの電圧則を適用すると，つぎのようになる．

$$\begin{cases} 25I_a + 10I_b = 10 \\ 10I_a + 16I_b = 22 \end{cases}$$

この連立方程式より

$$I_a = -\frac{1}{5}\,\text{A},\quad I_b = \frac{3}{2}\,\text{A}$$

を得る．よって，各抵抗に流れる電流は図のようになる．また，ab 間の電圧はつぎのようになる．

$$V_{ab} = 40 - 10 \times \frac{13}{10} = 30 - 15 \times \frac{1}{5} = 18 + 6 \times \frac{3}{2} = 27\,\text{V}$$

【23】 この問題はキルヒホッフの法則や重ねの理を用いなくとも，電位差だけで簡単に解が得られる．いま点 d の電位を基準に（$V_d = 0$）考えると，$V_a = 30$ V，$V_b = 10$ V，$V_c = 70$ V である．よって，$7\,\Omega$ には $V_c/7 = 10$ A，$8\,\Omega$ には $(V_c - V_a)/8 = 5$ A，$5\,\Omega$ には $(V_a - V_b)/5 = 4$ A が流れる．各枝路の電流は**解図 2.3** に示すようになる．

【24】 ［キルヒホッフの法則］

解図 2.4 のようにループ電流 I_a，I_b，I_c を仮定してキルヒホッフの電圧則を適用すると，つぎのようになる．

解図 2.3　　　　　　　解図 2.4

$$\begin{cases} 5I_a - 4I_c = 40 \\ 5I_b + 2I_c = 40 \\ -4I_a + 2I_b + 14I_c = 0 \end{cases}$$

を解いて，$R = 8\,\Omega$ に流れる電流は $I_c = 1.6\,\mathrm{A}$ となる。

[テブナンの定理]

$R = 8\,\Omega$ を開放したとき，ab 間の電圧は $V_{ab} = 4 \times 8 - 2 \times 8 = 16\,\mathrm{V}$。
また，ab 間から見た抵抗は $R_0 = \dfrac{4}{1+4} + \dfrac{6}{2+3} = 2\,\Omega$。よって，$R = 8\,\Omega$
に流れる電流は $I = \dfrac{16}{2+8} = 1.6\,\mathrm{A}$ となる。

【25】 解図 2.5 のようにループ電流を仮定し，キルヒホッフの法則を適用する。

$$\begin{cases} 40I_a + 28I_b = 72 \\ 28I_a + 31I_b = 96 \end{cases}$$

この方程式を解いて，$I_a = -1\,\mathrm{A}$，$I_b = 4\,\mathrm{A}$ となる。よって，各枝路に流れる電流は図のようになる。

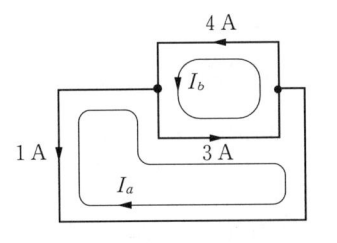

解図 2.5

【26】 解図 2.6 (a) のようにループ電流を仮定し，キルヒホッフの法則を適用すると，つぎのようになる。

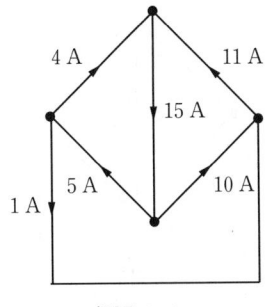

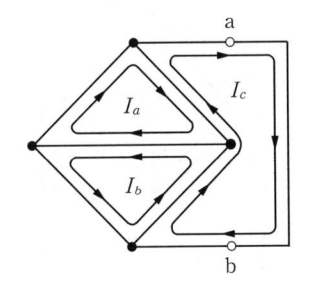

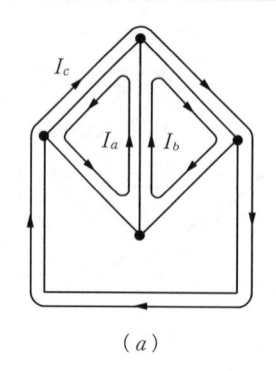

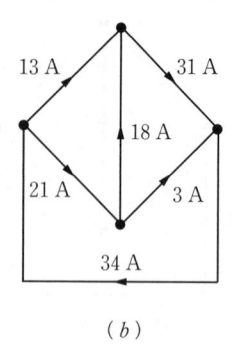

解図 2.6

$$\begin{cases} 4I_a - I_c = 50 \\ 6I_b + 2I_c = 50 \\ -I_a + 2I_b + 3I_c = 75 \end{cases}$$

この連立方程式を解くと $I_a = 21$ A, $I_b = -3$ A, $I_c = 34$ A となり, 各枝路の電流は図 (b) のようになる。

【27】 キルヒホッフの法則や重ねの理を用いて一つの抵抗に流れる電流を求め, 電位差の関係から求めればよい。

【28】 それぞれの電源が単独に存在する場合の回路を解図 2.7 (a), (b) に示す。図中には求めた電流も示した。よって求める電流は解図 (c) のようになる。

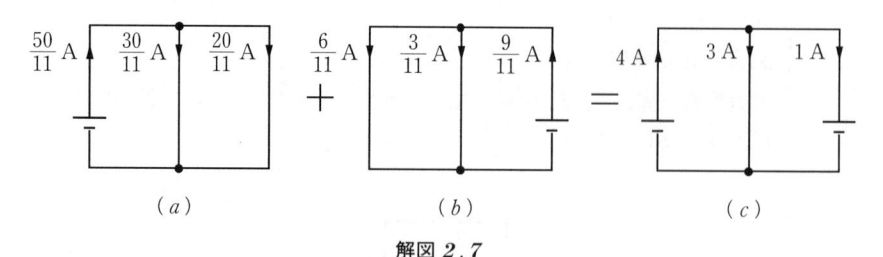

解図 2.7

【29】 20 Ω の抵抗を切り離したとき ab 間に現れる電圧は

$$V_0 = \frac{30}{6+30} \times 120 = 100 \text{ V}$$

また, ab 間から見た抵抗は $R_0 = (6 \times 30)/(6 + 30) = 5\ \Omega$。よって, 20 Ω の抵抗に流れる電流は $I = V_0/(R_0 + 20) = 4$ A となる。

【30】 $R_a = \dfrac{5 \times 2}{5 + 3 + 2} = 1\ \Omega$

同様にして，$R_{\mathrm{b}} = 0.6\,\Omega$，$R_{\mathrm{c}} = 1.5\,\Omega$。

【31】 問図 $2.24\,(a)$ の回路の $6\,\Omega$ の抵抗からなる Δ 部を Y に変換すると各抵抗は $2\,\Omega$ となる。よって，R_{a}，R_{b}，R_{c} はそれぞれ $2\,\Omega$ と $1\,\Omega$ の並列抵抗であるので，$2/3\,\Omega$ となる。つぎに，図 (a) の $1\,\Omega$ からなる Y 部を Δ に変換すると各抵抗は $3\,\Omega$ となるので，R_{ab}，R_{bc}，R_{ca} は $3\,\Omega$ と $6\,\Omega$ の並列抵抗なので，$2\,\Omega$ となる。

【32】 上側の Δ 部を Y に変換すると，**解図 2.8** のような回路になる。この回路の合成抵抗は R となる。また，I は図からただちに $I_0/2\,[\mathrm{A}]$ となることがわかる。

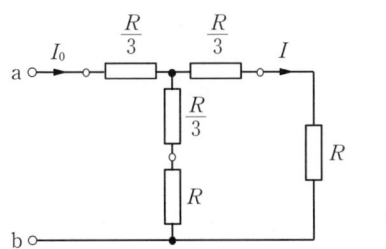

解図 2.8

【33】 $2r$ の抵抗を r と r の和と考えると，問図 2.26 の回路は**解図 2.9** のようになる。点 c，c′ は対称性より同電位であるので a-cc′ の抵抗は $6r/5$ となる。よって，ab 間の抵抗は $12r/5$ となる。

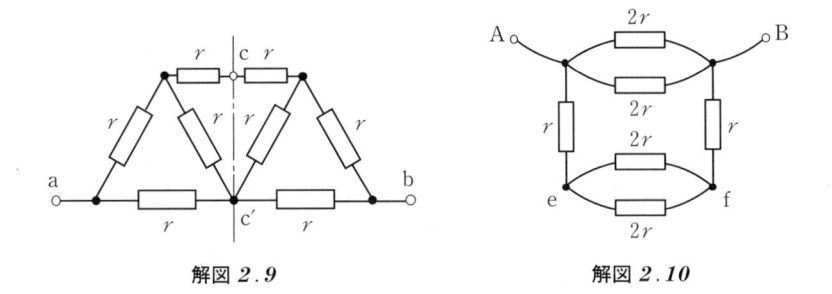

解図 2.9　　　　　　解図 2.10

【34】 対称性より点 a，b，c，d は同電位である。ab 間および cd 間の導線は取り去ることができるので，回路は**解図 2.10** のようになる。よって合成抵抗は
$$R = \frac{3}{4}r$$
となる。

3章

【1】 東向きのコイルの磁界によって方位磁針のN極が北から北東（45°）に向くのであるから，地磁気と円形コイルの磁束密度の大きさは等しい。よって式(3.3)に数値を代入して

$$3.00 \times 10^{-5} = \frac{4\pi \times 10^{-7}}{2 \times 0.1}I \quad \therefore \quad I = 4.77 \text{ A}$$

となる。

【2】 直線状導線による点Oの磁束密度は，点Oが電流の延長線上にあるから，0 Tとなる。1/4円の導線による点Oの磁束密度は，円形コイルの場合と同様にビオ・サバールの法則から求めることができ，つぎのようになる。

$$B = \frac{\mu_0 I}{4\pi a^2} \times \frac{\pi a}{2} = \frac{\mu_0 I}{8a} \text{ 〔T〕}, \quad \text{向き}: \otimes$$

【3】 直線状導線による点Oの磁束密度は，式(3.6)から求めることができる。直線 $\overline{A_1A_2}$ による点Oの磁束密度 B_{12} は，$\theta_1 = 0°$, $\theta_2 = 90°$ であるから

$$B_{12} = \frac{\mu_0 I}{4\pi a} \text{ 〔T〕}, \quad \text{向き}: \otimes$$

である。直線 $\overline{A_3A_4}$ による点Oの磁束密度 B_{34} も同様にして

$$B_{34} = \frac{\mu_0 I}{4\pi a} \text{ 〔T〕}, \quad \text{向き}: \otimes$$

となる。また，半円 $\overparen{A_2A_3}$ による点Oの磁束密度 B_{23} は，円形コイルの場合と同様な過程を経て

$$B_{23} = \frac{\mu_0 I}{4\pi a^2} \times \pi a = \frac{\mu_0 I}{4a} \text{ 〔T〕}, \quad \text{向き}: \otimes$$

となる。よって，求める点Oの磁束密度 B はつぎのようになる。

$$B = B_{12} + B_{23} + B_{34} = \frac{\mu_0 I}{2a}\left(\frac{1}{\pi} + \frac{1}{2}\right) \text{ 〔T〕}, \quad \text{向き}: \otimes$$

【4】 長方形コイルを四つの直線状導線 $\overline{A_1A_2}$, $\overline{A_2A_3}$, $\overline{A_3A_4}$, $\overline{A_4A_1}$ に分割し，それぞれによる点Pの磁束密度 B_{12}, B_{23}, B_{34}, B_{41} を式(3.6)を用いて求める。B_{12} と B_{34} は，**解図3.1** より

$$\cos\theta_1 = \cos\theta_2 = \frac{a}{\sqrt{a^2 + r^2}} = \frac{a}{\sqrt{a^2 + b^2 + l^2}}$$

となるから

$$B_{12} = B_{34} = \frac{\mu_0 I}{4\pi r} 2\cos\theta_1 = \frac{\mu_0 I}{2\pi} \frac{a}{\sqrt{b^2 + l^2}\sqrt{a^2 + b^2 + l^2}}$$

である。

また，図より B_{12} と B_{34} の y 方向成分はたがいに打ち消し合うから x 成分

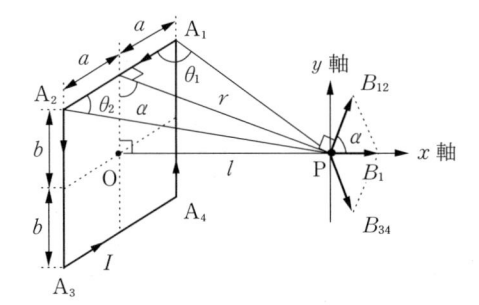

解図 3.1

のみとなる。x 成分は

$$\cos\alpha = \frac{b}{r} = \frac{b}{\sqrt{b^2+l^2}}$$

であるから，結局，$\overline{A_1A_2}$ と $\overline{A_3A_4}$ による点 P の磁束密度 B_1 は

$$B_1 = 2B_{12}\cos\alpha = \frac{\mu_0 I}{\pi}\frac{ab}{(b^2+l^2)\sqrt{a^2+b^2+l^2}}$$

となる。同様にして $\overline{A_2A_3}$ と $\overline{A_4A_1}$ による点 P の磁束密度 B_2 は

$$B_2 = \frac{\mu_0 I}{\pi}\frac{ab}{(a^2+l^2)\sqrt{a^2+b^2+l^2}}$$

となる。よって，求める点 P の磁束密度 B は

$$B = B_1 + B_2 = \frac{\mu_0 I}{\pi}\frac{ab}{\sqrt{a^2+b^2+l^2}}\left(\frac{1}{a^2+l^2}+\frac{1}{b^2+l^2}\right)$$

となる。なお，B の方向は x 方向，すなわちコイルに垂直な方向で，アンペアの右ねじの法則に従う向きである。

【5】 導体に垂直な平面上に導体と中心が等しい半径 r [m] の円を閉曲線 C として，つぎの三つの r の範囲でアンペアの周回積分の法則を適用する。それぞれの範囲で C と鎖交する電流は

$0 \leq r < a : 0$ A

$a \leq r < b : \dfrac{\pi(r^2-a^2)}{\pi(b^2-a^2)}I = \dfrac{r^2-a^2}{b^2-a^2}I$ 〔A〕

$b \leq r : I$ 〔A〕

であるから，磁束密度 B は

$0 \leq r < a : B = 0$ T

$a \leq r < b : B = \dfrac{\mu_0}{2\pi}\dfrac{r^2-a^2}{r(b^2-a^2)}I$ 〔T〕

$b \leq r : B = \dfrac{\mu_0}{2\pi}\dfrac{1}{r}I$ 〔T〕

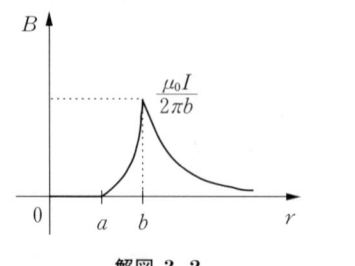

解図 3.2 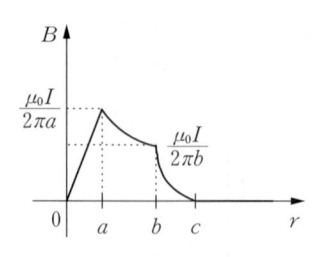　　　　　　　　解図 3.3

となり，r に対する B の変化は**解図 3.2** のようになる。

【6】導体に垂直な平面上に導体と中心が等しい半径 r〔m〕の円を閉曲線 C として，つぎの四つの r の範囲でアンペアの周回積分の法則を適用する。それぞれの範囲で C と鎖交する電流は

$0 \leqq r < a : \dfrac{\pi r^2}{\pi a^2} I = \dfrac{r^2}{a^2} I$ 〔A〕

$a \leqq r < b : I$ 〔A〕

$b \leqq r < c : I - \dfrac{\pi(r^2 - b^2)}{\pi(c^2 - b^2)} I = \dfrac{c^2 - r^2}{c^2 - b^2} I$ 〔A〕

$c \leqq r : 0$ A

であるから，磁束密度 B は

$0 \leqq r < a : B = \dfrac{\mu_0}{2\pi} \dfrac{r}{a^2} I$ 〔T〕

$a \leqq r < b : B = \dfrac{\mu_0}{2\pi} \dfrac{1}{r} I$ 〔T〕

$b \leqq r < c : B = \dfrac{\mu_0}{2\pi} \dfrac{c^2 - r^2}{r(c^2 - b^2)} I$ 〔T〕

$c \leqq r : B = 0$ T

となり，r に対する B の変化は**解図 3.3** のようになる。

【7】（1）　導体 3 の位置で導体 1 および導体 2 による磁束密度 B_{31}，B_{32} はそれぞれ**解図 3.4**(a) のような向きとなり，式 (3.10) より

$B_{31} = B_{32} = \dfrac{\mu_0 I}{2\pi a}$ 〔T〕

となる。また図 (a) より，これらの合成磁束密度 B_3 は

$B_3 = B_{31} = B_{32} = \dfrac{\mu_0 I}{2\pi a}$ 〔T〕

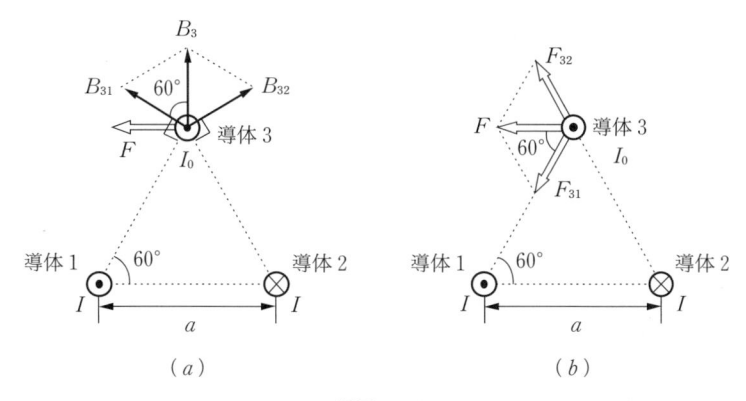

演習問題解答　231

(a) 図: 導体3にかかる B_3, B_{31}, B_{32}, F, I_0, 60°, 導体1 I, 導体2 I, a

(b) 図: 導体3にかかる F_{32}, F, F_{31}, I_0, 60°, 導体1 I, 導体2 I, a

解図 3.4

である．したがって，導体3に単位長さ当りに働く力 F は

$$F = I_0 B_3 \sin 90° = \frac{\mu_0 I I_0}{2\pi a} \ \text{〔N/m〕}$$

（2） 導体3と導体1および導体3と導体2の間に働く力 F_{31}, F_{32} はそれぞれ図 (b) のような向きであり，式 (3.18) より

$$F_{31} = F_{32} = \frac{\mu_0 I I_0}{2\pi a} \ \text{〔N/m〕}$$

である．したがって，図 (b) より導体3に単位長さ当りに働く力 F は

$$F = \frac{\mu_0 I I_0}{2\pi a} \ \text{〔N/m〕}$$

となり，（1）の結果と一致する．

【8】 導線に流れる電流 I はオームの法則より

$$I = \frac{5}{10} = 0.5 \,\text{A}$$

であり，たがいに反対向きであるから，力は反発力となる．また，導線の長さに対して導線間の間隔は小さいから，導線間に働く力を無限長直線状導線間に働く力として計算する．式 (3.18) に数値を代入すると

$$F = \frac{(4\pi \times 10^{-7}) \times (0.5)^2}{2\pi \times (5 \times 10^{-3})} \times 0.5 = 5 \times 10^{-6} \,\text{N}$$

【9】 導体棒が静止するのであるから，**解図 3.5** のように，電磁力 $F = IBl$，重力 mg，導体棒からの抗力 N の合力が0になる．このとき，次式が成立する．

$$\begin{cases} N \cos \theta = mg \\ N \sin \theta = IBl \end{cases}$$

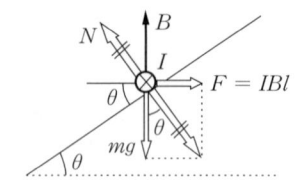

よって

$$\tan\theta = \frac{IBl}{mg} \quad \therefore \quad I = \frac{mg}{Bl}\tan\theta$$

【10】式 (3.21) に数値を代入して計算すると，つぎのようになる．

$$r = \frac{(9.11\times10^{-31})\times(1.00\times10^{7})}{(1.60\times10^{-19})\times(1.50\times10^{-3})} = 3.80\times10^{-2}\,\text{m} = 3.80\,\text{cm}$$

4 章

【1】磁束鎖交数の変化量 $\varDelta\psi$ は

$$\varDelta\psi = 100\times(0.5-0.1)\times\pi\times(5\times10^{-2})^{2} = 0.314\,\text{Wb}$$

であるから，誘導起電力の大きさ e は

$$e = \frac{\varDelta\psi}{\varDelta t} = \frac{0.314}{2\times10^{-3}} = 157\,\text{V}$$

【2】式 (4.6) に数値を代入すると，それぞれつぎのようになる．

磁界と垂直に運動したとき：$V = vBl\sin90° = 100\times0.3\times0.1\times1 = 3\,\text{V}$

磁界と 30° 方向に運動したとき：$V = vBl\sin30° = 100\times0.3\times0.1\times0.5 = 1.5\,\text{V}$

【3】円運動する導体の速度 v〔m/s〕は回転数 n〔1/s〕とのあいだにつぎの関係がある．

$$v = \frac{D}{2}(2\pi n) = \pi nD \quad \text{〔m/s〕}$$

よって，式 (4.7) に値を代入すると，1 巻当りの発生起電力は

$$2vBl = 2\pi nBDl \quad \text{〔V〕}$$

であるから，求める交流電圧の最大値 E_m は

$$E_m = 10\times\left(2\pi\times\frac{1\,500}{60}\times1.2\times0.1\times0.1\right) = 18.8\,\text{V}$$

【4】式 (4.9) の起電力の大きさだけを考え，L について解くと

$$L = e\frac{\varDelta t}{\varDelta i}$$

となるから，数値を代入すると，つぎのようになる．

$$L = 5 \times \frac{10 \times 10^{-3}}{2} = 25\,\text{mH}$$

【5】 式 (4.13) に数値を代入して，発生する起電力 e はつぎのようになる。

$$e = (5 \times 10^{-3}) \times \frac{5}{20 \times 10^{-3}} = 1.25\,\text{V}$$

【6】 コイルの $2r/l = 0.3$ であるから，図 4.23 より $K = 0.88$ である。よって，式 (4.21) により，求める自己インダクタンス L はつぎのようになる。

$$L = 0.88 \times \frac{(4\pi \times 10^{-7}) \times (100)^2 \times \pi \times (1.5 \times 10^{-2})^2}{0.1} = 0.78\,\mu\text{H}$$

【7】 $2r/l = 0.4$ であるから，$K = 0.85$ として自己インダクタンス L は

$$L = 0.85 \times \frac{(4\pi \times 10^{-7}) \times (200)^2 \times \pi \times (1 \times 10^{-2})^2}{5 \times 10^{-2}} = 0.27\,\text{mH}$$

となる。また，磁束鎖交数 ϕ は式 (4.8) より，つぎのようになる。

$$\phi = Li = (0.27 \times 10^{-3}) \times 0.5 = 0.135\,\text{Wb}$$

【8】 無限長ソレノイドに電流 I〔A〕を流したときのソレノイド内の磁束密度 B は，式 (3.13) より $B = \mu_0 N_0 I$〔T〕となる。よって，円形コイルの磁束鎖交数 ϕ は

$$\phi = N(B\pi a^2 \cos\theta)$$

であるから，求める相互インダクタンス M は

$$M = \frac{\phi}{I} = \mu_0 N_0 N \pi a^2 \cos\theta \quad\text{〔H〕}$$

である。また，θ を変えたときの M の最大値 M_max，最小値 M_min は，M の式において $\theta = 0°$，$\theta = 180°$ のときであるから，つぎのようになる。

$$M_\text{max} = \mu_0 N_0 N \pi a^2 \quad\text{〔H〕}$$
$$M_\text{min} = -\mu_0 N_0 N \pi a^2 \quad\text{〔H〕}$$

【9】 式 (4.17) に数値を代入して，つぎのようになる。

$$k = \frac{M}{\sqrt{L_1 L_2}} = \frac{5 \times 10^{-3}}{\sqrt{(10 \times 10^{-3})(20 \times 10^{-3})}} = 0.35$$

【10】 式 (4.23) に数値を代入して，電磁エネルギー W はつぎのようになる。

$$W = \frac{1}{2}LI^2 = \frac{1}{2} \times 1 \times 10^2 = 50\,\text{J}$$

5 章

【1】 電子の運動方向に垂直に磁界が加えられたとき，図 3.32 のようなローレンツ力が働き，電子は円運動をする。電子の電荷は負であるから，電子の円運動の等価電流は電子の運動する向きと逆向きとなる。このとき生じる電子の

円運動による磁気モーメントは外部磁界と逆向きとなるから，反磁性を示す。

【2】（1） 鉄心と空隙の磁気抵抗をそれぞれ R_{m1}, R_{mg} とすると，式 (5.16) より，つぎのようになる。

$$R_{m1} = \frac{l_1}{\mu_0 \mu_r S} = \frac{(0.5 - 1 \times 10^{-3})}{(4\pi \times 10^{-7}) \times 500 \times (5 \times 10^{-4})} = 1.59 \times 10^6 \text{ H}^{-1}$$

$$R_{mg} = \frac{l_g}{\mu_0 S} = \frac{1 \times 10^{-3}}{(4\pi \times 10^{-7}) \times (5 \times 10^{-4})} = 1.59 \times 10^6 \text{ H}^{-1}$$

（2） 式 (5.17) を電流 I について解き，数値を代入して

$$I = \frac{\phi}{N}(R_{m1} + R_{mg}) = \frac{5 \times 10^{-4}}{1\,000}(1.59 \times 10^6 + 1.59 \times 10^6) = 1.59 \text{ A}$$

（3） 空隙部で磁束は広がらないので，鉄心中と空隙部の磁束密度の大きさは等しく

$$B = \frac{\phi}{S} = \frac{5 \times 10^{-4}}{5 \times 10^{-4}} = 1 \text{ T}$$

となる。また，鉄心中と空隙部の磁界の強さ H_1, H_g は，それぞれつぎのようになる。

$$H_1 = \frac{B}{\mu_0 \mu_r} = \frac{1}{(4\pi \times 10^{-7}) \times 500} = 1.59 \times 10^3 \text{ A/m}$$

$$H_g = \frac{B}{\mu_0} = \frac{1}{4\pi \times 10^{-7}} = 7.96 \times 10^5 \text{ A/m}$$

また，鉄心中の磁化の強さ M は，例題 5.3 で求めたように $M = (\mu_r - 1)H_1$ であるから

$$M = (500 - 1) \times (1.59 \times 10^3) = 7.93 \times 10^5 \text{ A/m}$$

【3】 磁気回路の等価回路は**解図 5.1** のようになる。このとき，各磁気抵抗は

$$R_{m1} = R_{m2} = \frac{a + 2b}{\mu_r \mu_0 S}, \quad R_{m0} = \frac{a - \delta}{\mu_r \mu_0 S}, \quad R_{mg} = \frac{\delta}{\mu_0 S}$$

である。

2 章で学んだように，図のようにループ磁束 ϕ および ϕ_2 を仮定すると，ループ方程式はつぎのようになる。

$$\begin{cases} (R_{m1} + R_{m0} + R_{mg})\phi - R_{m1}\phi_2 = N_1 I_1 \\ -R_{m1}\phi + (R_{m1} + R_{m2})\phi_2 = N_2 I_2 - N_1 I_1 \end{cases}$$

この連立方程式を ϕ について解くと，つぎのようになる。

$$\phi = \frac{N_1 I_1 R_{m2} + N_2 I_2 R_{m1}}{R_{m1} R_{m2} + (R_{m0} + R_{mg})(R_{m1} + R_{m2})}$$

解図 5.1

また, $R_{m1} = R_{m2}$ であるから, ϕ はつぎのようになる.

$$\phi = \frac{N_1 I_1 + N_2 I_2}{R_{m1} + 2(R_{m0} + R_{mg})}$$

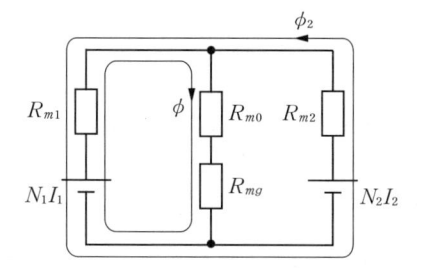

この式に磁気抵抗の式を代入して整理すると, つぎのようになる.

$$\phi = \frac{\mu_0 \mu_r S(N_1 I_1 + N_2 I_2)}{3a + 2b + 2(\mu_r - 1)\delta} \quad [\text{Wb}]$$

【4】 コイルに電流 I 〔A〕を流したとき磁性体中を通る磁束 ϕ は, 磁気回路のオームの法則より

$$\phi = \frac{NI}{l/\mu S} = \frac{\mu S N I}{l} \quad [\text{Wb}]$$

となる. よって磁束鎖交数 ψ は

$$\psi = N\phi = \frac{\mu S N^2}{l} I$$

であり, 求める自己インダクタンス L はつぎのようになる.

$$L = \frac{\psi}{I} = \frac{\mu S N^2}{l} \quad [\text{H}]$$

また, コイルに蓄えられる電磁エネルギー W は, 式 (4.23) より

$$W = \frac{1}{2}\psi I = \frac{\mu S N^2}{2l} I^2 \quad [\text{J}]$$

磁性体中の磁界の強さ H および磁束密度 B はそれぞれ

$$H = \frac{NI}{l}, \quad B = \frac{\phi}{S} = \frac{\mu N I}{l}$$

であるから, W_0 はつぎのようになる.

$$W_0 = \frac{W}{lS} = \frac{\mu N^2 I^2}{2l^2} = \frac{1}{2}HB$$

【5】 コイル 1 に電流 I_1 〔A〕を流したとき, 磁性体中を通る磁束 ϕ_1 は

$$\phi_1 = \frac{N_1 I_1}{l/\mu S} = \frac{\mu S N_1 I_1}{l} \quad [\text{Wb}]$$

であるから, コイル 1 の磁束鎖交数 ψ_{11} およびコイル 2 の磁束鎖交数 ψ_{21} は,

それぞれつぎのようになる。

$$\phi_{11} = N_1\phi_1 = \frac{\mu S N_1^2}{l}I_1, \quad \phi_{21} = N_2\phi_1 = \frac{\mu S N_1 N_2}{l}I_1$$

よって，コイル 1 の自己インダクタンス L_1，およびコイル間の相互インダクタンス M は，それぞれつぎのようになる。

$$L_1 = \frac{\phi_{11}}{I_1} = \frac{\mu S N_1^2}{l} \;\mathrm{[H]}, \quad M = \frac{\phi_{21}}{I_1} = \frac{\mu S N_1 N_2}{l} \;\mathrm{[H]}$$

また，コイル 2 に電流 I_2 [A] を流したとき，コイル 2 の磁束鎖交数 ϕ_{22} およびコイル 1 の磁束鎖交数 ϕ_{12} は，それぞれつぎのようになる。

$$\phi_{22} = \frac{\mu S N_2^2}{l}I_2, \quad \phi_{12} = \frac{\mu S N_1 N_2}{l}I_2$$

したがって，コイル 2 の自己インダクタンス L_2 およびコイル間の相互インダクタンス M は，つぎのようになる。

$$L_2 = \frac{\phi_{22}}{I_2} = \frac{\mu S N_2^2}{l} \;\mathrm{[H]}, \quad M = \frac{\phi_{12}}{I_2} = \frac{\mu S N_1 N_2}{l} \;\mathrm{[H]}$$

これらの結果から，相互インダクタンスの相補性が成立していることがわかる。

結合係数 k は式 (4.17) より

$$k = \frac{M}{\sqrt{L_1 L_2}} = \frac{\mu S N_1 N_2 / l}{\sqrt{(\mu S N_1^2 / l)(\mu S N_2^2 / l)}} = 1$$

である。なお，磁性体の外に磁束が漏れないとしたから，$k = 1$ となるのは当然の結果である。

【6】それぞれの点磁極による点 P の磁界の強さ H_1，H_2 の向きは，**解図 5.2** のようになり，磁極と点 P との距離を r [m] とすると，式 (5.26) よりつぎのようになる。

$$H_1 = H_2 = \frac{q_m}{4\pi\mu_0 r^2} \;\mathrm{[A/m]}$$

したがって，それらの合成磁界 H は図より，つぎのように求めることができる。

$$H = 2H_1 \cos\alpha = 2\frac{q_m}{4\pi\mu_0 r^2}\frac{l/2}{r} = \frac{q_m l}{4\pi\mu_0 \{(l/2)^2 + d^2\}\sqrt{(l/2)^2 + d^2}} \;\mathrm{[A/m]}$$

【7】微小な長さ Δl に流れる電流により点 P に生じる磁界の強さ ΔH は式 (5.7) より

$$\Delta H = \frac{I \Delta l \sin\theta}{4\pi r^2} \;\mathrm{[A/m]}$$

となる。したがって，点 P にある点磁極 q_m に働く力 ΔF はつぎのようにな

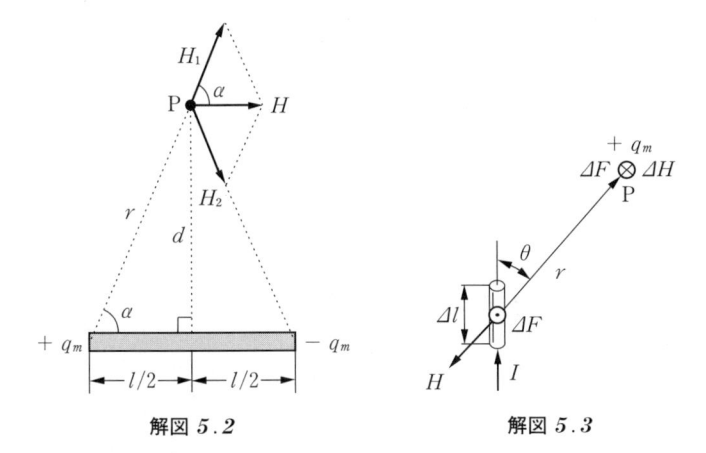

解図 5.2　　　　　解図 5.3

る。

$$\Delta F = q_m \Delta H = \frac{q_m I \Delta l \sin \theta}{4\pi r^2} \ [\text{N}]$$

また，作用・反作用の関係から，微小な長さ Δl には，**解図 5.3** のような向きに点磁極に働く力と等しい大きさの力 ΔF が働く。

一方，点磁極 q_m が Δl の位置に作る磁界の強さ H は，式 (5.26) より

$$H = \frac{q_m}{4\pi\mu_0 r^2} \ [\text{A/m}]$$

となるから，先に求めた ΔF の式をつぎのように変形することができる。

$$\Delta F = \mu_0 \frac{q_m}{4\pi\mu_0 r^2} I \Delta l \sin \theta = \mu_0 H I \Delta l \sin \theta$$

このとき Δl の位置の磁束密度は $B = \mu_0 H$ であるから，結局微小な長さ Δl に働く力は $\Delta F = IB\Delta l \sin \theta$ となり，式 (3.14) と一致する。

索引

【あ】

アース	82
網目電流法	86
アラゴの円板	169
アンペアの周回積分の法則	136
アンペアの法則	136
アンペアの右ねじの法則	125

【い】

位置エネルギー	21
一様電界	19
インダクタンス	172

【う】

渦電流	168
渦電流損	168

【え】

永久磁石	210
枝	83
枝電流法	86
エネルギー	21

【お】

オームの法則	58

【か】

回路図	58
回路網	83
ガウスの法則	16
重ね合せの原理	10
重ねの理	10, 102, 127
価電子	4
可動コイル形電流計	148
可変コンデンサ	42
紙コンデンサ	41

【き】

起磁力	199
起電力	57
ギャップ	199
キャパシタ	38
キャパシタンス	39
強磁性体	184
キルヒホッフの第1法則	84
キルヒホッフの第2法則	85
キルヒホッフの電圧則	85
キルヒホッフの電流則	84
キルヒホッフの法則	83

【く】

空隙	199
グランド	82
クーロンの法則	5
クーロン力	3

【け】

結合係数	175
原子	3
原子核	3
減磁力	210

【こ】

硬磁性体	206
合成	7
合成静電容量	44
合成抵抗	62
交流	55
合力	7

コンダクタンス	58
コンデンサ	38

【さ】

最外殻電子	4
サイクロトロン角周波数	154
最大透磁率	204
鎖交	137
鎖交磁束	161
残留磁気	204

【し】

磁化	183, 189
磁界	124, 192
磁界に関するクーロンの法則	212
磁界の強さ	192
磁化曲線	203
磁化の強さ	189
磁化率	193
磁気	123
磁気回路	198
磁気回路におけるオームの法則	199
磁気しゃへい	195
磁気シールド	195
磁気抵抗	199
磁気飽和	188
磁気モーメント	184
磁気誘導	183
磁極	211
磁気力	123
磁区	188
自己インダクタンス	173
自己減磁力	210

索　引　239

仕　事	20	接　地	33	電気回路	52
自己誘導	172	節　点	83	電気双極子	34
磁　束	125			電気素量	4
磁束鎖交数	161	【そ】		電気抵抗	58
磁束線	125	相互インダクタンス	175	電気量	2
磁束密度	125	相互誘導	174	電気力線	13
磁　場	124	速度起電力	166	電　源	57
磁　壁	188	素電荷	4	電　子	3
自由電子	33, 53	ソレノイド	141	電磁エネルギー	180
ジュール熱	72	ソレノイドコイル	141	電子殻	4
ジュールの法則	71			電磁偏向	154
常磁性体	183	【た】		電磁誘導	160
消費電力	72	帯　電	2	電磁誘導の法則	162
初期透磁率	204	帯電体	2	電磁力	143
磁力線	211	端子電圧	70	電　束	37
シールド線	34			電束線	37
枝　路	83	【ち】		電束密度	37
磁　路	199	力のモーメント	146	点電荷	5
枝路電流法	86	地磁気	155	電　場	5
真空の透磁率	127	中性子	3	電　流	52
真空の誘電率	6	超伝導	80, 195	電流計	57
真電荷	35	直並列回路	67	電流力	143
		直　流	54	電流力計形計器	151
【す】		直流回路	54	電　力	72
スカラ	7	直列回路	45, 60	電力計	151
スピン	184	直列接続	44, 60	電力量	72
【せ】		【て】		【と】	
整　合	74	抵　抗	58	等　価	61
静磁界	124	抵抗の温度係数	78	等価回路	43, 61
成層鉄心	169	抵抗率	75	等価抵抗	62
静電エネルギー	47	定電圧源	70	等価電圧源の定理	106
静電界	5	テブナンの定理	106	透磁率	193
静電気	1	電　圧	22, 57	導　体	32, 75
静電しゃへい	33	電圧計	57	等電位面	28
静電シールド	33	電圧降下	59	導電率	76
静電誘導	33	電　位	22, 24, 57	トルク	146
静電容量	39	電位降下	59		
静電力	3	電位差	22, 57	【な】	
成　分	8	電　荷	2	内部抵抗	62, 70
積分路	137	電　界	5, 11	長岡係数	178
絶縁体	32, 75	電解コンデンサ	42	軟磁性体	206
接続点	83	電界の強さ	11		

【ね】

熱エネルギー	71

【は】

倍率	63, 67
倍率器	63
パーセント導電率	77
反強磁性体	197
反磁性体	183
半導体	75

【ひ】

ビオ・サバールの法則	126
ヒステリシス	205
ヒステリシス損	209
ヒステリシス特性	204
ヒステリシスループ	205
比透磁率	193
微分透磁率	204
比誘電率	36
標準軟銅	76
平等電界	19
表皮効果	170
表面磁化電流	190

【ふ】

ファラデーの法則	162
フェリ磁性体	197
不導体	32
ブリッジ回路	98
ブリッジの平衡条件	99

【へ】

フレミングの左手の法則	144
フレミングの右手の法則	165
分圧	62
分解	8
分極	34
分極電荷	35
分流	66
分流器	67
分力	8
平行四辺形の法則	7
平行平板コンデンサ	39
並列回路	43, 64
並列接続	43, 64
閉路	83
閉路電流法	86
ベクトル	7
ヘルムホルツコイル	133

【ほ】

ホイートストン・ブリッジ	100
飽和曲線	203
保磁力	205
保存的	24
ホール効果	154

【ま】

マイスナー効果	195
マイナー・ヒステリシスループ	205
摩擦電気	1
増分透磁率	205

【み】

ミルマンの定理	120

【ゆ】

誘電体	35
誘電率	6
誘導起電力	160
誘導電圧	160
誘導電流	160

【よ】

陽子	3

【り】

リラクタンス	199

【る】

ループ	83
ループ電流法	86

【れ】

励磁電流	206
レンツの法則	161

【ろ】

ローレンツ力	143

【A】

AC	55

【B】

B-H 曲線	203

【D】

DC	54

【ギリシャ】

Δ-Y 変換	109

--- 著者略歴 ---

柴田　尚志（しばた　ひさし）
1975 年　茨城大学工学部電気工学科卒業
1983 年　茨城工業高等専門学校助教授
1992 年　博士（工学）（東京工業大学）
1998 年　茨城工業高等専門学校教授
1999 年　茨城工業高等専門学校副校長（主事）
2012 年　茨城工業高等専門学校名誉教授
　　　　一関工業高等専門学校校長
2018 年　一関工業高等専門学校名誉教授

2008 年　文部科学大臣賞（平成 19 年度国
　　　　立高等専門学校教員顕彰）受賞

皆藤　新一（かいとう　しんいち）
1984 年　東京農工大学工学部電気工学科卒業
1986 年　東京農工大学大学院工学研究科
　　　　修士課程修了（電気工学専攻）
1986 年　茨城工業高等専門学校助手
1998 年　茨城工業高等専門学校助教授
2007 年　茨城工業高等専門学校准教授
　　　　現在に至る

電 気 基 礎
Principles of Electricity

　　　　　　　　　　　　　　　　© Hisashi Shibata, Shin-ichi Kaito 2005

2005 年 1 月 13 日　初版第 1 刷発行
2019 年 3 月 30 日　初版第 6 刷発行

検印省略	著　者	柴　田　尚　志
		皆　藤　新　一
	発 行 者	株式会社　コロナ社
		代 表 者　牛来真也
	印 刷 所	壮光舎印刷株式会社
	製 本 所	株式会社　グリーン

112-0011　東京都文京区千石 4-46-10
発 行 所　株式会社 **コロナ社**
CORONA PUBLISHING CO., LTD.
Tokyo Japan

振替 00140-8-14844・電話 (03) 3941-3131 (代)
ホームページ　http://www.coronasha.co.jp

ISBN 978-4-339-01181-4　　C3354　Printed in Japan　　　　　　　　（金）

JCOPY　<出版者著作権管理機構　委託出版物>
本書の無断複製は著作権法上での例外を除き禁じられています。複製される場合は、そのつど事前に、
出版者著作権管理機構（電話 03-5244-5088, FAX 03-5244-5089, e-mail: info@jcopy.or.jp）の許諾を
得てください。

本書のコピー，スキャン，デジタル化等の無断複製・転載は著作権法上での例外を除き禁じられています。
購入者以外の第三者による本書の電子データ化及び電子書籍化は，いかなる場合も認めていません。
落丁・乱丁はお取替えいたします。

電子情報通信レクチャーシリーズ

■電子情報通信学会編　　(各巻B5判)

共通

	配本順			頁	本体
A-1	(第30回)	電子情報通信と産業	西村吉雄著	272	4700円
A-2	(第14回)	電子情報通信技術史 —おもに日本を中心としたマイルストーン—	「技術と歴史」研究会編	276	4700円
A-3	(第26回)	情報社会・セキュリティ・倫理	辻井重男著	172	3000円
A-4		メディアと人間	原島博／北川高嗣共著		
A-5	(第6回)	情報リテラシーとプレゼンテーション	青木由直著	216	3400円
A-6	(第29回)	コンピュータの基礎	村岡洋一著	160	2800円
A-7	(第19回)	情報通信ネットワーク	水澤純一著	192	3000円
A-8		マイクロエレクトロニクス	亀山充隆著		
A-9		電子物性とデバイス	益一哉／天川修平共著		

基礎

	配本順			頁	本体
B-1		電気電子基礎数学	大石進一著		
B-2		基礎電気回路	篠田庄司著		
B-3		信号とシステム	荒川薫著		
B-5	(第33回)	論理回路	安浦寛人著	140	2400円
B-6	(第9回)	オートマトン・言語と計算理論	岩間一雄著	186	3000円
B-7		コンピュータプログラミング	富樫敦著		
B-8	(第35回)	データ構造とアルゴリズム	岩沼宏治他著	208	3300円
B-9		ネットワーク工学	仙田正和／石村裕／中野敬介共著		
B-10	(第1回)	電磁気学	後藤尚久著	186	2900円
B-11	(第20回)	基礎電子物性工学 —量子力学の基本と応用—	阿部正紀著	154	2700円
B-12	(第4回)	波動解析基礎	小柴正則著	162	2600円
B-13	(第2回)	電磁気計測	岩﨑俊著	182	2900円

基盤

	配本順			頁	本体
C-1	(第13回)	情報・符号・暗号の理論	今井秀樹著	220	3500円
C-2		ディジタル信号処理	西原明法著		
C-3	(第25回)	電子回路	関根慶太郎著	190	3300円
C-4	(第21回)	数理計画法	山下信雄／福島雅夫共著	192	3000円
C-5		通信システム工学	三木哲也著		
C-6	(第17回)	インターネット工学	後藤滋樹／外山勝保共著	162	2800円
C-7	(第3回)	画像・メディア工学	吹抜敬彦著	182	2900円

	配本順			頁	本体
C-8	(第32回)	音声・言語処理	広瀬啓吉著	140	2400円
C-9	(第11回)	コンピュータアーキテクチャ	坂井修一著	158	2700円
C-10		オペレーティングシステム			
C-11		ソフトウェア基礎			
C-12		データベース			
C-13	(第31回)	集積回路設計	浅田邦博著	208	3600円
C-14	(第27回)	電子デバイス	和保孝夫著	198	3200円
C-15	(第8回)	光・電磁波工学	鹿子嶋憲一著	200	3300円
C-16	(第28回)	電子物性工学	奥村次徳著	160	2800円

展開

	配本順			頁	本体
D-1		量子情報工学			
D-2		複雑性科学			
D-3	(第22回)	非線形理論	香田徹著	208	3600円
D-4		ソフトコンピューティング			
D-5	(第23回)	モバイルコミュニケーション	中川正雄・大槻知明共著	176	3000円
D-6		モバイルコンピューティング			
D-7		データ圧縮	谷本正幸著		
D-8	(第12回)	現代暗号の基礎数理	黒澤馨・尾形わかは共著	198	3100円
D-10		ヒューマンインタフェース			
D-11	(第18回)	結像光学の基礎	本田捷夫著	174	3000円
D-12		コンピュータグラフィックス			
D-13		自然言語処理			
D-14	(第5回)	並列分散処理	谷口秀夫著	148	2300円
D-15		電波システム工学	唐沢好男・藤井威生共著		
D-16		電磁環境工学	徳田正満著		
D-17	(第16回)	ＶＬＳＩ工学 ―基礎・設計編―	岩田穆著	182	3100円
D-18	(第10回)	超高速エレクトロニクス	中村徹・三島友義共著	158	2600円
D-19		量子効果エレクトロニクス	荒川泰彦著		
D-20		先端光エレクトロニクス			
D-21		先端マイクロエレクトロニクス			
D-22		ゲノム情報処理			
D-23	(第24回)	バイオ情報学 ―パーソナルゲノム解析から生体シミュレーションまで―	小長谷明彦著	172	3000円
D-24	(第7回)	脳工学	武田常広著	240	3800円
D-25	(第34回)	福祉工学の基礎	伊福部達著	236	4100円
D-26		医用工学			
D-27	(第15回)	ＶＬＳＩ工学 ―製造プロセス編―	角南英夫著	204	3300円

定価は本体価格+税です。
定価は変更されることがありますのでご了承下さい。

◆図書目録進呈◆

電子情報通信学会 大学シリーズ

(各巻A5判，欠番は品切です)

■電子情報通信学会編

	配本順		著者	頁	本体
A-1	(40回)	応　用　代　数	伊藤 理重 正悟 夫 共著	242	3000円
A-2	(38回)	応　用　解　析	堀内 和夫 著	340	4100円
A-3	(10回)	応用ベクトル解析	宮崎 保光 著	234	2900円
A-4	(5回)	数　値　計　算　法	戸川 隼人 著	196	2400円
A-5	(33回)	情　報　数　学	廣瀬 健 著	254	2900円
A-6	(7回)	応　用　確　率　論	砂原 善文 著	220	2500円
B-1	(57回)	改訂 電磁理論	熊谷 信昭 著	340	4100円
B-2	(46回)	改訂 電磁気計測	菅野 允 著	232	2800円
B-3	(56回)	電子計測（改訂版）	都築 泰雄 著	214	2600円
C-1	(34回)	回　路　基　礎　論	岸 源也 著	290	3300円
C-2	(6回)	回　路　の　応　答	武部 幹 著	220	2700円
C-3	(11回)	回　路　の　合　成	古賀 利郎 著	220	2700円
C-4	(41回)	基礎アナログ電子回路	平野 浩太郎 著	236	2900円
C-5	(51回)	アナログ集積電子回路	柳沢 健 著	224	2700円
C-6	(42回)	パ　ル　ス　回　路	内山 明彦 著	186	2300円
D-2	(26回)	固　体　電　子　工　学	佐々木 昭夫 著	238	2900円
D-3	(1回)	電　子　物　性	大坂 之雄 著	180	2100円
D-4	(23回)	物　質　の　構　造	高橋 清 著	238	2900円
D-5	(58回)	光・電磁物性	多田 邦雄 松本 俊 共著	232	2800円
D-6	(13回)	電子材料・部品と計測	川端 昭 著	248	3000円
D-7	(21回)	電子デバイスプロセス	西永 頌 著	202	2500円
E-1	(18回)	半導体デバイス	古川 静二郎 著	248	3000円
E-3	(48回)	センサデバイス	浜川 圭弘 著	200	2400円
E-4	(60回)	新版 光デバイス	末松 安晴 著	240	3000円
E-5	(53回)	半導体集積回路	菅野 卓雄 著	164	2000円
F-1	(50回)	通信工学通論	畔柳 功 塩谷 芳光 共著	280	3400円
F-2	(20回)	伝　送　回　路	辻井 重男 著	186	2300円

配本順			頁	本体
F-4 (30回)	通信方式	平松啓二著	248	3000円
F-5 (12回)	通信伝送工学	丸林 元著	232	2800円
F-7 (8回)	通信網工学	秋山 稔著	252	3100円
F-8 (24回)	電磁波工学	安達三郎著	206	2500円
F-9 (37回)	マイクロ波・ミリ波工学	内藤喜之著	218	2700円
F-11 (32回)	応用電波工学	池上文夫著	218	2700円
F-12 (19回)	音響工学	城戸健一著	196	2400円
G-1 (4回)	情報理論	磯道義典著	184	2300円
G-3 (16回)	ディジタル回路	斉藤忠夫著	218	2700円
G-4 (54回)	データ構造とアルゴリズム	斎藤信男・西原清一共著	232	2800円
H-1 (14回)	プログラミング	有田五次郎著	234	2100円
H-2 (39回)	情報処理と電子計算機 (「情報処理通論」改題新版)	有澤 誠著	178	2200円
H-7 (28回)	オペレーティングシステム論	池田克夫著	206	2500円
I-3 (49回)	シミュレーション	中西俊男著	216	2600円
I-4 (22回)	パターン情報処理	長尾 真著	200	2400円
J-1 (52回)	電気エネルギー工学	鬼頭幸生著	312	3800円
J-4 (29回)	生体工学	斎藤正男著	244	3000円
J-5 (59回)	新版 画像工学	長谷川 伸著	254	3100円

以下続刊

C-7 制御理論 D-1 量子力学
F-3 信号理論 F-6 交換工学
G-5 形式言語とオートマトン G-6 計算とアルゴリズム
J-2 電気機器通論

定価は本体価格+税です。
定価は変更されることがありますのでご了承下さい。

図書目録進呈◆

電気・電子系教科書シリーズ

(各巻A5判)

- ■編集委員長　高橋　寛
- ■幹　　　事　湯田幸八
- ■編集委員　　江間　敏・竹下鉄夫・多田泰芳
  　　　　　　　中澤達夫・西山明彦

配本順		書名	著者	頁	本体
1.	(16回)	電気基礎	柴田尚志・皆藤新一・田中泰芳 共著	252	3000円
2.	(14回)	電磁気学	多田泰芳・柴田尚志 共著	304	3600円
3.	(21回)	電気回路Ⅰ	柴田尚志 著	248	3000円
4.	(3回)	電気回路Ⅱ	遠藤　勲・鈴木靖・吉澤純夫 編 共著	208	2600円
5.	(27回)	電気・電子計測工学	降矢典雄・福田拓己・吉村和之・高橋明・西山明彦 共著	222	2800円
6.	(8回)	制御工学	下西二鎮・奥平正・青木立幸 共著	216	2600円
7.	(18回)	ディジタル制御	青木俊・西堀俊幸 共著	202	2500円
8.	(25回)	ロボット工学	白水俊次 著	240	3000円
9.	(1回)	電子工学基礎	中澤達夫・藤原勝幸 共著	174	2200円
10.	(6回)	半導体工学	渡辺英夫 著	160	2000円
11.	(15回)	電気・電子材料	中澤・押田・服部 共著	208	2500円
12.	(13回)	電子回路	須田健二 共著	238	2800円
13.	(2回)	ディジタル回路	伊原充博・若海弘夫・吉室純 共著	240	2800円
14.	(11回)	情報リテラシー入門	山下・山賀・山際 共著	176	2200円
15.	(19回)	C++プログラミング入門	湯田幸八 著	256	2800円
16.	(22回)	マイクロコンピュータ制御プログラミング入門	柚賀正光・千代谷慶 共著	244	3000円
17.	(17回)	計算機システム(改訂版)	春日健・舘泉雄治・湯田幸八 共著	240	2800円
18.	(10回)	アルゴリズムとデータ構造	伊原充博・前田勉 共著	252	3000円
19.	(7回)	電気機器工学	新谷邦弘 共著	222	2700円
20.	(9回)	パワーエレクトロニクス	江間敏・高橋勲 共著	202	2500円
21.	(28回)	電力工学(改訂版)	江間敏・甲斐隆章 共著	296	3000円
22.	(5回)	情報理論	三木成彦・吉川英機 共著	216	2600円
23.	(26回)	通信工学	竹下鉄夫・吉川英夫 共著	198	2500円
24.	(24回)	電波工学	松田豊稔・宮田克正・南部幸久 共著	238	2800円
25.	(23回)	情報通信システム(改訂版)	岡田裕・桑原史史 共著	206	2500円
26.	(20回)	高電圧工学	植月唯夫・箕田充志 共著	216	2800円

定価は本体価格+税です。
定価は変更されることがありますのでご了承下さい。

◆図書目録進呈◆